U0303708

美国创新简史

科技如何助推经济增长

JUMP-STARTING AMERICA

HOW BREAKTHROUGH SCIENCE CAN REVIVE ECONOMIC GROWTH AND THE AMERICAN DREAM

[美] 乔纳森·格鲁伯（Jonathan Gruber）
西蒙·约翰逊（Simon Johnson）_著
穆凤良_译

中信出版集团 | 北京

图书在版编目（CIP）数据

美国创新简史 /（美）乔纳森 · 格鲁伯，（美）西蒙 · 约翰逊著；穆凤良译 . -- 北京：中信出版社，2021.5（2024.11 重印）

书名原文：Jump-Starting America: How Breakthrough Science Can Revive Economic Growth and the American Dream

ISBN 978-7-5217-2754-8

Ⅰ . ①美… Ⅱ . ①乔… ②西… ③穆… Ⅲ . ①技术革新–技术史–美国 Ⅳ . ① N097.12

中国版本图书馆 CIP 数据核字（2021）第 023762 号

美国创新简史

著　　者：[美] 乔纳森 · 格鲁伯　[美] 西蒙 · 约翰逊
译　　者：穆凤良
出版发行：中信出版集团股份有限公司
（北京市朝阳区东三环北路 27 号嘉铭中心　邮编　100020）
承 印 者：北京通州皇家印刷厂

开　　本：880mm × 1230mm　1/32　　印　　张：12.5　　字　　数：350 千字
版　　次：2021 年 5 月第 1 版　　印　　次：2024 年 11 月第 9 次印刷
京权图字：01-2020-0876
书　　号：ISBN 978-7-5217-2754-8
定　　价：69.00 元

推荐语

美国未来的繁荣取决于对整个国家的投资，尤其是对那些被甩到后面的地区的投资。格鲁伯和约翰逊的巧思妙想涵盖了历来行之有效的办法，足以打破当下的政治僵局，为我们提供了急需的灵感、乐观和出路，也能够确保更多美国人得到一个经济光明的未来。

—— 埃里克 · 施密特，谷歌前首席执行官兼执行主席

产业政策长期以来一直受到嘲笑。最佳状况是官员们狂妄地搞科研，选拔科研优胜者；最糟状况是任人唯亲。现在许多国家的产业政策正在倒退。乔纳森 · 格鲁伯和西蒙 · 约翰逊展示了政府如何能在促进创新的同时避免此类政策的典型陷阱。美国国防部高级研究计划局（DARPA）、美国国家航空航天局（NASA）、美国国立卫生研究院（NIH）和国家科学基金会（NSF）提供了一个或许出乎意料的榜样。这部由两位世界顶尖学者撰写的非常重要的著作不仅是学者的必读之书，也是所有政策制定者的必读之书，既适用于那些仍怀疑产业政策力量的人，也适用于那些可能忍不住会漫不经心地运用产业政策的人。

—— 让 · 梯若尔，图卢兹经济学院教授、2014 年诺贝尔经济学奖得主

过去 20 年，美国经济发生了严重失误，增幅令人失望。而眼见的一点增长却只是肥了已经十分富裕的人，把大众全都抛在了后面。两位著名学者出版的这本精彩的著作解释了拉大贫富矛盾的原因，以及如何解决矛盾的方法。本书强力呼吁政府采取行动，鼓励地方集约创新，助力经济复苏，为普通美国人创造优质的工作。这是一本必读书。

——达龙·阿西莫格鲁，《国家为什么会失败》作者、麻省理工学院伊丽莎白和詹姆斯·基里安经济学教授

麻省理工学院的乔纳森·格鲁伯和西蒙·约翰逊合著的这本书研究细致，可读性高，并且非常及时，提出了一个国家新兴计划：其基础是扩大科研投入，加速经济增长，减少贫富不均，重启美国的落后地区。此外，他们还展示了资助机制、联邦和地方决策过程以及实际需要重点资助的研究新领域。这本书在历史、经济和政治层面都非常出色。

——罗杰·奥特曼，美国财政部前副部长、永核（Evercore）投资咨询公司创始人及董事会主席

这本精彩著作汇集了经济史、城市经济学和激励措施的设计，旨在制订一项雄心勃勃的计划，以推动跨地域增长，缓解不均衡的发展。

——苏珊·阿西，斯坦福大学技术经济学教授

技术突破的机会空前利好。但是，当下的美国还没找到其历史上的领导地位。格鲁伯和约翰逊以明晰、权威的洞见解释了美国如何重获创新的魔力。

——埃里克·布林约尔松，麻省理工学院数字经济项目主任、《第二次机器时代》作者之一

我们正在辩论不平等的现象，论及如何将美国社会历史上政治成功时期所熟悉的繁荣带给更广泛的人群，却苦于没办法。乔纳森·格鲁伯和西蒙·约翰逊提供了我们长期以来缺失的好方法，即通过智慧的公共科研投资打造人才队伍、建立基础设施。这些必要条件反哺给新产品、新服务将带来诸多福祉：能够雇佣数百万员工，并且广泛地呈现地理上的均衡。

——艾伦·杜勒伯格，美国国家科学院科技经济政策委员会委员

美国现在正需要这本书，一张蓝图绘构令人眼花缭乱的未来，充满了各种发明和增长——正如我们在最近的历史中所经历过的那样。约翰逊和格鲁伯复活了美国科学失去的历史，以及资助科技的大政府时代。他们写了一份新的宣言，充满了新处方，这本身就证明：这个国家并没有失去其创新力。

——富兰克林·福尔，《没有思想的世界》的作者

在这本书中，乔纳森·格鲁伯和西蒙·约翰逊提出了一个令人信服的创新案例，呼吁为创新投资。这是一个确保全美利益共享的大胆计划，确保资金使用合理，是平衡美国经济的卓越计划。

——艾伦 · B. 克鲁格，前奥巴马总统经济顾问委员会主席、普林斯顿大学教授

这本书精彩、迷人、及时、重要。它令人信服地证明：政府对科学深思熟虑的投资是实现美国经济第二个黄金时代的关键。读到这本书令人非常高兴。

——史蒂文 · 莱维特，《魔鬼经济学》的作者之一、芝加哥大学经济学教授

目录

中文版推荐序 I

美国科技为什么领先

吴　军

《美国创新简史》一书回答了美国科技为什么领先的问题。

这不是一本容易读的书，但对于想了解美国创新力来源的人来说，这又是一本必读的书，因为没有其他的读物像这本书一样系统地介绍了美国创新的全貌。

这本书不容易读有三个原因。

首先，它要求读者对于美国的历史有比较多的了解。毕竟这本书是写给美国人看的，因此有很多历史背景，甚至一些关键事件的作用，书中讲得很简洁。在这里我觉得有必要把一些背景给读者朋友补上，以便大家更好地理解美国创新的历史。

对于美国创新历史影响最大的三件事情分别是 1862 年的《莫里尔土地赠与大学法案》(Morrill Land-Grant Colleges Acts，简称《莫里尔法案》)，第二次世界大战前后范内瓦·布什建立起美国政府资助科研的体制，1980 年通过的《贝赫–多尔法案》(Bayh-Dole Act)。《莫里尔法案》使得美国得以大量创办州立大学，保证了全国各地有大量的知识经验投身到创新当中。范内瓦·布什是美国创新史上的关键性人物，如果把整部美国创新史，以及美国成为创新大国的原因浓缩到一个人身上，这个人就是范内瓦·布什。

范内瓦·布什开创了美国政府直接资助科研的传统，本书作者所讨论的所有内容几乎都是基于范内瓦·布什所构建的美国政府研究基金管理和分配的机制。甚至美国政府长期关注的研究方向，包括涉及国家安全、治疗疾病和大众健康以及公民福祉的研究，都是1945年范内瓦·布什在给时任总统罗斯福的建议书（即《科学：无尽的前沿》一书）中指出的。最后，《贝赫–多尔法案》明确了由政府支持的研究将来所产生的巨大经济利益由谁来获得，答案是发明人和承担科研任务的机构，而不是政府。这个决定激发了科学家将科研成果转化为生产力的动力，同时也造就了一大批所谓的"知本家"，即通过发明创造发财致富的人。我们今天了解到的斯坦福大学大量的学者通过帮助企业而变得富有，是在有了《贝赫–多尔法案》之后的事情。

其次，读这本书时大家需要清楚作者的写作目的。作者是要完整地讲述美国创新的历史，而不是炫耀美国在历史上创新的成就。因此，书中对于美国人没有做好的地方讲得比美国做得成功的地方还要多。通常，我们在成功之后总结经验是相对容易的，但是对于失败，不同的人找出的原因会千差万别。这种情况也体现在这本书中。作者用了大量的篇幅谈失败，而他们找到的原因也只是个人的理解。比如，由于作者非常相信政府的力量，所以他们会在书中强调政府的作用，淡化私营企业和资本的作用。美国在冷战后科技发展速度放缓，作者将原因归结为政府支持力度不够。其实，美国私营机构，包括私营企业，以及有私人捐助支持的大学实验室，在美国的创新中扮演了至关重要的角色。像微软、苹果、亚马逊和谷歌的创新，几乎没有得到政府的任何支持，完全是私营企业内部出于竞争和生存的目的自我激励完成的。再比如斯坦福大学、麻省理工学院、华盛顿大学、加利福尼亚大学和约翰·霍普金斯大学大量的由私人支持的实验室，在美国的基础研究方面扮演了非常重要的角色。

美国在科研上秉持一个非常重要的原则，就是上帝的归上帝，恺撒的归恺撒。那些已经能够盈利的，或者在短期内能够盈利的科技研发，交给企业，交给市场，国家不需要扶持；对于那些有意义，但暂时看不到市场前景的事情，则是要由国家来扶持。书中讲述了政府支持对于美国科研的作用，省略了私营机构和民间资本的作用，这是读者需要注意的地方。

最后，虽然这本书讲述了美国创新的整体情况，但是它并不是按照标准历史书的方式创作的，因此如果按照历史书来读它，读者可能找不到线索。事实上，这本书的原名是《启动美国：科学的突破如何让美国经济和美国梦复苏》，把握这个主题，就容易理解书中的内容和作者的意图了。

这本书必须读，也有三个原因。

首先，这本书系统地论证了科技进步和经济发展、国家竞争力提升等结果之间的关系。我们都知道，科学技术是第一生产力。但很多人并不清楚它是如何直接推动经济发展，如何提升国家竞争力的。这本书对此给出了清晰的答案。

第二，这本书道出了很多地区科技水平得以快速发展的两个秘诀。

首先是要拥有一个具有发展前景的新产业。如果没有这样一个新产业，即便是过去的发展水平不错，科技水平较高，一代人之后，科技水平也会明显落后。20 世纪 80 年代，美国中部传统工业区的科技水平和东西海岸差距不大，但是仅仅一代人的时间，由于前者没有赶上 IT（互联网技术）产业和生物制药产业的发展机会，今天已经完全落伍了。这个规律不仅针对美国，在世界其他地区也适用，比如芬兰一度是欧洲科技的中心，这得益于它在早期移动通信中确立的核心地位，但是随着技术的日新月异，它便失去了往日科技中心的地位。其次，对于科技公司低税收的扶持政策很重要，美国科技产业发达的地区，大多具有这一特点。

最后，这本书量化地给出了衡量一个地区科技水平的指标和方法，这一点对于中国每一个试图增强科技水平的地区，以及每一个挑选科技水平高的地区生活的年轻人，都有意义。在所有的指标中，一个地区适龄工作人口的数量；有大学学历人口的比例，特别是从好大学获得科学（包括工程）学位的比例；人均拥有专利的数量以及宜居的程度（包括房价、犯罪率、交通便利情况等），是四个最重要的指标。虽然并非这些指标高的地区都是科技重镇，但是所有的科技重镇在上述四个指标中得分都很高。因此，一个在上述条件满足了基本要求的地区，如果现在还不是科技重镇，只要发展方向选择正确，还是有机会变成科技重镇的。

由于中美两国之间的社会制度、文化传统、发展水平、地理环境差异巨大，我们显然不能简单套用美国的模式。不过，全面了解美国在创新方面的成功经验和失败教训，对于我们每个人规划自己的生活，或者从事相关的工作还是很有益处的。

中文版推荐序Ⅱ

科技创新不是一个孤立的行为

王煜全

随着2020年美国大选结果的逐渐清晰，很多人开始替特朗普叫屈，其中的一种声音是，特朗普喊出了“让美国再次伟大”，提出要把制造业迁回美国，让美国制造业的工人们不再失业——所以才有那么多中西部地区的选民，尤其是白人蓝领，投特朗普的票。

特朗普的口号确实是这么喊的，也确实劝过很多企业把厂开在美国，不过到底会不会给美国中西部地区的白人蓝领带来利益，就真的不好说了。CNN在2020年11月24日发表了一篇文章，很能说明问题。文章的题目就叫“美国制造业有大量职位空缺，但能否找到本地的工人是个大问题”。对美国中西部地区的白人蓝领来说，文章的内容虽然扎心，却很真实：为了找到合适的人才，制造商们正在提高待遇、提供升职机会和培训支持，但这些却是为高素质人才准备的，而不再需要传统的蓝领工人了。

你看，发展先进制造并不能解决美国制造业工人的失业问题，但美国还是要搞，而且要下大力气搞，其原因不是为了创造就业，而是为了提升美国整体的竞争力。这一点美国前总统贝拉克·奥巴马要比特朗普看得清楚得多。在奥巴马的总统任期内，他不光推出了多项振兴美国制造业，尤其是科技制造业的举措，而且下了大力气做研究，尤其是和一贯注重科研和产业落地相结合的麻省理工学院合作研究，涉及了几十位顶级的学术专家，将研究成果汇集成了十多本专著。这本《美国创新简史》，就是这个成果的一部分。

书的前半部分是对美国科技产业的回顾：一百年前的美国并不是科技大国，还是由传统产业主导的。科技产业的振兴，乃至成为美国今天的核心优势，其实始于第二次世界大战之后，在战时研发负责人范内瓦·布什的推动下，美国于 1955 年成立了国家科学基金会，大范围资助基础研究，为科技产业的振兴打下了坚实的基础。可惜在美国的党争面前，对国家有利并不是能够坚持的理由。到今天，美国政府对学术研究的支持已经大不如前了。所以在书的后半部分，作者不光强调政府要重新加强对基础研究的资助，而且给出了不少切实可行的建议，最核心的观点就是：政府赞助公共研发。

看到这里，你脑子里可能会冒出一个大大的问号：美国不是一直主张市场经济吗？怎么在科技产业上却要去强调政府投入呢？其实原因也很简单：

市场经济往往比较短视，解决个贸易公平问题还算称职，但要解决长远发展问题就有点儿力不从心了。而科技产业的发展基本都是长期行为，一项技术能否从实验室诞生就往往是不可预期的偶然事件，从技术到产品又往往需要数十年时间才能上市，然后企业要在市场站稳脚跟，把产品做到足够的市场覆盖率，则又需要十年以上的时间。所以我们眼里的新兴企业，其实往往都已经有了十几、二十年的历史了。

要让民间资本去赞助高度不确定的科研行为的确不现实，而只要建立了像美国的《拜杜法案》那样的从基础研究到产品转化的相关法规，加上以科技企业家为核心的实际操作方法，再加上政府大量赞助公共研发行为，就能产生出一大批先进科技企业，进而带动整个社会经济的发展。像通信业的翘楚高通公司、基因测序的领头羊 Illumina（因美纳）公司，就都是最好的证据。

不过还有一个问题，作者并没充分意识到，自然也就没有答案。那就是，让民间资本去投资一个十年后才有产品上市、二十年后经营才能成功的企业，也不是那么容易的事情。所以才有投资家彼得·蒂尔的那句名言："人们想要一辆会飞的汽车，得到的却是 140 个字符。"

就像我们一贯主张的，科技创新不是一个孤立的行为，而是一连串行为产生的结果：我们把科研和研发称为产品侧创新，这固然很重要，但我们称之为产业侧创新的量产及市场推广也同样重要。因为一项科技创新只有经历了从科研突破，到研发产品化，再到实现量产，最后到社会普遍接受，才算是功德圆满、走完了所有的流程，而其中任何一个环节的失败都会使创新的努力前功尽弃。尤其是在量产环节，不光需要的投资大增，往往数倍于科技创新企业的估值，而且投资一旦用于建厂，就都成了沉没成本，风险大增，令最有经验的风险投资家都望而却步。

更重要的是，现在的硬科技早就不是与其他产业基本无关的互联网企业了，都是在实实在在地做着传统产业科技升级的事情。而那些虽然落后，但却势力庞大的传统企业，自然不会坐以待毙，往往会成为科技创新的巨大阻力。这时，政府是否放弃不干预市场（其实是纵容了落后企业利用市场优势扼杀新兴科技企业）的政策，强力支持新兴科技企业就显得尤为重要了。

所以，中国为什么在全球科技创新当中有着独特的、不可替代的位置，不光因为中国有着能够开放对接所有前沿科技企业的强大的制造能力，而且因为中国有对科技企业的倾斜和扶植政策，以及欢迎科技产品的庞大的市场。

对基础研究的投入可以重启美国，把中国优势对接到全球，可以重启全球的科技创新生态，进而重启全球的经济。

自 序

写给每一个关心国家前途的人

赫赫有名的全球技术公司亚马逊在 2017 年宣布，它计划在北美某处建立第二运营总部。亚马逊表示，第二运营总部将在 10~15 年内雇用多达 5 万名员工，“人均年薪超过 10 万美元”。为此，该公司发起一场公开招标，只给各地 6 周的投标时限。时间紧迫，反响却令人印象深刻：43 个州、波多黎各和哥伦比亚特区的 238 个城市和地区，踊跃投标，群起角逐。

据报道，这些投标方均向亚马逊做出慷慨的承诺，包括提供数十亿美元的税收优惠、完善的基础设施、便利的房地产交易和其他福利。[1] 在迅速变化的行业中，未来十年谁主沉浮？就业市场成功与否很难预料。对任何公司做出太多的承诺都意味着将面临重大风险。即使像亚马逊这样的资本大鳄，其重大投资也并非是单纯的好事。如果它的入驻推高了房地产的价格和租金，同时其税务优待又影响了当地的公共财政，实际上可能会损害某些居民的利益。

假设美国经济已经做得那么好，为什么这么多的政商领袖急于吸引大量就业机会？毕竟，根据白宫和美联储的说法，经济已接近充分就业，符合官方定义的状态，即每个想要工作的人现在都有工作，工资也在增长。美国总统描述最近的经济增长为“惊人”，认为最近的经济表现“非常可持续”，并进一步强调说，“无论我们向哪里看看，都可以看到美国经济奇迹的效果”[2]。

不幸的是，这些新闻标题中的数字给人严重的误导。在美国的许多地区，人们已经被在经济中占比日益重要的技术因素抛在后面，或者即将被抛在后面。几十年来，自动化让数百万人失去了好工作，特别是在制造业。的确，扩张的服务业转来接盘，但是，太多的新工作工资低，使家庭生存难以为继，更别说繁荣了。官方发布的低失业率掩盖了这样一个事实，即许多沮丧的工人已经完全放弃了求职，而这些并没有被包括在统计数字中。

随着美国经济从 2008 年金融危机中复苏，某些地方和部分人民在奋勇前进，但更多的地方，意味着更多的人，却感到越来越沮丧。数百万美国人的这种挫折感是正当的，反映了民主党和共和党政府数十年来的失败政策，未能充分地为经济快速增长创造条件，因而未能促进社会红利的共享。

对国家政策的失望自然会迫使地方政府积极进取，有时是在党派政治的积极支持下，包括试图赢得亚马逊的第二运营总部的入驻。虽然地方政府在这方面的努力具有积极的意义，但是，这种“杀敌一千，自损八百”的竞争可能会减少地方财政收入，进而影响对学校等公共基础设施的维护。美国社区越来越陷入两难之中：既害怕下一代年轻人错过好的工作机遇，又害怕损害基本的公共服务，而恰恰是这些服务才能确保一方的平安、宜居和富有魅力。

其实不必左右犯难。本书正是为了既厌倦了老生常谈，又愿意尝试改革的人所著。我们的目标是利用当前本地区的力量来分享经济的繁荣。我们建议，可以尝试把几十年前曾经促进经济增长的国家政策加以升级、改进。

美利坚合众国的核心特质永远都是“进步”二字。长期以来，推动技术和经济进步的引擎单纯而明确：通过创新，把新思想转化成新的商业产品。

在19世纪，美国创新曾经领跑于铁路、钢铁、汽车、电力和无线电领域。在20世纪，随着科学进步，美国加强了其在原子能、计算机、喷气式飞机、微电子和卫星技术领域的领先地位。从20世纪40年代到70年代，任何重大技术的快速变革，如果没有美国的促成，恐怕是难以想象的。

在第二次世界大战后的繁荣时期，各行各业的美国人以创新点子和抢占市场而享得回报。几乎在所有群体中，也几乎在所有地区，人们获得了高收入，提高了生活质量和健康水平，也为子女创造了更多的机会。美国成为地球上最有活力的国家之一，许多新生的财富以前所未有的程度分享于全国各地。

然而现在，美国进步和繁荣的引擎陷入麻烦的泥潭。创造就业的速度已经放缓，中产阶级的生活水平停滞不前。残存的领先所带来的回报越来越集中在少数大城市中的少数人手中。出了什么问题呢？

私营部门一直是并将继续是美国繁荣的关键。然而，大多数人已经忘了，在1945年之后的一段时期，美国主要的成功经验是，只有当政府强有力地支持基础和应用科学，并为由此产生的创新转为量产提供保障时，现代私营企业效率才会更高。

为什么政府对研发的资助如此重要？因为企业对创新的兴趣只限于改善经营业绩，而非造福他人。然而，创新的溢出效应非常重要。它能丰富基础科学的知识，催生更多实用的想法，可以推动进一步的创新，并且在各种经济的角落创造就业机会。问题来了：如果未能从投资中获得足够的收益，私营公司的投资意愿就会大大降低，进而抑制创新。与此同时，可以理解的是，支持初创企业的金融家不愿对可能遥遥无期的回报承担大额的、昂贵的投资风险，尽管在未来这种投资有助于创造高附加值的就业机会。

第二次世界大战后，导致快速增长的创新是私营部门、联邦政府和大学之间直接的富有成效的合作的结果。这种伙伴关系使我们能从国家的大局考虑，促成和捕捉创新的溢出效应。这期间几乎每个重大创新都依赖于联邦政府一以贯之的开发支持，并且是由民主党和共和党两党轮流提供的。

不幸的是，自 20 世纪 60 年代末以来，由于来自右翼和左翼的各种担忧，如短期预算和科学的社会角色之争，联邦政府退出了这一领导角色。本来，生产率增长推动过战后美国经济的发展，提高过各个群体的收入和生活水平，但可以预见的是，这种助推职能的萎缩将与生产率的放缓增长同时发生。

在当下的进程中，美国似乎不太可能继续保持其创新发明的主导地位。具有强烈创新精神的竞争对手正在世界各地增强实力，而这很大程度上是因为其他国家更加认真地阅读了美国历史。包括中国在内的其他国家和地区的政府资助研究计划，正在帮助创造影响未来的技术以及伴随而来的高薪工作机会。

通过创新，美国可以重新创造优质的就业机会。况且，我们处在得天独厚的位置上，便于更新和应用以前的成功经验。我们拥有世界上最好的大学，还有渴望成为合作伙伴的企业家和投资者，更有成千上万的聪明学生，或者在美国出生，或者移民美国，他们都渴望建立优良的公司。对科技企业家而言，美国的经济环境很好。那么，美国缺少什么呢?

我们认为，万事俱备，只欠政府的催化剂作用和更具战略性的眼光来推动私营企业的创新。1945 年之后的岁月一度反映现实的需要，政府拿捏精准，调控到位，向我们展示过这个职能的可行性。

但是，几十年来，政治还给了我们另一条经验：必须更广泛地分享社会红利。许多地区具有创新成功的潜力，其资源涵盖面广阔，既有强大的教育设施，又有善于创业的居民。所以，启动美国增长引擎的庄严计划必须关注所有充满机会的地方。

在 2018 年 11 月初，亚马逊宣布了备受期待的第二运营总部选址决定。预计工作岗位将分布在两个地点：一是位于弗吉尼亚州北部的水晶城，与首都华盛顿隔波托马克河相望；二是在纽约皇后区的长岛市，与纽约市的曼哈顿区隔东河相望。换言之，这两个“赢家”是美国近几十年来经济上最成功的两个地区，而且两地已有大量现成的好工作。看来，亚马逊尚未释放其改变落后社区的潜能。[3]

第二运营总部招标的启示显而易见。如果任由一个成熟的大型科技公司自由发展，它将给位于东西沿海少数的、已经成功的城市带来大量的工作良机，同时也会带来拥堵的交通和超高的房价，甚至带来更多的不平等。

本书促进机会均等，与所有人共勉。

导 言

创新永无止境

无论手艺多娴熟，如果基础科学的新知识依靠他国，该国的工业进步不可能快，在世界贸易中的竞争地位不可能强。

——范内瓦·布什，美国第二次世界大战国防研究委员会主任[1]

1940年6月，世界的未来陷于僵持之中。德国一个月前攻陷了荷兰、比利时和法国，纳粹的胜利让人触目惊心。凭借军事的新技术和新战略，德国演示了一种新的战争形式：闪电战、重武器和空中优势。从理论上来说，根据传统思维，英、法联军应该能够阻挡德军的进攻。然而，仅仅六周时间，英军被打散，连滚带爬地实行敦刻尔克大撤退。巴黎失陷。

在迅速蔓延的世界大战冲突的边缘，美国在迟疑地等待。海军能力虽强，规模却太小；空军装备远远落后于潜在的敌人；缺少步枪的陆军在训练时甚至用扫帚来充数。1939年全年，美国仅仅造出6辆中型坦克。[2]

第二次世界大战开始之际，美国军事技术处在严重落后状态。美国鱼雷在深度控制和探测系统方面存在严重缺陷。许多鱼雷在命中目标时不能引爆。[3] 在大西洋中，没有稳定可靠的途径探测德国潜艇的踪迹，结果让成千上万的水手葬身海底，英国失去补给线，濒临饥饿的边缘。[4] 起初，美国战舰与德国已经入列的和正在研发的战舰无法匹敌。

仅仅 4 年时间，在美国新技术的引领下，盟国取得了决定性的胜利，既打败了德国，也战胜了日本。美国通过研发和快速部署先进的雷达、精准的雷管、更加高效的战舰、自动火力控制系统、两栖装甲车和高性能战机，加之有效地抵抗细菌传染和防控疟疾，彻底扭转了战局。[5] 德国潜艇船队在大西洋中一度接近胜利，却遭遇包括雷达探测等新技术的破解。当时的雷达探测技术直至几年前都让人叹为观止。日本的投降则是迫于两枚包含新技术的原子弹的爆炸。

美国是如何实现这种技术的转型，而且能迅速地转型呢？这要从 1940 年 6 月 12 日，范内瓦 · 布什访问白宫并开始调研说起。

范内瓦 · 布什是一位成功人士，麻省理工学院前副校长，工程系前主任。第二次世界大战前夕，他负责华盛顿特区的一个一流的研究机构：卡内基科学研究院。作为干练和富有经验的领导者，布什还有技术视野和企业家的履历，创立过两家成功的公司，包括与人合营的雷神（Raytheon）公司，其前身为科技公司，后来发展为国防军火合约商。

范内瓦 · 布什是美国私营企业精神的代表，既热爱学术，又擅长赢利。正如那个年代的许多私营企业领导人，他从骨子里就反对政府干涉经济和科技。

第一次到白宫等候富兰克林 · 德拉诺 · 罗斯福总统接见时，布什有理由惴惴不安。尽管在危急关头，布什却没有新武器或潜在的科技可揭晓，只有一些散漫的想法，写在一张单薄的纸上。简言之，范内瓦·布什想要创建一个新委员会。

华盛顿特区从来就不缺少委员会，1940 年的夏天也不例外。但是，布什脑子里的委员会不是一般官僚级别的增加，而是召集具有超强大脑的人，指令清晰，专注于武器研发，不要舰队司令和将军，不要现有的工业公司，也不要私营领域的顶尖研究实验室，只要布什和他的一些大学同事，他们都没有决战疆场的经历。以任何政治标准对比衡量，这都堪称惊人之举，而且，此举是由政治经验很少的圈外人主导的。30 年后布什做了如下的回顾：

> 有些人抗议，建立国防研究委员会是走进死胡同，脱离了常规渠道，由一些科学家和工程师主导，掌控了新武器研发的权威和经费。事实上，那正是国防研究委员会的使命所在。[6]

创建国防研究委员会的点子被接受了。罗斯福十分清楚，战争迫在眉睫。他正在寻找能让国会中的反对党接受的好点子。担任海军前助理部长的经验鼓舞了总统发展军事技术的想法，他也感觉海军将领应该回避研发。布什在白宫主要顾问的协助下为此次游说进行了充分的准备，罗斯福在 15 分钟之内就批准了建议，国防研究委员会应声成立。

布什深知做工作难免遇到摩擦，所以，他总是聚精会神地搞合作，甚至深入讨厌他的人堆里拉关系。同时，他在委员会中的朋友们精于招聘和管理天才的科学家。国防研究委员会的其他创始成员包括当时的麻省理工学院校长卡尔·康普顿，哈佛大学校长詹姆斯·科南特，国家科学院主席兼贝尔实验室主任弗兰克·B. 朱维特，加州理工学院研究生院院长理查德·C. 托罗曼。

布什与所有这些科学界的精英交往颇深，他们涉猎的研究领域从原子理论到新兴概念，诸如电流通过各种不同导体材料时的差异表现。国防研究委员会的构想实际上就是以富有成果的方式驾驭这些个体和下属，使其更好地服务于国防。

这个团队和他们的下属们当时建立了庞大的业务。在项目的巅峰期，布什领导了 3 万人，其中含 6 000 名科学家。美国 2/3 的物理学家可能都受聘于这个项目。[7] 在那个时期，科学的努力高度集聚，实属史无前例。

在第二次世界大战前的 1938 年，联邦和各州政府用于科研的经费合计为美国国民收入的 0.076%，实属微不足道。到 1944 年，美国政府几乎把国民收入的 0.5% 用于科研，投入巨大。其中大部分经费以布什于 1940 年创立的组织为支出渠道。[8] 注入前所未有的经费得到了神奇的效果，令人难以置信——对于美国的敌人而言，则势如摧枯拉朽。

于是，1945 年验证了范内瓦·布什的深谋远虑。战争胜利了，部分原因是科学家们在布什的全盘领导下把现有的知识储备用于军事目的，也是因为美国工业经得起考验，把这些研发的想法很快地变成了大宗产品——军火。

布什指出，下一步需要聚焦于赢得和平。他用简明而有力的方式问道：科学家下一步要做什么？他的回答是，要做更多的科研，需要更多的联邦研究经费。1945 年的胜利催生了一个报告，标题为《科学：无尽的前沿》。在这份给罗斯福总统准备的报告中，布什反对过于狭隘地界定国防为危险的博弈。他据理力争，指出发明创造可以挽救生命、提高生活标准和创造就业。

政府不该直接搞科研。在痛批一切官僚主义后，布什以伤痛的疤痕作比，证明军事的官僚主义只会阻碍科学的探索。

同时，根据布什深刻的个人经验，私营部门——公司、富翁、一流大学，都不能独自承担和开展国家所需要的创新科研。私营企业善于利用现有的技术知识做增量。但是，到了 20 世纪中叶，发明家单打独斗提供突破的时代已经基本过去了。私营领域科研是在大规模的公司实验室中进行的。为了避免破坏或毁灭公司现有的商业模式，这些实验室的经理一般不会资助新技术的发明。

布什的战时模式既具争议性，又有深谋远虑。从传统的角度看，它把公司的经营和为军方的需要寻找答案的古怪的大学教工这两个相当分裂的世界综合起来了。有时，军方甚至还未能明确地知道自己需要什么，好的设计却面世了。在布什的报告中，他提议美国政府应连续地提供大量的经费，来维系大学和私营企业的伙伴关系，制造战后的创新机器。

最终，这正是美国的做法。政府大力出资，以资助大学科研，这个想法需要渐进的过程加以贯彻。虽然确切的实施架构并非布什原来设想的那样，[9] 但第二次世界大战之后的几十年中，布什的大视角在很大程度上还是得到了贯彻落实。

其基本的方法是转变高校办学策略，包括执行始于1944年的《退伍军人权利法案》，促使大学扩招，拓宽培养工程技术人才的口径。新生行业发展了，数以万计的就业岗位风生水起，其中还包括前所未有的新岗位，等待着刚刚获得高级技能的人才上岗。例如，在技术领域的投资得到政府的支持，研发喷气式飞机，创建大型基地，它们随即就会需要成千上万的技工和工程师。

新技术和大量的技术人员的结合，发展了生产力，还几乎为一切现代经济创造了科学和实用的基础。之后的20年，大学毕业生的工资得以提高，更关键的是，中学毕业生的工资也提高了。

这种努力的催化剂是联邦政府前所未有的资助幅度，它催生了全世界一系列史无前例的最高投资回报。

1940—1964年，联邦政府的研发资金增长了20倍。到了20世纪60年代的鼎盛期，这项开支已经接近当年GDP（国内生产总值）的2%，相当于美国的每50美元当中就有1美元用于政府资助的科研（对应GDP，大约相当于今天的4 000亿美元），这对经济发展、美国人民的生活，甚至是世界格局，都有着划时代的影响。

正是因为这项政策，美国人民才有好的生存机会。第二次世界大战之前，由于一次幸运的过失，英国发明了盘尼西林。然后，在布什的领导下，美国人实现了盘尼西林的量产，把数以千百万计的高质量药剂推向全球。[10] 这项努力激发了对其他潜在的重要土壤微生物的研究兴趣，间接地促进了其他抗生素的研发，例如链霉素可以有效地治疗肺炎，[11] 可的松和类固醇也生产出来了。[12] 全球发动了雄心勃勃的抗疟疾活动。[13] 儿童疫苗普及、新生儿死亡率下降、传染病控制都直接受益于这个项目。直到今天，美国一流的医药公司认为它们扩张并且获得丰厚的利润，得益于布什发起的这个旨在改善医疗科学的公益推动。[14]

电子计算机是联邦政府发挥重大影响的另一个领域。[15] 1945 年，美国军界面临着一个重大的问题。从炮舰的火力自动控制到雷达系统预警机制的复杂管理，计算速度要求比人脑更快。它们得到的资助促进了基础研究和更多的应用开发，最终使得新机器，包括以晶体管为基本的集成硅片（硬件），以及驱动机器的指令（软件）成为可能。这种以国防为导向的投资拉动了方方面面，改变了我们处理、分析和使用信息的方式，包括今天苹果手机的应用，还包括喷气式飞机、卫星、远程通信的改进和互联网的应用。在现代生活中，几乎没有未受创新深刻影响的角落。这些创新都可以追溯到布什时代的立项，或者依赖于其后几年那些得到政府项目支持的发明。

在 1940 年之前，大学教育基本上属于“奢侈品”，只有少数人能够得到接受教育的机会。随着技术进步潜力的扩大，以及政府对研究和教学的支持，理工教育的招生规模和教学质量大大提高。美国首次成为世界上研究、开发和商业推广新技术的最佳国度。

第二次世界大战后，美国经济的脊梁建立在远见卓识的模式之上。这种模式不仅创造了伟大的公司和令人惊异的产品，而且创造了大量的就业良机。这是拥有世界上最大规模的中产阶级，使中产阶级持续保持成功增长的基础。政府的投资成果通过美国的企业以相对平等的方式提供稳定的就业和高薪待遇，让所有公民间接地分享红利，至少以目前的标准，堪称出色。

1947—1970 年，美国家庭平均收入翻了一番。财富的增量在全国得到分享，不只是在沿海，在中西部工业区和活力乍现的新南方都在同时增长。

世界各地都感受到了新技术的广泛益处。美国普遍地希望支持一个更加稳定的世界，主要是为了避免大萧条和两次世界大战的重演。然而，推动实用的、提高生产力技术的传播，主要不是出自利他主义，也不是有意的帮助。想法一旦以实用技术的形式实现，就很难停下来，非常容易传播到任何受到吸引的地方。

自然，其他国家也会做出反应，即为自己的科学项目投资，实际上就是试图模仿美国的技术创新，推出自己的版本。于是成就了由政府精心支持，但由私营企业主导的技术创新时代。

问题出在哪儿?

尽管技术和经济双双显著成功，但美国现在仍然面临严重的问题。在第二次世界大战和冷战期间，国家通过科研解决实际问题，建立了强大稳定的增长引擎。相关的技术验证了其变革性，推出了新产品，催生了新公司，还有世界各地对美国商品和服务几乎无法满足的需求。

不幸的是，我们没能保养好引擎。自 20 世纪 60 年代中期以来，对科学成为脱缰野马，造成环境污染，加剧军事对峙，触碰伦理底线的担忧，再加上短视的预算法，让政府削减了对科研的投资。20 世纪 70 年代遭遇困难经济，紧接着又有里根革命和反税收运动，进一步促使联邦资金从科研项目中撤出。2008 年全球金融风暴的冲击以及随之而来的经济压力（即大衰退）进一步挤压了对未来科学的投入。

1964 年，联邦政府在研发方面的支出达到峰值，将近占经济总产出的 2%。而在接下来的 50 年里，这一比值下落到仅 0.7% 左右，[16] 同比例换算为今天的 GDP，大约相当于每年 2 400 亿美元——我们不再支出，不再为下一代创造就业良机。

我们应该在乎吗？如果需要有对社会有益的研究和产品开发，那么，今天的科创型公司应该自费为其买单吗？

事实上，他们不会。发明是一种公益事业，意味着私人公司在科研上每支出 1 美元都由该公司自己承担（私人成本），而发明的收益却要共享。思想、方法，甚至新产品（一旦专利过期），必定要与全世界共享。

私营部门，顾名思义，只专注于评估那些对于它的公司、它的经理及投资人所带来的私人的回报是否足够高到值得去冒险一搏的事情。管理这些公司的高管们不会去考虑产生一般知识所带来的溢出效应，他们也不会分享可能使其他人受益的专有研究成果。

此外，私营企业的新发明受到资金的限制。同时，风投机构虽然创造了众多的高科技成功案例，却避免了那种长期烧钱的资本密集的投资类型，尽管那种模式在剑指技术突破的同时，还能创造新产业和新岗位。

结果，当政府退出研发工作时，私营企业并未冲进来填补缝隙。因此，我们的知识储备没有与时俱进，而是增长放缓，长此以往，意味着低增长、少就业。

错过发明创造的机会直接导致收入陷入“停滞”。从第二次世界大战到 20 世纪 70 年代初，美国经济（GDP）年均增长率接近 4%，[17] 而在过去的 40 年中，我们的增长率在下滑，自 20 世纪 70 年代初以来，年均增长率不到 3%，自 2000 年以来进一步降至 2% 以下。[18] 美国国会预算办公室预计，到 21 世纪 20 年代中期，GDP 年均增长率将下滑至 1.7%。[19]

经济增长的核心在于生产率的变化，在于人均产出的多少。[20] 如今信息技术革命被大肆炒作：人人都拥有智能手机！但是，令人深感失望的是，生产率未见即将改变的迹象。21 世纪伊始，沉浮兴衰，十年轮回，进一步削弱了我们的增长能力。

“铁饭碗”、体面的工资和合理的福利正在消失。取而代之的是低薪工作，不足以维持正常的生活水平。工作消失的过程是任何市场经济的正常活动，所以也存在于 20 世纪五六十年代的经济繁荣时期。但是，信息新技术不但未能全面地促进生产率的增长，反而加速了高收入工作的消失，这些工作原来是由只有高中学历的人从事的。结果，第二次世界大战后仅用 23 年就翻了一倍的美国家庭收入中值，在接下来的 45 年里仅增长了 20%。

尽管我们面对残局，从范内瓦 · 布什的创新引擎中后退，但世界上还有其他国家却在接盘。虽然经济体量不同，但各国都采取了积极的政府政策。其他国家研究经费总额的增长速度比美国快了许多。尤其是最大的经济竞争对手中国，它不断增加的投资在计算机等领域得到了回报，渐渐地，在美国曾经占据主导地位的医学研究等领域亦是如此。

中产阶级开始承受巨大的压力，工资停滞不前，高等教育成本上升，在经济阶梯上攀爬越来越难。与此同时，还有一种明显且难以逆转的地理影响：在少数城市（主要是东西沿海）创造了不成比例的就业良机。在这类城市中，限制性的分区政策和高昂的土地价格令许多人难以迁移到工作前景好的地方，迫使他们留在缓慢增长的地区，带来了经济的不安感。

我们需要一种变革的、政治可连续的新方式来启动我们的增长引擎，促进经济增长和创造就业机会。

重获引擎

过去几十年的经济放缓并非是不可避免的。我们的经济可以再次好得让人眼花缭乱，无论是在发明方面，还是在更重要的、大多数美国人的生活前景方面。为此，美国更需要成为技术驱动的经济体。这听起来令人惊讶，因为我们大多数人认为，我们一直就是由领先的技术推动的技术玩家。毕竟，硅谷就是世界增长的引擎。

事实上，硅谷不是我们的引擎。[21] 它只影响到美国经济的一小部分。美国的私营企业投资于新产品，但不包括基础科学。为了真正改善美国经济的表现，并且全面提高收入，我们需要在计算机、人类健康、清洁能源等基础科学方面投入大量资金。

必要的条件已经基本到位。我们拥有世界一流的大学、有利的创业条件以及大量风投资本。在公私合营的科创方面，我们掌握了大量数据，知道怎样可行，以及怎样不可行。

我们需要公私合营的持续推动、创新系统的持续放大和创新技术的转化，就像早期的电脑研发那样，最终创造一个完全不同的信息存储和信息传播结构。这将需要联邦政府对科学的资助，就如它曾经给予的资助带来的第二次世界大战后的繁荣那样。

为此，我们应该在所有的年龄段大力发展科学教育，目标是培养和雇用更多有技能的大学毕业生。随着时间的推移，这种供需的综合增长将创造数百万个新的高薪工作。

但是，要让这种推力在经济上合理，在政治上可持续，我们需要从两个方面更广泛地分配增长的红利。

首先，我们必须确保高科技的新工作不再沿袭过去40年间的模式仅嵌入在东西海岸狭长地带的超级明星城市。美国还有数十个条件相当的城市也适合创建新技术中心。这些城市有成功的先决条件：大量技术工人、一流大学以及低廉的生活成本，还有更多迫切希望获得高薪工作的人。但是，这些地方正在遭受损失，因为它们没有足够的科学基础设施，所以不能成为新的创新中心，也没有风投资本可以把新想法转化为赢利的公司。

联邦政府可以应用美国某家最有价值的公司最近采用过的竞选机制来选择最佳地点。2017年末，正如我们在序言中所言，亚马逊宣布将在弗吉尼亚州设立第二运营总部，大约创造5万个工作岗位。共有来自美国（和加拿大）的238个城市和地区，不计政治倾向，踊跃投标，铺设了各种欢迎的红地毯，包括税费减免和支持性的基础设施建设的承诺。

最终，亚马逊选择了两个地点，这可能帮它获得更大的利润，其中的一部分是通过获得最大额度的税费减免而实现的。公司要做的是为它们的股东利益服务，而不是为公众服务。结果是税收的零和博弈，无助于提高整个国家的财富。

我们心目中的竞争应该服务于国家的利益，而非个别公司的利益。各地之间的竞争不应基于税收的减免，而应该基于它们成为新技术中心的资格。这涉及科学创新先决条件的展示，包括科研的基础设施，从高中到大学的优质的科学教育支持，还要确保该地区有可持续的发展计划，以免制造新的拥挤和高成本的城市生活。候选地还需展示与私营企业的伙伴关系，从实验室科学合作到产品的开发。

其次，我们应该更直接地与美国纳税人分享创新的红利。长期以来，政府一直资助基础研究，例如电脑、互联网和人类基因组计划。这些研究基本上已经成为少数投资者的暴利来源，他们因为有资源，所以较早地进入了相当多的技术开发项目。[22] 生产收益越来越多地向资本家（公司股东和财产所有人，而非工人）转移，加之资本回报的实际赋税率下降，使许多美国人理所当然地怀疑政府的投资目的只是让公司更加有利可图。

作为吸引联邦政府额外的科学资金的竞争标准的一部分，地方政府需要为纳税人提供一种直接分享好处的方式。例如，地方和州政府可以持有一大片公有土地，用于新的科研中心及其周围的配套开发。随着这块地变得越来越宝贵，政府也将得到好处，获得更高的租金或资本升值。每年的利润将以现金分红的形式直接支付给公民。

对于相对保守的州，也有一个好的模式：阿拉斯加永久基金。它把来自自然资源（石油和天然气）的收入平等地分配给本州的所有居民。年度创新红利如果以现金形式平等地支付给所有美国人，将生动地说明公共投资在推动科学方面的回报。

不管纳税人是否知情，他们一直在承担风险。自从美国成立，特别是 1940 年以来，联邦政府的投资目的就在推进前沿，首先是地理意义的开拓，最近则是布阵于技术前沿。

当项目出错时，就像太阳能制造商索林德拉（Solyndra）破产倒闭那样，该公司从联邦政府借了 5 亿多美元——所以有指控、调查，还有一些人要求追究公司法人的责任。最终，纳税人不得不承担损失。

当项目进展顺利时，例如雷达、盘尼西林、喷气式飞机、卫星、互联网以及最近的人类基因组计划，都创建了海量的财富，却被幸运的少数人收入囊中。是时候该让美国所有的人从加速创新的利益中分得一杯羹了。

路线图

本书的第一部分主要揭开大部分被尘封的历史：公费资助的科学如何为第二次世界大战的胜利做出了贡献，为战后充满活力的美国经济奠定了基础。这段故事的主角们不是家喻户晓的人物，但是，他们可以说为美国战后的经济繁荣立下了相当大的功劳。然后，我们解释了科学的过度自信、政治家的互相冲突，以及预算问题如何促使公共开支倾向于削减科学经费。

在第二部分，我们将通过经济案例阐述今天的公共资助已经成为推动研发的主力。我们将解释，为什么私营企业在科学方面的投资有系统性的不足。我们还将表明，尽管力度太低，公共资助的科学将继续获得创新性和就业岗位。

最后，吸取以前的经验教训，在沿海的特大城市以外，以巨大的增长机会为基础重建美国增长的引擎。我们提出了一个详细的计划，来扩大科学的努力，并保证广泛地分享红利。

1940 年 6 月，是世界陷入严重危机的时刻。最终，美国对此做出了重大的回应。相对而言，我们今天面临的问题与国家安全的关系不太明显，但是因为这些问题影响到我们的经济福祉及其可持续性，所以同理可证，危机同样深刻。

美国为创造未来的好工作愿意出多少力？当我们犹豫不决的时候，其他国家却在新科学和应用方面投入了大量资金。在关键领域我们已经被超越了。要么现在做出反应，要么再次冒着被对手国家远远甩到背后的风险。

第一章

为了我们的舒适、安全和繁荣

我们在此孤立无援。前途在哪里？

——英国首相温斯顿·丘吉尔与詹姆斯·科南特的谈话，

1941 年 4 月 10 日[1]

到了 1940 年，美国已经成为世界上最具创新力的国家之一。虽然不能说是科学的领袖，但至少在实际应用的工程领域、汽车和电信等行业发力强劲。范内瓦·布什意识到，创新要有不同寻常的规模，特别是在赢得战争的技术方面。例如，他认为战斗机的航程和性能将发挥决定性的作用。然而，1940 年美国的战斗机落后于德国和日本。[2]

从更广泛的意义上说，至少对布什及其同事而言，目的开始变得清晰起来——美国迫切地需要开发可用于战争的技术。一个明显的反应是，政府采用德国或苏联模式，雇用科学家，让他们在政府的实验室工作。德国技术在第二次世界大战初期的成功无疑是得益于这种模式。

另一种可能则是把任务直接交给私营企业。但现在的目标是国防，而不是赢利。在 20 世纪，私营企业取得了令人瞩目的成就，包括铁路建设、电力布网和电话安装。怎样才能既打破以利润为导向的传统的私企框架，又保持私企的主动性和快速行动能力。为了理解范内瓦·布什在1940年面临的战略设计选择，以及战争期间和战后的很多情况，我们需要简略地回顾美国的创新史。

企业创新的兴起

美国一开始并非是一个技术先进的国家。独立时，美国主要依赖农业，不仅仅在1776年，在接下来的半个世纪里，它在工程能力方面也落后于英国。例如，1800—1820年，在修建运河的尖端工程中，美国人通常依赖进口（主要是来自英国）的设计，但往往很难做好。美国的运河漏水比较严重，有些甚至不得不完全重建。[3]

然而，美国的建筑技术终于有了改善，这在很大程度上依托于欧洲标准，以便在长距离和崎岖地形上建设可靠的交通设施。在恶劣的环境中，美国获得了重要的经验教训，特别显著的是在铁路建设中，美国看到了新机遇。

英国开发了第一台在车轮和铁轨上运行的内燃机。[4] 1830年，英国已经拥有了超过125英里①轨道，而美国只有23~40英里。[5] 到了19世纪50年代，两国都有7 000英里。然而，到了1860年，美国铁路系统变得更强大，达到3万英里。而英国铁路在1869年仍然只有

---

① 1英里=1.609 344公里。——编者注

1.35万英里左右，在1914年的巅峰期也才只有2万英里。[6]

比较里程可能被认为不公平，美国有更大的陆地面积和更远的距离可以覆盖，但就机车而言，美国制造的进步同样令人印象深刻。1829年，美国从英国进口了第一批火车内燃机。但他们很快就发现，这些内燃机有些"水土不服"。在美国更难铺设轨道，而且弯道更急，英国的四轮表现欠佳，结果改成了六轮设计。这一时期铁路设计和生产迎来了热潮。[7]

不久，美国开始向全世界出口机车。早在科学方面领先世界之前，美国就已经擅长实用工程了。1831年，亚历克西斯·德·托克维尔记录了他的所见所闻：在美国，纯粹实用的科学部分已经娴熟得令人钦佩，只有当实用需要的时候，人们才会仔细关注理论部分。于是，美国人表现出一种永远清晰、自由、原创和丰富的思想。但是，在美国，几乎没有人会钻进人类知识的理论和抽象领域。[8]

托克维尔认为，这反映了民主的本质。这可能只是表明，美国有太多的实际工程急需要做，对于纯科学的奖励似乎需求还太小或相去甚远。

美国技术的早期发展经验是由少数人主导的，大多数是自学成才，几乎没有正式的科学背景。塞缪尔·莫尔斯是一位专业画家，他在19世纪30年代发明了电报。赛勒斯·麦考密克是一位农民和铁匠，他在19世纪30年代（改进了他父亲的设计）发明了收割机。1851年，演员艾萨克·辛格推出了自己设计的缝纫机。五金店的老板查尔斯·古德伊尔在1844年发明了硫化橡胶。[9]

19世纪70年代，尤其是到19世纪80年代，依靠企业驱动，美国实现了从电力开始的创新的重大转型。本来，电力主要的理论和实践几乎全部是由欧洲，特别是由德国和英国的研究人员确立的。在此基础上，美国涌现出大批有突破思想的杰出人才，包括亚历山大·格雷厄姆·贝尔于 1876 年发明电话，乔治·威斯汀豪斯在 19 世纪 80 年代启用交流电，尼古拉·特斯拉发明多项与电力有关的创造。当然还有托马斯·爱迪生这个传奇人物，他是电灯泡的发明者，也许，还是第一个聚精会神实现发明商业化的人。他在新泽西州的门洛帕克有著名的研究实验室。

在爱迪生之前，个人发明家有很多伟大的想法，却受制于单打独斗的有限资源。在爱迪生之后，随着电力的发展，兴起了公司的发明，律师的涌现，以及充足资本支撑的专利之争。寻求下一波发明的公司对科学的兴趣更大，包括雇用科学家和建立实验室。

早期的努力并不顺利。1864 年，威廉·富兰克林·德菲在密歇根州德怀恩多特建造了一座贝塞麦转炉，用于炼钢。他设立了附属的"钢厂分析实验室"，这是美国第一个也是世界首个工业实验室。他的工人并不一致赞成这种进步理念。"那些操作和管理贝塞麦转炉的人起初惊奇地看着实验室，然后开始恐惧、忧虑。在一个漆黑的夜晚，他们把实验室烧为灰烬。"[10]

第一个现代企业的研发实验室可以说是由 GE（通用电气）于 1900 年创立的。到 1906 年，这个实验室有 100 多名员工。[11] 到 1920 年，GE 实验室雇用了 301 人，到 1929 年，其员工已有 555 人。[12]

1910—1911 年期间，贝尔电话公司的研究部门合并成为一个单独的机构。弗兰克·杰维特说，他主导的这个项目，即 1925 年之后的贝尔实验室，让工业超越了随机的、只有工程师才能完成的发明。现在，在杰维特的评估中，明显依赖于科学的这些公司已经组建了自己的研究实验室，其唯一的功能就是在科学森林中的每一个角落，寻找可用之材。[13]

第一次世界大战结束时，几乎所有的大型工业公司都有研究实验室。贝尔公司、IBM（国际商用机器公司）、GE 和西屋公司很早就制定了发展战略。他们的工程师有意为新发明寻求专利，并利用这一过程来巩固其市场地位。1900 年，美国工程师只有 4.5 万人。[14] 到 1930 年，这个数字上升到 23 万，其中 90% 的人从事工业制造。[15] 到 1940 年，在战争前夕，2/3 的科学经费掌握在企业部门的手中。[16]

美国的私营企业已成为系统创新的阵地，其重点在于理解和开发任何可能孵化的知识，以提高企业的利润。因为研究费用高昂，它只能由相对较少的大公司主导。在 20 世纪 30 年代，13 家公司雇用了全国研究人员总数的 1/3。[17]

然而，对私营企业而言，对基础科学的投资等于为了发现而发现，既没有优先的意义，也没有闲钱。私营部门非常擅长它应该做的事情：赚取利润，并将收益投资于开发新产品，再通过新产品赚取未来的利润。

受到挑战的大学

在现代美国，我们习惯了这样一种观念，即大学在基础科学领域起带头作用。然而，在第二次世界大战之前，美国大学的规模还比较小，注重的是教学而不是科研。美国在1863年设立了第一批赠地大学，它们旨在将改良技术引入农业，在少数情况下也兼顾工业技术的进步。它们依靠应用的方式，但是没有兴趣和资金开展基础研究。[18]

资金雄厚、最负盛名的大学更喜欢提供古典教育。1854年，第一位工程师从哈佛大学毕业，到1892年，该校工程专业毕业生累计只有155人。[19]

总之，相较于工业，美国大学在发展实用技术方面的投入微不足道。[20]在20世纪初，对胸怀抱负的年轻人而言，最好的技术教育毫无疑问在德国、法国或英国。[21]

在哈佛大学的西奥多·理查兹于1914年为美国赢得第一个诺贝尔化学奖之前，已经有14个欧洲人获得了诺贝尔化学奖。直到1932年，美国才第二次获得诺贝尔化学奖，在此期间，欧洲人又获得了15个诺贝尔化学奖。1932年美国的诺贝尔奖得主是GE公司的欧文·朗缪尔。他曾在德国接受教育（拥有哥廷根大学的博士学位）。

在医学和物理学领域，获奖的模式相似。[22]在1901—1932年颁发的所有诺贝尔医学奖中，只有2个授予了美国的研究人员，他们都在纽约洛克菲勒医学研究所工作，两人都在欧洲出生并接受教育。在物理学方面，第一位获得诺贝尔奖的土生土长的美国人是罗伯特·密立根，时间是1923年；第二位是1927年的阿瑟·康普顿；第三位是卡尔·安德森，他直到1936年才获奖。到20世纪30年代中期，荷兰的诺贝尔物理学奖得主（4个）比在美国产生的诺贝尔物理学奖得主多。[23]

政府的缺席

1940 年以前，美国政府在科学发展和技术应用方面很少发挥作用。[24] 虽然有一些支持武器发展的项目，例如，为军械库制造枪支。但这一切都是狭义的。第一次世界大战期间政府的资助虽然略有增加，其实也是短暂的。[25] 20 世纪 30 年代的大萧条进一步收紧了本来就吝啬的政府财政。

罗斯福总统尝试过扶持失业和未充分就业的科学家，但是因为政务繁重，分身乏术，无果而终。况且，在是否希望得到政府的支持的问题上，科学家们也存在分歧，直至 20 世纪 30 年代，惯性思维都是政府的支持一定会附带潜在的限制和控制。

1933 年，罗斯福总统组建了科学咨询委员会。该小组由卡尔 · 康普顿担任主席，他主张政府出资，以帮助雇用工程师和科学家。这一倡导很快被否决，在科学方面的支出依然没有得到充足的重视。一流科学家与罗斯福政府之间的关系跌至新低。[26]

你现在能看见我吗？

1940 年 8 月底，政府为私营企业不能或不愿做的事情提供资金，开始扭转这一趋势。亨利 · 蒂泽德爵士抵达华盛顿，担任专家组组长，负责收集英国重要技术发明的信息。1940 年夏秋两季，英国战事持续不断，德国空军首先对英国关键机场造成严重破坏，继而闪电式轰炸平民地区，包括伦敦、考文垂、伯明翰和其他主要城市。[27] 在英国绝望的时刻，蒂泽德和其他一些人说服丘吉尔政府抛开所有传统的保密观念，目的是从美国获得更多的物资援助。[28]

蒂泽德的使命是用一个金属箱子装回所有最珍贵的文件和样品。一旦安全地运回美国并打开，它将揭示令人印象深刻的技术细节，如飞机炮塔、高射炮、凯里森预测器（自动火炮控制系统）、装甲板、鱼雷、自封汽油罐和炸药。[29] 英国人一直在紧张地处理无数的与战争有关的工程问题，所有这些问题都是当务之急。蒂泽德的小组被授权在谈判桌上摊开几乎所有的牌，而不要求任何互惠。[30]

在蒂泽德得到的所有军品设计中，毫无疑问，最迫切需要的是一个小型机械装置，大小与冰球相当：共振磁控管。这种简单而优雅的设备能把雷达制造得更小、更强大、更准确，并能承担大量额外的工作。

回过头来看，美国人声称雷达是独立、秘密开发的，其实至少有 13 个国家参与其中。[31] 无线电波的基础科学是由欧洲首创的研究为基础，开始于 19 世纪末。[32] 收音机很快成为 20 世纪初的奇迹，并在 20 世纪 20 年代广泛投入商业量产。这项技术的长距离通信研发自然会提出这样的问题：还有其他的应用可能吗？

许多人注意到飞机干扰无线电传输的恼人方式。一些比较有远见的人想探讨：这能否成为探测轰炸机的航点和方向的基础？美国的研究人员最早开始调查这个问题，他们提出过可行的解决方案：故意将无线电波从远处的物体上反弹回来，并仔细跟踪反弹回来的东西。[33]不幸的是，美国陆军和海军作为美国此类工作潜在资金的主要来源，并没有将这视为国防的重中之重。当时，美国认为自己与任何潜在的敌人相距甚远，而且远远不在其携弹飞机的航程之内。

相比之下，至少从20世纪30年代初开始，英国的军界领袖和民间顶级的科学家越来越关注轰炸机构成的危险，因为它们有可能携带常规炸药或化学武器瞄准大城市。在20世纪20年代，飞机的速度和效率显著提高，彼时从德国飞往伦敦只需两个小时。[34]到20世纪30年代，很明显，重新武装的德国有一支庞大的空军，使得常规防空大多无效。在1932年的一次演讲中，英国著名政治家斯坦利·鲍德温用一句令人难忘的话表达了日益增长的恐惧："轰炸机将永远来去无阻。"[35]

在20世纪30年代早期，现有的针对轰炸威胁的技术发展路线没有一条能够立即实现。作为回应，英国成立了一个委员会，由亨利·蒂泽德负责。[36]在蒂泽德的指导下，只靠少量资金，英国研究小组取得了惊人的进展。到1938年，它已经组装了一套国防雷达系统，最初可以探测到由高空过来的飞机，很快又增加了一个扩展功能，可以发现任何试图从低空接近大不列颠群岛的飞机。[37]

但是，该设备体积庞大，而且使用长波或低频无线电波的检测方法只能测个大概，它只在针对大型物体的方位和飞行轨迹，例如在白天发动攻击的轰炸机时，检测效果才能最佳。[38]英国、美国以及德国的研究人员敏锐地意识到，既要使技术的核心部件小型化，又要使它能够探测到更小的物体（例如潜艇的潜望镜），才能显出其优点。

在美国方面，战前雷达的研究以相当低调的方式进行着，从现代视角看来，其时代特征相当古朴。民事工作的很大一部分由阿尔弗雷德·卢米斯领导，他是一名律师，自学了大量现代物理学，并在自己家里建了一个实验室。那是一座大房子，实验室设备齐全。卢米斯是一位优秀的科学家，但是不论从字面意义还是比喻意义来说，这都是一个业余的项目。当 1940 年秋天英国人看到卢米斯的作品时，他们很有礼貌，但很明显，美国人远远落后了。卢米斯团队的成就不足为道，充其量只是警察雷达枪的前身。[39]

尽管如此，卢米斯的确广交科学名人。他的挚友包括 1939 年诺贝尔物理学奖获得者欧内斯特·劳伦斯、化学家兼哈佛大学校长詹姆斯·科南特、麻省理工学院校长卡尔·康普顿，当然还有范内瓦·布什。卢米斯还是他们的经费来源之一。后来布什请卢米斯出任国防研究委员会的委员，负责微波相关的研究。

1940 年 9 月 19 日，在华盛顿特区的沃德曼公园酒店，蒂泽德的团队展示了他们的访英突破，即共振磁控管。当时，它能以短波发射大能量。[40] 1940 年 9 月 28 日至 29 日，他们在纽约市塔克西多园区的卢米斯家里进行了进一步的技术讨论。之后，卢米斯充分认识到，这项技术可以扭转战争走向。[41]

虽然当时英国已经破解了科学难题的关键部分，但是，一个微波雷达系统需要更多的配置，包括一个接收器，一种抗干扰的处理信号的方法，以及整体功能的稳定性。在理想情况下，它还必须能安装在飞机的机头上。显然，它必须在各种困难的条件下都能有效地运行。被围困的英国人无法获得后续开发所需的资源。美国人有科学家和富裕的工业能力，但是，他们会承担这项工作吗？

布什坚信代理机制，他信任卢米斯。这是在过去的十年中形成的纽带。在此期间，卢米斯作为无线电波领域著名的科学聚会召集人和实验资金的慷慨捐助人而声名鹊起。[42] 如果卢米斯及其团队认为美国应该支持这项技术，那么美国就会这样做。

一旦决定支持雷达开发，马上爆发了一个争论：究竟应该让谁来牵头？对于贝尔实验室的总裁弗兰克·杰维特来说，毫无疑问，这个项目应该归贝尔实验室主导，再配合其他私营企业的强强合作。[43]

布什和卢米斯当然尊重杰维特。两位都不认可政府直接领导研发；两人的职业生涯要么基本上独立于政府之外（布什），要么完成在政府监管之前（卢米斯的主要财富来自发电和配电行业，在 20 世纪二三十年代属于未受政府监管的前沿领域）。在 1970 年的回忆录中，布什直言不讳："像许多来自新英格兰的人一样，我对新政嗤之以鼻，对罗斯福的政治理论和实践感到震惊。"[44]

但是，布什也非常务实。在现代意义上，他一点也不偏执于意识形态。现在需要的不是渐进式改进或边际调整，而是根本性的突破，速度要极快。他认为，依靠私营企业必有先天不足，因为寻求利润对于民用经济的渐进式变革当然很好，但是不适合军品重大突破的紧迫需要。布什还看到，现在不是囤积信息的时候可以慢慢琢磨什么有利什么无利，现在需要自由地、不受限制地分享知识，虽然不符合私营企业的利益，但是能更快地推出产品。

因此，布什倾向于将该项目委托给一所大学，以便更有效地调动来自全国各地的教职员工。[45] 在卢米斯的强烈认同下，布什选定了麻省理工学院。麻省理工学院校长卡尔·康普顿没有立即同意，他担心大学的日常工作会受到重大干扰。但是康普顿很快被说服，国家利益第一。

钱能推磨。布什代表联邦政府与大学直接签约，他慷慨地支付研究活动的“全部费用”，其中包括间接的日常开支。[46] 幸运的是，后来布什说服了众议院拨款委员会，进一步成全了鼓励创新工作的最佳方式。

布什完全清楚，国防研究委员会拥有所有在其支持下开发的全部发明专利权，尽管其主要目的是帮助开发更多有用的好想法。与和平时期不同，不论研究人员在哪里工作，专利不妨碍他们之间分享想法。

布什和他的同事们完全理解有关发明的关键问题。新想法有利于这些想法的拥有者，也会对相关领域的研究人员产生正面潜在的重大影响。在国防研究委员会的有效专利汇集中，雷达的研究人员，或者任何其他项目的人，在看到别人正在开展的研究时，可以更快地调整自己的研究方向。

卢米斯负责的国防研究委员会雷达微波项目分会，其使命是扩大规模和以前所未有的速度应用发明。这个项目于 1940 年 10 月中旬启动，计划雇用首批 12 名大学研究人员，并安排私营企业签订供应部件的合同。[47]

麻省理工学院立即提供了 1 万平方英尺①的实验室空间。卢米斯随后走遍了全国领先的科研机构，招聘顶尖人才。加州大学伯克利分校的欧内斯特·劳伦斯也加入了这一行列。卢米斯和劳伦斯说服罗切

① 1平方英尺 = 0.092 903平方米。——编者注

斯特大学核物理学家李·杜布里奇担任主任。作为助理主任，他们分别从哥伦比亚大学带来了未来的诺贝尔奖获得者伊西多尔·拉比，随后是杰罗尔德·扎哈里亚斯和刚刚加入伊利诺伊大学教师队伍的诺曼·拉姆齐。[49] 接着，另一位未来的诺贝尔奖获得者路易斯·阿尔瓦雷斯和埃德温·麦克米兰从伯克利加盟。劳伦斯"在团结同事发展事业方面非常成功，到 11 月，每天都有一位著名的物理学家加盟"。[50]

工作节奏之快令人瞩目。第一次实验室会议于 1940 年 11 月 11 日举行，到 12 月中旬，30 名物理学家齐力工作。很快，一个初步的雷达系统安装在麻省理工学院大楼的楼顶上运行和测试。辐射（代号 Rad）实验室在鼎盛时期雇用了近 4 000 人。据估算，在 1945 年盟军使用的所有雷达系统中，有一半的设计是来自辐射实验室。[51] 其主要成就包括火力网探测雷达和夜间战斗机使用的空中拦截雷达。该实验室还开发了轰炸机专用雷达和有史以来第一个全球无线电导航系统，称为远程导航仪。[52]

最终拥抱未来

说服军方购买一些新设备并不难，特别是当国防部长迫于采用最新技术的压力时，预算也迅速扩大。但是，让军队，特别是海军真正将雷达和相关设备整合到战场决策中要困难得多。解决这一问题将为军民之间未来的建设性关系奠定基础。实现这一思想的重大转变将确立科学和创新在国防中的内涵效用。

美国海军作战部长兼美国舰队总司令欧内斯特·金上将无疑是重量级人物，他曾在1941年淡化雷达的重要性："我们希望在这场战争中有所作为，而不是下一场战争。"[53]这种不愿接受新技术的高级官员并不罕见。美国陆军拒绝对德军坦克使用火箭，拒绝采用为本国坦克开发的红外夜视仪，尽管事实证明它有助于增强狙击步枪的夜视效果。当国防研究委员会提议使用水陆两用运输车时，供应局局长对布什强调说明，军队不想要它，即使他们得到它，也不会使用它。水陆两用运输车被开发出来，并且被证明非常成功，例如，在诺曼底登陆期间成功运送登陆部队和装备上岸。[54]

尽管最初遭遇军事保守主义，但是，在珍珠港的灾难之后，科学的大量宝贵贡献变得显而易见了。雷达技术人员使用美国陆军移动的SCR-270长波雷达装置，在132英里的航程内发现了日本飞机攻击的第一波。在将近一个小时的时段内，至少有时间发射一些防空火力，掩护军舰驶离。但是，当时负责此事的军官忽略了雷达警告。[55]事后看来，雷达的威力，以及忽视雷达系统的信息所导致的毁灭性恶果应该是显而易见的。但是，军方仍然未能全面重视雷达。

海军对雷达的半推半就，未能积极拥抱雷达所能带来的战略改变，导致大西洋战役的代价昂贵。在第一次世界大战时期，由海军为一群商船护航打击潜艇相当有效。但是在第二次世界大战开始时，很明显，德国人已经改变了战术，包括夜袭、水面攻击和围攻。

盟军航运遭遇毁灭性打击和持续不断的损失。1942年6月，由于德国潜艇攻击，盟军的燃料供应面临压力。美国海军能否保卫自己的大西洋沿岸水域已经成为问题。1942年末，德国潜艇专门攻击北大西洋护航编队，使之平均每月损失 26 艘船只。1943 年初，这些护航编队的损失率实际上加快了，3 月份达到 49 艘。到 1942 年下半年，德国人建造潜艇的速度超过了美国人、英国人和加拿大人击沉潜艇的速度。[56]

如此大规模的航运损失使海军相信，现在是有效部署雷达技术的时候了。这有助于改变战局。来自辐射实验室的小型机载雷达可以从水面向下找到潜艇。雷达声呐浮标和新的共振磁探测法意味着潜艇即便在海浪下也能被更准确地跟踪，然后有效地部署反潜火箭和自导鱼雷。

结果是惊人的。[57]直到 1943 年 5 月，在 44 个月的战争中，盟军一共击沉了 192 艘德国潜艇；在接下来的 3 个月里，即 1943 年 5 月至 7 月，他们击沉了 100 艘潜艇。被击沉的船只和被损毁的潜艇之间的比例发生了巨大变化，从最糟糕的 40 : 1 到 1 : 1。[58]现在，更多的原料可以输入美国，而美制物资，如枪支、弹药、车辆、飞机和食品，可以基本上不受阻碍地送达前线。雷达已经证明，新技术不再是可选的附件，而是战争获胜的核心因素。

1944 年，在阿登战役中，技术制高点的优势表现得淋漓尽致。德国人在恶劣天气的掩护下进攻，因为缺乏视觉接触使得常规炮火难以奏效。然而美国人再次利用英国人的早期想法，在近炸引信方面取得了很大进步。这种引信基于一种射频传感（短程雷达应用）的形式，在接近目标的附近再引爆炸弹。这给德国地面部队造成了毁灭性的打击。他们对敌机和 V-1 飞弹也使用了同样的技术，同时还使 5 英寸①口径防空炮的效率提高了约 7 倍。[59]

① 1英寸 = 2.54厘米。——编者注

战后的发明热潮

范内瓦·布什是管理观念的大师。他第一个理解，当时的“工程师”被军队高官视为“大概率的换了装的推销员，因此要保持距离”。布什坚持他的团队始终被称为科学家。从某种意义上说，这是准确的，因为他雇用的人，特别是辐射实验室的人，实际上就是科学家，并且大多数是物理学家。[60]

然而，现实地讲，他们的战时项目大部分属于应用性的，应该更准确地定义为工程，即用现有的知识解决实际问题，而不属于科学，因为科学是通过理论和可控的实验来创造新知识。尽管如此，他们强大的科学训练出色地服务于他们的工程使命，一旦停战，他们就可以把战时的经验，包括娴熟的电子应用，带回到实验室，用于诸如电脑和半导体的发明。

战后的发明热潮是由以下事实推动的：一方面，由国防研究委员会（及其后续机构，即科学研究与发展办公室，后者知名度更高、资金更充足）开发的设备和程序在某种程度上是初级的和可用的，每个人都急于出活，并且部署抢先版本到战事中。另一方面则是许多有趣的问题暴露出来，既有基础科学的认识问题，也有产品潜在的改进问题。

例如，水陆两用运输车后来成为雪地摩托的模型。[61] 滴滴涕（双对氯苯基三氯乙烷）是一种新开发的化学物质，其用途更为广泛——从抗疟疾运动开始，它很快扩散，成为一种广泛使用的（也是过度使用并引起争议的）杀虫剂。

作为政府支持的战时航空航天计划的直接延续，美国人扩大了下一代喷气机飞行技术的应用规模。事实证明，英国精疲力竭，资金短缺，德国也支离破碎，唯有美国人独享天时地利人和，适合相关的商业发展。[62] 喷气式飞机的早期发动机是在 20 世纪 40 年代末到 50 年代初开发的，最初是为了军用。[63]

1953 年，波音公司在军用研发的基础上，推出了波音 KC-135 加油机，又生产了四引擎 707 客机。[64] 随后，其他新品定期出现，包括 1969 年的 747 机型。到 20 世纪 80 年代初，波音公司成为美国的主要出口商之一。在某些年份，波音公司出口海外营收（以美元计算）远超任何其他公司。

在所有战时的科学项目中，雷达无疑拥有最长的衍生产品列表。[65] 现代商业航空旅行经由美国各地的数百个雷达系统才可能实现。天气预报中的许多有用信息也要通过某种气象雷达获得。

间接的影响就更大了。继无线电接收器的固态半导体晶体应用之后，出现了晶体管。[66] 数字计算机的阴极射线管和存储器则是第二次世界大战时期雷达系统的“直系后代”。微波电话和早期电视网络也得益于雷达技术的大力帮助。从 1951 年开始，通过美国电话电报公司建造的 107 个微波塔，电视增加了超高频（UHF）传输——使信号传播于东西海岸 [67]——它需要加装由美国无线广播公司制造的新天线。

射电望远镜的发明改变了天文学。粒子加速器、微波光谱仪、作为现代磁共振成像基础的核磁共振器（1952 年获诺贝尔奖）和微波激射器（激光的先驱，用于原子钟和航天器，1964 年获诺贝尔奖）

都可以溯源到麻省理工学院的校园。

当然，还有微波炉。雷神公司在战争期间制造了磁控管，战后需要转向新市场。无线电波加热食物的能力，要么是多年仔细研究的结果，要么是受糖果棒偶然融化启发的结果，这取决于你喜欢哪个版本的历史。[68] 起初，他们设计的机器体积很大，价格昂贵，更适合于专业使用。最终，一台价格合理的微波炉出现在 1967 年。它的原名是雷达炉，描述性的名字不太吸引人。

资深的华盛顿人士喜欢强调，“人事安排就是政策”，就是说，你雇用谁来做事，就带来了谁的做事风格。反过来说，战时为政府工作的科学家，接受了相应的训练，这对他们以后的想法和发明也产生了重大影响。从这些角度判断，战时的科学工作推动了一代人在科学和工业领域取得了卓越成就。10 项诺贝尔奖要么可以追溯到辐射实验室的工作，要么由花了多年时间研发雷达系统的那些人获得。[69]

战后政府的高级科学顾问大多在科学研究与发展办公室扎根钻研某个领域，最常见的是在辐射实验室。一直到尼克松执政时期，科学政策的制定，以及优先项目的确定，都是由延续范内瓦·布什路线的人来决定的。

花钱不设限

现在很难想象，但是当时，布什的研究机构基本上可以获得无限的资金。自从国防研究委员会成立开始，布什就认为，他的主要职责是经营维系与国会的关系，特别是与拨款委员会的关系。

起初，布什向他要说服的对象提议，他们可能需要每年花费 500 万美元。1942 年，改名后的科学研究与发展办公室花费了 1 100 万美元。1943 年提升到 5 220 万美元，1944 年花费了 8 680 万美元，1945 年达到峰值 1.145 亿美元。[70] 空军、陆军和海军的研发预算总和达到峰值 5.13 亿美元。[71]

这些数字不包括制造原子弹的曼哈顿项目。1940 年，核武器的研究和发展基本上花费为零。到 1943 年，这项工作耗资 7 700 万美元，1944 年大约跃升 10 倍，达到 7.3 亿美元，1945 年达到峰值 8.59 亿美元。曼哈顿项目成为当时世界上最大的工业科学项目之一。[72] 在鼎盛时期，这项工作雇用了 13 万人。[73]

布什和他的同事们一再强调，他们的活动面临的限制只是现有工程师和科学家的数量，所以，他们极力反对前线部队将这些专家强征入伍。至于经费，从来都不是问题。首要的——也许是唯一的——优先项目就是发明对战争获胜有用的和重要的军品。具有讽刺意味的是，战后美国的商业成功在很大程度上得益于从最简单的非商业动机的研究中产生的发明：爱国主义和对聪明敌人的恐惧促使美国拼命地尝试科学知识的新应用。

新的前沿

在第二次世界大战期间，平民物理学家被证明是提升军力的正确人选，不仅因为他们在理论上思考宇宙中的隐藏力量，还因为他们有以实际的方式利用这种力量的能力。世界已经被完全和永远地改变了。现在，科学及其智能应用胜过一切。问题是，如何利用这一理念为更广泛的社会公益服务。

随着战争接近尾声，布什为自己设定了一项任务，即阐明未来方向，不是仅仅资助科学，而是要分配和监督这些资金。1945 年，布什提交给总统一份报告《科学：无尽的前沿》，其中汇集了战争期间的工作成效，以及关于下一步工作的最佳思考。战时的努力侧重于运用已有的学识、具体的经验，更重要的是个别科学家的技能。正如布什后来所说，“战争的努力教会了我们，只要充分支持研究，就有足够的力量来保障我们的舒适、安全和繁荣”。[74]

战后的优先任务是创新知识。布什没有改变他支持自由市场的信念，但他认为科学是一个前沿，并且，美国联邦政府一直乐于扩大前沿。“政府应该促进开放新前沿，这才符合美国的基本国策，只是换成了现代化的版本。”[75]

为了抓住战后初期的情绪，布什在报告的开头没有提到武器，而是提到了许多可以挽救生命和改善生活的潜在方法。第一个实质性观点是“开展治病防病的战役”。对于健康和长寿的潜在影响，布什的声明其实并不夸张：“即便诸多学科似乎与心血管疾病、肾病、癌症以及类似的疑难杂症不相关，但是因为基础研究获得全新的发现，这些疾病完全可能在治疗方面取得进展，这样的结果也许完全出乎研究者的意料。”[76]

“工业研究很重要，但它总是具有更实用的性质。基础研究能带来新知识。它提供了科学资本，一种基金化的知识储备，供实际应用提取……今天，基础研究是技术进步的起搏器，比以往任何时候都更加真实……无论手艺多娴熟，如果其基础科学新知识依靠他国，该国的工业进步就不可能快，在世界贸易中的竞争地位就不可能强。”[77]

布什不主张延续辐射实验室或曼哈顿项目那种相对集中的路线去组织科学研究。战争一结束，辐射实验室就关闭了。曼哈顿项目被更彻底地置于军事控制之下，理所当然的是，它变得不那么注重思想的突破，而是更多地关注渐进式的微调和核试验。以此为基础，1946年成立了原子能委员会。[78]

此外，一个关键瓶颈是教育培训能够提供的熟练科学家的数量。在《科学：无尽的前沿》中，关于这一章的标题是“科学人才的更新”。战时的技术匮乏是由于才华横溢的人没上研究生就应征参军。况且，美国不仅需要弥补技术人才的赤字，而且需要每年培训更多的科学家，特别是面向潜在的生源扩大招生，这就需要为低收入背景的人找到支付高等教育费用的途径。

布什坚信，通过与联邦政府签订合同，让研究课题在大学里开展，是科研进步的途径。这些研究经费应该以竞争的方法颁发给最优秀的科学家。应该有一个权威的董事会监管相对强大的国家研究基金会的运行过程。基金不仅应该用于研究项目，而且应该用于资助先进的科学教育，增加训练有素的科学家的数额。[79]

退伍的年轻人意味着教育义务的欠条，大约涉及15万名科学和技术专业的学生。为了以一种更有意义的方式提高科学能力，大学教育要更加普及，同时要让更多负担教育者得到奖学金。

1940年，超过一半的美国成人离开学校时所接受的教育不超过8

年；只有 6% 的男性和 4% 的女性完成了大学学业。[80] 1940—1960 年，大学入学率增加了一倍多。这意味着又多招收了 200 万学生。高等教育的教工人数相应增加，从约 11 万人增加到 28 万多人。[81]

这种以大学为基础的模式带来了回报。美国跃居全球科学成就的前沿，得益于大批有才华的外国科学家逃离纳粹主义等。1930 年以前，90 个诺贝尔奖颁发给物理学、化学和医学领域，而美国只获得了 5 个（占总数的 6%）。[82] 在 20 世纪 30 年代，美国表现突出，获得了 10 个诺贝尔科学类奖项，占总数的 28%。[83]

到了 20 世纪 40 年代，美国有了飞跃的进步，摘走了 30 个诺贝尔奖中的 14 个。这成了新常态。在接下来的几十年里，美国的科学奖获奖率从未低于 49%，在 20 世纪 90 年代达到了 72% 的巅峰，从 60 个颁奖总数中摘走 43 项。[84]

长期以来，美国是一个倚重实践工程师的国家，现在开始支持科学家，重视科学，主要是因为从理论和实验室到实际应用之间的联系越来越明显。总而言之，战争的历练传导到广泛的活动范围。通过更高效的机器和更好的工厂设计，新技术扩散得更快，改进得更好。

随着战时管制的取消，潜在的生产力有了显著的提高。然而，对就业有什么影响呢？谁将从技术突飞猛进中获利，谁又将遭受损失？

中产阶级奇迹

库尔特·冯内古特于 1952 年出版了他的第一部小说《自动钢琴》

（*Player Piano*），其中讲到自动化已经变得如此先进，以致工厂不再需要只有高中学历的工人。[85] 具有较高工程学位的经理负责设计和运营，在岗的工人工资很高。故障机器不再修理，直接被废弃。工厂之外的其他人由政府提供卑微的工作和工资，以维持生计。[86]

冯内古特的反乌托邦小说表达了许多经历过 20 世纪 40 年代（和 20 世纪 30 年代大萧条）的人的恐惧。他们通过科学的应用和科学的工程看到美国生产的转变。具体地说，冯内古特等人所期待的不是更好的机器会破坏所有的就业，而是它会使受过大量适当的技术教育的人更有生产力。同时，工厂对受教育程度较低的人或体力劳动者的需求量将下降。

在现代经济学的术语中，这种现象被称为技能歧视的技术变革。显然冯内古特在戏剧化这种影响，但后来的大量研究已经证实，这是第二次世界大战后真实发生的一部分情况。[87] 自动化是一个公认的理念，在战争期间被提升到一个新的理论和实践层面，包括研发高射炮自动瞄准和射击的控制系统。[88] 但是，正如冯内古特的故事所强调的，自动化也创造了对技术工人的更高水平的需求，因为这些工人通过使用新机器提高了生产效率。

如果对技术工人需求的增加是唯一或主要的变化，我们预计，技术工人相对于非技术工人的工资，即技工溢价，也会急剧上升。少数人可能会变得富裕，大多数人却不会直接受益（或者就像在冯内古特的小说里描述的那样，实际情况变得更糟）。

然而，如果技术工人的供应增长速度与使技术工人高效的机器的投放量大致相当，结果会怎样？在这种情况下，技工溢价可能不会增加多少。[89] 相反，大多数人的平均工资将会增加，于是，他们买得起更多的商品、房子，甚至可能开始为退休或子女的教育存钱。随着建筑业和零售业就业人数的增加，对当地的经济、对所有技术工人以及非技术工人的工资也会产生重要的溢出效应。[90]

与找工作的新技术工人相匹配的科学创新是 20 世纪 40 年代技术突破的遗产。这个途径前景广阔，时机再好不过了。它促进了从战时生产到民用生产的快速转变，并让 20 世纪 60 年代保持高增长率成为可能。还因为高等教育的相应增长，让更多的人上大学，也是高增长率的保障之一。

第一次世界大战后，退伍老兵只收到 60 美元和一张回家的车票，结果导致了极大的不满，包括 1932 年在华盛顿的抗议游行。吸取这一教训，1944 年的《退伍军人法》，即《退伍军人权利法案》，旨在帮助老兵向平民生活过渡。“《退伍军人法》被视为一次真正的尝试，旨在阻止迫在眉睫的社会和经济危机。一些人认为，无能为力将是另一场大萧条的诱因。”[91]

《退伍军人法》提供失业保险和买房资助。[92] 如果退伍军人决定继续接受教育，它还提供学费和其他经济支持。

1947 年，退伍军人占所有大学入学人数的近一半。也许，这些退伍军人所做出的选择是科学对美国经济的影响越来越大的最直接的体现。[93] 据统计，有 750 万退伍军人利用了这一法案：其中，200 多万人就读于不同层次的大学，近 3/4 的人选修了科学课程。[94]

从20世纪40年代末到50年代，乃至70年代，平均工资稳步增长。[95] 尽管整个劳动力队伍在接受教育年数和专业技能方面变得更加规范，但技工溢价仍然维持在战后水平。在 20 世纪四五十年代，劳动力中的工程师数量迅速增长，占全部就业人数的比例从 0.5% 上涨至 1.5%。

与此同时，人们真切地感到，与 20 世纪 30 年代（长期失业成为主要问题）相比，甚至与 20 世纪 20 年代相比，越来越多的人参与了经济增长。大多数员工都从事白领工作，如经理、教师、销售人员或其他办公室员工。公司提供隐性的长期雇佣合同和良好的福利。历史悠久的阶级差别开始消失。[96] 美国的汽车数量在 20 世纪 50 年代几乎翻了一番，从 3 900 万辆增加到 7 200 万辆。到 1960 年，美国人拥有的汽车数量比世界其他国家加起来还多。1945 年，全国有 8 家大型购物中心；到 1960 年，有 3 840 家。[97] 到 1956 年，超过 3 000 家汽车影院投入运营。[98] 汽车旅馆在全国各地如雨后春笋般出现。

退伍军人管理局为 240 万退伍军人提供了低息抵押贷款。第二次世界大战前，大约 40% 的美国家庭拥有自己的住房；到 1970 年，这一比例上升至 62%。

健康指标也有所改善，部分原因是营养状况的改善，同时也得益于因战争加速的医疗突破随后得到了国立卫生研究院和国家科学基金会的推进。抗生素开始被广泛使用。链霉素初步被证明是一种治疗结核病的神奇药物。儿童接种疫苗减少甚至消除了以前的一些祸害，如猩红热和白喉。1939 年，在美国参加第二次世界大战前夕，男性预期寿命为 62.1 岁，女性为 65.4 岁。仅仅 10 年后，这一数字分别上升到 65.2 岁和 70.7 岁，进步显著。

当然，并非人人都平等受益，经济奇迹也会有阴暗面。商业和人口向郊区的流动意味着一些人被留在了城内，他们没有维持繁荣所需的技能和财政资源；持续的种族主义和性别歧视意味着妇女和少数群体的就业机会变得更少，美国白人比少数族裔的医疗保健条件要好得多。但总体而言，医疗保健的机会普遍向好，新兴的中产阶级更是取得了广泛的进步。

全球新秩序

第二次世界大战使美国迅速扩大军备生产。4 年来，美国制造了 30 万架飞机、60 万辆吉普车、200 万辆军用卡车和 1.2 万艘大型舰艇。铝产量增加了 4 倍，钢铁产量增长了近 4 倍。汽车制造商转而为军方生产车辆和零部件，其中包括近 40 万台飞机发动机（占美国总产量的一半）。在此过程中，制造业获得有关可靠性的重要经验。[99]

在鼎盛时期，与国防相关的工作占就业的 40%。[100] 大多数政府合同在日本投降后突然终止，似乎完全有可能导致大规模失业。第一次世界大战结束后，当军事生产规模明显缩小时，1920 年失业率达到 5.2%，1921 年达到 11.7% 的峰值。[101] 对于许多人来说，在 20 世纪 30 年代最糟糕的年份里，失业率仍然是最近一次创伤性的记忆——测得的失业率为 20%~25%。

1945 年，军队有 1 143 万人，而平民劳动力总数为 5 386 万人。复员工作迅猛。1947 年，军队人数下降到 159 万人，而平民劳动力（14 岁及以上）则攀升至 6 000 多万人。[102] 战争期间，失业率几乎不存在——1944 年失业人口仅占平民劳动力的 1.2%。1947 年略有上升，达到 3.9%。在接下来的 10 年里，劳动力增加了 700 多万人，但失业率一直低于 5%。[103] 这怎么可能呢？

答案之一是通过更容易地进入全球市场而增加出口。美国制造业在改进科学应用的基础上创造和改进了新产品，世界各地都对此有潜在的需求。[104]

降低关税长期以来一直是美国政治争论的焦点，相当一部分产业界人士认为保护主义（征收进口税）对繁荣至关重要。[105] 然而，1939—1945 年，世界贸易形势发生了巨大变化。[106] 美国向其盟国提供了有效作战所需的物资。随着敌对行动的结束，美国开始提供重建所需的资金，并提供廉价贷款来资助这些购买。[107]

美国制造业出口顺差超过进口，现在开始强烈支持更加开放的贸易。这些行业包括从战时科学推动中受益的电子学、发动机设计和更好的化学（包括机械设计、车辆和化学品）。[108] 对于这些行业，如果对等交换条件是增加美国商品进入海外市场的机会，商界领袖和工会都不反对降低进入美国的货物关税。[109]

美国助力建立了一个全球贸易体系，使美国公司可以首先出口到欧洲和日本，并越来越多地出口到收入水平不断提高的其他国家。这一开放的贸易战略在帮助具有出口和其他增长潜力的部门方面行之有效。1947—1973 年，电气机械、化学产品、电话和其他通信服务的增长速度最快，年均增长率超过 6%。这些部门的生产增长率也是全国最高的。[110]

新的贸易政策有助于促进具有全球增长潜力的部门。谁获益了？至少在战后时代，美国广大的中产阶级向前迈出了一大步。

创新让美国伟大

第一次以技术为基础的激烈军备竞赛是在1939—1945年，由土生土长的和最新移民的美国人以一种引人注目的后来居上的方式取胜，具体来说，就是委托给平民科学家负责，发明和思考远超合理或既定的实用知识。这不是由自筹资金的独立发明者实践的科学，那种单打独斗只是盛行在19世纪，或是在20世纪初由公司主导的研究和开发领域。第二次世界大战中获胜的队伍是大学研究人员，他们得到了大量纳税人的资金支持。这对经济和人民就业产生了积极的重大影响。

战时的优先任务只是赢得胜利，以及找到使军事项目更有意义的方法。战后的这种影响则是无意之间的。美国偶然发现了一种组织和管理科学的新方式，又很快找到了将这些新思想商业化的方法。

战后，《退伍军人法》是辉煌和运气的一搏，在正确的时间，配合机器的升级和组织的变化，为数百万人员加强技能培训。美国贸易政策的转变则是增加就业良机愿望的合理延续。美国制造的商品是全世界人民都想购买的。

第二次世界大战以其前所未有的方式号召集体的努力，立即产生了持久的影响。集思广益于战争项目，效果很好。创新的障碍也有所突破。这场战争考验了美国长期以来关于政府的角色，以及如何构建政府与私营部门间富有成效的关系的看法。这种新模式能维持多久？

第二章

无论需要什么

我们现在认识到，技术进步取决于理论上的进步；最抽象的调查可以产生最具体的结果；科学界的活力源于其回答问题的激情，特别是要回答科学最基本的问题。

——美国总统约翰·肯尼迪在美国国家科学院的演讲，1963 年 10 月 22 日[1]

1957 年 10 月 4 日，美国公众受到了一次打击。[2] 苏联宣布，首颗绕地球飞行的人造卫星成功发射。美国高官知道苏联正在研制卫星，但无人料到这么快就能发射成功。苏联的卫星重 185 磅，比预计的要大，也比美国人自己正在研制的要大得多。

鲜为人知的是，美国有自己的卫星计划，其中一部分是由海军牵头的。自从海军上将金上任以来，海军对新技术的态度已经有了很大改观。由美国海军研究实验室负责，“先锋”火箭项目的几次试验发射进展顺利。1957 年 12 月 6 日，美国海军满怀信心地发射了一枚携带一颗小型卫星的“先锋号”火箭，可火箭在升空后不久爆炸了。

这个国家被震惊了，而且有充分的理由。苏联人造卫星的发射和立即的反应，被幽默地命名为“卡普特尼克”（Kaputnik）。这清楚地表明，美国的努力没有达到预期目标。1957 年 11 月 3 日，苏联又发射了一颗卫星，重量是第一颗卫星的 6 倍，而且这次携带了一只狗。艾森豪威尔政府的压力进一步加大。美国媒体将其称为“穆特尼克”（Muttnik）。[3]

苏联在 1949 年试爆了第一颗原子弹，比预想的要早得多地缩小了与美国核武器的差距，这就已经非常糟糕了。自从美国夺取全球领先地位以来，这是首次在具有明显的军事和战略影响的关键新技术方面落后。媒体和一些公众的反应接近歇斯底里。政治领袖们被“导弹差距”的想法困扰，苏联处于领先地位。

艾森豪威尔总统在苏联发射卫星之后的几天里流露出平静的自信，但在幕后，他和他的顾问们开始担心。太空很重要，很难说它有多重要，但可以肯定的是，这是一个前沿领域。向假定的对手让步是不明智的战略。美国需要尽快得到新技术。

布什模式的论战

尽管国防研究委员会（科学研究与发展办公室）在第二次世界大战中取得了不可否认的成功，但在苏联卫星发射时，公私合作式研究已经陷入混乱。

从 20 世纪 40 年代中期开始，范内瓦·布什就主张采取更加统一的方法支持科学，并建议在拟议的国家研究基金会的管理下支持科学。国家研究基金会与他的战时科学研究与发展办公室有着很强的相似性，支持最优秀的人才和顶尖的科学。可以理解的是，他希望在政府和大学研究之间建立新关系，在此基础上继续科研。

布什还希望从总统和国会两处获得更多的独立性。否则，专业知识的发展和课题的选择可能会受到政治家的异想天开的拦挡。[4]

这个建议遭到反对。杜鲁门总统和他的顾问们对大笔资金可能不受白宫控制的想法犹豫不决。至于布什本人，在杜鲁门的白宫看来，他变得太强大了，难以控制。[5]

不幸的是，布什还激怒了西弗吉尼亚州的一位有权势的参议员哈利·基尔戈。基尔戈是新政的支持者，他强烈支持政府为科学提供资金，但他主张通过在全国各地分配科学资金来侧重经济发展。布什则坚持他的精英主义观点，认为最好的科学家，不管他们在哪里工作都应该得到资金。当然，这意味着更多地去支持顶尖大学。[6]

实际上，布什设法将他的国家研究基金会版本写入了 1947 年参议院和众议院两院通过的立法。杜鲁门否决了它。[7]在此项立法的支持者们同意加强总统权力以赢得杜鲁门的一点点支持之前，还需要再进行 3 年的谈判。[8]

虽然布什模式在原则上可能赢得了立法，但基尔戈和杜鲁门等人的反对缩减了布什和他的同事们原先认为需要的东西。在 20 世纪 50 年代初，只给纯理论研究投入了有限的经费——国家科学基金会在 1952 年和 1956 年分别获得 350 万美元和 1 600 万美元的初期拨款。[9]

为了更广泛地扩大政府和私营部门的研究合作，还需要另一个要素：就技术发展的国家优先事项达成政治协议，比如，进入人造卫星领域！

支持科学的共识

从现代的角度看，对人造卫星的政治反应是迷人的。可以肯定的是，有一些党派在争夺优势，但也有一个真正的愿望——了解苏联是如何前进的，以及可以做些什么来缩小卫星发射能力的差距。值得注意的是，民主党和共和党迅速达成了共识。

到 1957 年底，这项应用科学问题的规模开始明朗：为了赶超并获得太空优势，美国需要在广泛的技术领域大力推进。由于对苏联野心的长期恐惧，政治决策迅速到位，突然间，国会强烈支持增加资金，尤其是任何与导弹有关的资金。[10]

艾森豪威尔总统最初淡化了人造火箭的重要性，部分原因是他以为美国在火箭技术方面正在取得良好的（秘密）进展。但是，卫星辩论很快成为一场更广泛的政治争论，其核心是，美苏现在存在或将很快出现导弹差距，苏联将会遥遥领先甚至无懈可击。苏联领导人尼基塔·赫鲁晓夫发表了挑衅性言论，继续对艾森豪威尔施加压力。“我们会埋葬你”这句话，迅速地吸引了注意力，并留在美国人的记忆中很长一段时间。[11] 从第二次世界大战结束到 20 世纪 50 年代初，苏联至少在一些引人注目的技术上赶上了美国，包括原子弹、远程火箭和卫星。

受到科学界人士的鼓励，民主党政客们纷纷附议这一想法。参议院多数党领袖林登·约翰逊迅速介入了这场争斗。在他的“战备”调查委员会面前的第一个证人是氢弹的发明者、物理学家爱德华·泰勒。泰勒有力地指出，美国的科学已经落后于苏联，这对国家安全有着深远的影响。[12] 范内瓦·布什说：“我们自满，我们自鸣得意。”[13] 甚至中情局局长艾伦·杜勒斯也秘密做证说，“美苏存在导弹差距，美国落后两到三年”。[14]

面对自己在科学方面日益迫近的信誉鸿沟，艾森豪威尔坐到了最高点：在 1957 年 11 月的一次演讲中，他宣布麻省理工学院校长詹姆斯·基里安将成为有史以来第一位总统科学顾问。[15] 他的下一步是落实范内瓦·布什在第二次世界大战后的提议：在研究上投入大量资金，同时培养更多的科学家。从 1956 年开始，在苏联卫星发射前夕，从数据中已经可以看出，美国频频动作，公共资助的研发活动激增，1964 年达到峰值——能占到 GDP 的 2% 左右。

与此同时，1958 年的《国防教育法》改变了高中物理教学方式，更早地将高等数学引入课程。《国防教育法》确立了联邦政府为高等教育提供资金的合法性，并为学生低息贷款提供了大量资金，促进了公立和私立院校的发展，特别注重科学、数学和外语的教育。[16]

联邦资源开始面向高中。在一些州，高中科学和数学课程的登记人数增加了 50%。资助始于 1958 年，并在接下来的几年中有所增加。高中科学教学质量得到提高。[17]

在第一颗人造卫星升空之后的十年里，联邦对大学的研究资助经通货膨胀因素调整后增长了 4 倍多。[18] 在能授予博士学位的大学中，学术研究人员从 2.5 万人增加到 4.6 万人。科学教育，包括建教室和实验室的资金也大幅增加，特别是在 1963 年《高等教育设施法》颁布之后。全国 2 734 所学院和大学中，90% 以上获得了一定程度的联邦财政支持。

带我去月球

1958 年 10 月 1 日，美国国家航空航天局挂牌营业。[19] 它作为一个独立的民间机构成立，但在很大程度上受总统的控制。

虽然约翰 · 肯尼迪在 1960 年总统竞选期间对苏联的导弹优势大加关注，但他决定把注意力转向其他热点，转向更能积极发挥科学潜能和高调加强国家安全的方式。[20] 总统需要一个目标，一个在政治上足够强硬，既能广泛吸引注意力，又切实可行的目标。

1961 年 5 月 25 日，肯尼迪总统要求国会承诺在 10 年内实现载人登月。他的顾问特德 · 索伦森说，肯尼迪"意识到，载人登月的可能性可以激发公众对探索太空的支持。这是 20 世纪人类的伟大冒险之一，也是相当精心挑选的一个目标，美国设想可以在苏联之前达成这个目标"。[21]

鉴于技术状况和所需投资的类别，私营企业不可能起带头作用。这不是铁路或托马斯 · 爱迪生的发明类型。政府需要的是在公共资金的推动下大力推广应用科学，同时激励和支持任何地方的独创智慧。政府需要一枚大推力火箭，还需要一个知道如何使火箭完全可靠的人。

尽管第二次世界大战期间美国在多个领域取得了飞速的技术进步，但是1945年，德国人在液体燃料远程导弹技术方面仍然处于领先地位。首先是有一定基础的V-1炸弹，它在很大程度上像飞机一样飞行。然后是世界上第一枚弹道导弹——高度精密的V-2，其致命的和令人不安的精确轨迹能打到太空的边缘。因此，在战争的最后几天，随着苏联军队的逼近，美国“回形针行动”掠走了大部分德国顶级工程师，目的是在导弹开发上实现明显的飞跃。[22]

德国顶级火箭工程师和武器制造者沃纳·冯·布劳恩在第二次世界大战末向美军投降。他的团队取得的技术成就令人印象深刻，也相当可怕。冯·布劳恩领导了制造V-2火箭的工作，该火箭在战争后期恐吓了英国平民。[23]

在美国，冯·布劳恩发现自己几乎无事可做。战后，美国大幅削减军费开支，长期项目的资金很少。冯·布劳恩是在美国陆军军械部队的保护伞下，而美国海军领导下的另一个团队实际上在火箭开发方面处于领先地位。冯·布劳恩获准带队，在亚拉巴马州的亨茨维尔市开发一个小设施。在20世纪50年代早期几乎没有资源，于是，冯·布劳恩忙于自己写书，提倡载人探索火星，提供了翔实的细节以及所有必要的技术参数。[34]它太专业，不是畅销书。

在人造卫星之后，随着登月的挑战，冯·布劳恩成为太空项目的核心人物。他的“土星五号”火箭是他战时成果的更新换代，也是20世纪60年代的技术奇迹。时至今日，它仍然是唯一从低地轨道将人送入太空的系统。布劳恩不仅成为一个（有争议的）美国一流工程师，而且成为公众迷恋的话题。

他还是迪士尼电视台的明星，在一个系列节目中宣传迪士尼景点，介绍的是明日乐园（阿纳海姆迪士尼乐园的一部分）。[25] 在 1964 年的电影《奇爱博士》中，同名人物，一位科学武器专家似乎对即将摧毁世界毫不在意，几乎可以肯定的是，他是以冯·布劳恩的漫画为原型的。

无论在公众看来，还是对负责人而言，这一切都无关紧要。美国人要登上月球，不计成本、不择手段。

阿波罗计划耗资巨大，总成本几乎是曼哈顿项目的 5 倍。[26] 曼哈顿项目的峰值成本占所有联邦支出的 1%。阿波罗计划在峰值时期占联邦总支出的 2.2%。[27]

尽管政府支出在经济中所占的比例（以税收或支出占 GDP 的比例计算）实际上在 1958—1965 年有所下降，但还是发生了科研支出在整个经济中的空前扩张。[28] 20 世纪 60 年代的研发热潮不是靠政府和军费随经济增长而渐进的增长，而是有意地将政府资源转移到研究上，去实现某些具体任务的结果，特别引人注目的就是登月计划。

研究经费的增加大部分归功于国防部，从占 GDP 的 0.41% 上升到占 0.77%。[29, 30] NASA 也成为重要的参与者。政府用于研发火箭和相关技术的支出从 20 世纪 50 年代中期的几乎为零上升到 1965 年能占到 GDP 的 0.71%。

今天，航空航天工程师超过 6.5 万人，平均每小时工资约为 55 美元。在这类职务中，在创造就业的意义上，有近 4 000 人是沃纳·冯·布劳恩火箭计划的后代，在亚拉巴马州的亨茨维尔市工作。

实际上这是任何大都市区工人就业的最高水平。[31] 冯·布劳恩的领域实际上创造了美国最早的高科技轴心，尽管亚拉巴马州以前并不处于创新的前沿。

不是菓珍

对科研投资的增加，特别是从50年后的角度来看，其影响是惊人的。美国完全按照预期和计划发射了卫星，把人送上了月球，军方还改进和扩大了导弹库存，所有关于导弹差距的谈论很快就消失了，再也没有卷土重来。这些项目需要并涉及太空操作的大量新知识，包括超音速飞行的反应控制、在大气层上空飞行、重返大气层的驾驶技术。[32] 军民两用技术也直接得到改善，其中最引人注目的是飞机设计。[33]

为了评估NASA的广泛影响，必须研究一下衍生产品。这意味着太空计划开发的产品在其他经济领域也有很大的用途。例如，NASA协同开发了菓珍（橙味饮料）、特氟龙瓶和威扣餐盒等流行文化的必需品，这成为人们普遍认可的事实。不幸的是，这些都是虚构的故事：这三个产品都是在NASA成立之前发明的，尽管宇航局确实在提高其知名度方面起到了一定的宣传作用，包括鼓励供应商宣传这些产品在阿波罗计划中被使用的事实。[34]

然而，进入太空确实为科学研究开辟了全新的途径。2010年，科学写作促进委员会列出了顶级的“50个科学传奇”。这是自从1957

年以来基于基础科学研究的重大进展。[35]在这50个科学传奇中，NASA的深空网络（远程事件监测）可以合情合理地说参与了22个研究发现，主要协同的发现包括板块构造（1961年）、类星体（1963年），以及自1958年以来我们对宇宙其他部分的了解。

此外，NASA于1964年创立了技术转让方案，其明确目标是促进其理念的广泛应用。[36]自20世纪70年代首次面临资金的巨大压力以来，NASA一直强调其各种活动中民用副产品的价值，包括通过年度出版物《腾空产品》（*Spinoff*，1976年创刊至今）做故事宣讲。现在甚至有了塔姆布勒尔饲料。[37]很难找到一个技术开发领域没有受到NASA某种程度的影响的。[38]根据NASA自己的统计，至少有2 000种产品或服务得到其帮助，进入开发和商业化。例如：

- 婴儿增强食品（来自火星任务的食品技术）；
- 数码相机传感器（来自星际任务的微型摄像机技术）；
- 飞机机翼设计（减少风阻的翼梢小翼）；
- 精密GPS（精确到厘米）；
- 记忆泡沫（来自抵消加速度影响的技术）；
- 国际搜索和救援系统（使用卫星的个人定位信标）；
- 改进卡车空气动力学（每车每年减少油耗高达6 800加仑）；
- 桥梁和建筑物减震器（在地震多发地区成功应用）；
- 先进的水过滤；
- 隐形牙套（半透明水泥，畅销品）；

- 便携真空吸尘器（阿波罗计划期间与布莱克和德克尔公司合作的结果）；
- 防刮抗紫外线镜片（宇航员头盔遮阳板涂层技术）；
- 空气净化器（特别是为国际空间站开发的乙烯洗涤器，可减缓果实的成熟和植物的枯萎）；
- 现代泳衣设计（不是来自太空，而是来自风洞测试，具体地说，速比涛的激光竞赛泳衣，游泳运动员在2008年奥运会上穿用，效果非常好，以至不得不改写规则）。

所有这些成就都是实实在在的，虽然欠点冷静的分析和总体回报率的硬指标。[39]

太空项目重要的贡献是广泛的。包括NASA和更加面向军事的项目仍然不能脱离卫星本身。第一颗气象和通信中继卫星于1960年发射，很难想象没有它们的现代世界。[40]卫星通信和全球定位系统（GPS）是现代经济的隐性基础设施。许多电视信号在某一阶段通过卫星传导。卫星也是移动互联网的重要组成部分。

太空部门也成为美国经济的重要组成部分，创造了许多良好的就业机会。航天工业的工资平均为私营和其他部门的两倍。[41] 2016年12月31日，共有1 459颗运行卫星，其中594颗由美国实体运营。[42]在所有卫星中，35%用于商业通信，19%用于地球观测，14%用于政府通信（另有6%用于军事监视）。2012—2016年，平均每年发射144颗卫星。

卫星业的全球收入超过2 500亿美元，近一半来自美国，其中最大的部分来自卫星电视服务。[43] 全世界卫星付费电视用户多达 2.2 亿人，新兴市场是增长的主要来源。[44]

经济合作与发展组织（OECD）估计，2011 年，美国航空业的总就业人数为 17 万人。相比之下，在这一领域，欧洲的就业人数为 3.1 万人，中国为 5 万人。[45]

电脑计算

在 20 世纪 40 年代至 60 年代，政府推动科学研究及其应用的主要影响近在眼前：电脑的加速发展。

到 1945 年，军方已经明确地界定了要用更快的计算解决的问题，支持基础研究的容忍度也大大地增加了。在令人印象深刻的战时成果的基础上，美国海军研究办公室于 1946 年 8 月获得国会授权，任务范围很广。[46] 到 1948 年底，海军研究办公室雇用了 1 000 名直属科学家，并资助了大约 40% 的美国的基础研究，包括大多数试图开发的通用目的、存储程序和电脑项目。[47]

第一台大型电子计算机在英国（而不是美国）开发，其明确目的是在第二次世界大战期间帮助破解德国和日本的密码。[48] 机器破译密码的初期，包括美国海军在 20 世纪 30 年代初，取得了相当大的成功。英国在第二次世界大战期间曾在布莱奇利公园使用机电模拟计算机，但到战争结束时，其技术的局限性变得十分明显。1942 年初，德国人修改了“谜”（Enigma）电码，用于与潜艇通信。这种方式让破译密码所需的计算时间急剧增加；以前一天之内可能完成的事情，现在需要花一个月的时间。[49] 盟军最终使用各种变通的方法来回应，包括将许多机电计算机并联，加上研究较新版本的德国密码簿。尽管如此，对更快的计算速度的需求已经成为国家安全的首要问题。

人们还普遍认识到，战时的雷达工作开发了能够处理高电脉冲率的系统，这是电子计算机的一个关键要素。第二次世界大战后，军方立即多次试图让 IBM 和 NCR 等老牌大型私营企业进行必要的研发。然而，正如范内瓦 · 布什在平常命题中所预见的那样，那些老牌大公司对此不感兴趣。

计算机行业历史学家肯尼思 · 弗拉姆评价说，"在 20 世纪 50 年代早期，IBM 和 NCR 等商业公司仍然不愿意在市场不确定的高风险研发项目上投入大量资金，使得政府不得不继续赞助这项新技术。冷战时期的军工技术竞争提高了政府的兴趣"。[50]

下一个最佳办法是把计算机开发工作外包给学术界和工业界，由军方提供经费，并承担项目失败的风险。军方不得不在私营企业不愿涉足的领域发挥领导作用。

与此同时，苏联于 1949 年进行了热核试验，1950 年爆发了朝鲜战争。有人担心美国可能遭到轰炸机袭击，因此空军决定加大对特定计算项目的资金支持：旋风项目，即麻省理工学院的电脑项目。[51]

旋风项目是一个有趣的例子，因为它说明了基础研究潜在的风险和回报。最初，资金由海军提供，目的是开发一个飞行模拟器，用于在各种飞机上进行飞行员培训。这项工作开展得比预期慢，甚至海军研究办公室在 20 世纪 40 年代后期也经历了预算压力。[52] 海军研究办公室很高兴地将该项目移交给空军。空军希望开发一个系统来管理大数据，这些数据主要来自寻找敌方轰炸机的雷达。[53] 旋风项目为计算机技术带来了几项重大突破，包括磁芯存储器的开发，带来了存储和访问数据的重大突破。[54]

赛其（SAGE）半自动地面防空系统的开发极大地影响了计算机编程领域。兰德（RAND）公司是一个负责软件工作的外部承包商，估计要编写超过 100 万行代码。这被认为是一个巨大的挑战，当时最大的程序涉及不到 5 万行。[55]

据估计，这个项目在几年内使美国程序员的数量翻了一番。其程序员培训量是各家计算机制造商培训量的总和再乘以 4。此外，1963—1966 年，《国防教育法》第 8 条为 3.3 万计算机人员支付了培训费用。当时最大的计算机公司 IBM 每年培训 1 万人。[56]

具有讽刺意味的是，当防空系统建立并运行时，苏联导弹技术的发展使得该防空系统基本上形同虚设。在更大的计划中，包括美苏之间的竞争所导致的更重要的发展是通用计算机率先在美国顺利运行。[57] 看清这个发展的最好途径就是讲讲 IBM 的故事。

越来越大的机器

IBM 的崛起令人瞩目。这也许是科技公司的第一个现代榜样。1929 年，IBM 是一家主要生产打孔出卡机的制造商，雇用了 4 400 名员工，还是一家相对较小的公司。[58]

第二次世界大战期间，陆军和海军情报部门使用了大量 IBM 的打孔出卡机。这些机器是高效的外围设备。[59] 到 1950 年初，公司拥有 27 751 名员工，成了一家大公司，但仍然不算一个经济巨头。

IBM 进入晶体管数字计算机业务的第一个主要机型名为“扩展”机，因为它扩展了技术的组织能力，最初是为洛斯·阿拉莫斯科学实验室特制开发的，用于原子武器试验。“扩展”机也出售给国家安全局。

据报道，IBM 没有在这台早期机型上赚到钱。但是，公司内部的创新知识直接促进了 IBM 7090 的开发，然后销售了 200 台 IBM 7090。这批产品利润很高。然后是 IBM 系统 360，这也是一个巨大的成功。可以理解的是，IBM 与其政府客户之间有着密切的关系，因为私营企业几乎没人能够负担得起这些巨大而昂贵的机器。[60] 在 20 世纪 50 年代，IBM 一半以上的国内电子数据处理收入来自两个程序，即 B-52 轰炸机和防空制导计算机。

政府不仅仅是一个客户，它还资助了这些机器背后的创新。1963 年，政府支付了 IBM 35% 的计算机研发费用，支付了伯罗斯（Burroughs）50% 的研发费用，支付了控制数据公司 40% 的研发费用，而控制数据公司是 IBM 的竞争对手。[61]

从 1952 年开始的半自动地面防空系统的合同经验中，IBM 研发了廉价可靠的核心内存以及印刷电路板的专业知识。1955 年 IBM 国内雇员总数为 3.9 万人，其中有 7 000~8 000 人从事半自动地面防空系统的工作。[62]

半自动地面防空系统的工作经验转而应用于半自动商业研究环境

（SABRE），于1965年投入运营，这是首个商用的实时交易处理系统，并开发了各种应用版本。[63]

IBM持续迅速崛起。1960年就业人数增至94 912人，1970年增至238 662人，1980年初增至337 119人。[64]更为引人注目的是：1970年IBM股票反映未来预期利润的市值美元价相当于整个美国股市的6.8%，是第二次世界大战以来所有美国公司当中的最高估值。在根据收入排名的《财富》500强中，IBM从1955年的第61位上升到1970年的第5位。[65] IBM已成为世界上最大、最有价值的公司之一。

政府更多的是支持IBM的研究，还是购买其专业产品？事实上政府扮演了双重角色，这对鼓励该领域投资可谓至关重要，进而促进了基础技术的重大改进、集成电路的开发和计算机硬件的微机化。

小晶体管的大影响

晶体管于1947年在贝尔实验室发明。电话公司使用大量的真空管来改变系统中的电流。管子在很长一段时间内工作得很好，但它们很大，很热，而且容易断裂。贝尔实验室的变革性创新得益于与雷达系统相关的战时工作，这些工作对耐用性要求很高，所以需要在硅片上创建功能相同的组件。

1956年，发明者之一的威廉·肖克利搬到圣何塞地区，开了一家公司，吸引了大量的科学人才。然而，在大约一年之内，他惹恼了8名关键员工，他们离开了公司，在1959年找到了仙童半导体

（Fairchild Semiconductor）公司，并发明了硅集成电路。[66] 现在，可以在同一块硅片上创建并连接多个晶体管就受益于此。到 1962 年，仙童半导体公司可以生产包含十几个晶体管的集成电路——现代计算机在一个芯片上有数十亿个晶体管。

这是一个关于私营企业创新的了不起的故事，也是微电子产业在今天我们所称的硅谷发展的最重要原因。在流行的传说中，较少强调集成电路背后的研发费用主要由政府支付。在 1949—1958 年的早期，贝尔实验室半导体研究预算的 25% 由军方资助。1959 年，美国 85% 的电子研究由联邦政府资助，从 20 世纪 50 年代末到 70 年代初，国防部资助了近一半的半导体研发经费。[67]

起初，军队是主要客户。20 世纪 60 年代初，空军决定在“民兵 2 型”导弹中使用集成电路。1965 年空军采购约占其销售额的 1/5。[68] 直到 1965 年，商业计算机才使用集成电路。NASA 和军方是半导体晶体管业务早期最重要的客户。他们的计算机需要轻巧坚固，足以承受加速的影响，所以真空管不适合。[69]

这一时期最重要的发展之一是国防部高级研究计划局的诞生。国防部高级研究计划局成立于 1958 年初，是对苏联卫星的直接回应。在支持创新方面，国防部高级研究计划局获得了大量当之无愧的赞誉。尽管它更加注重潜在回报率高和风险更大的项目，但从历史背景来看，它是建立在海军和空军所确立的传统上。正如一位官员所说，“如果我们的项目都没有失败，必定是因为我们扩展不足”；另一位官员说，“如果半数的人没有面对公开挑战，声称其为不可能，说明我们还没有设置足够高的标准”。[70]

国防部高级研究计划局更显著的成就包括：促进创建互联网，广泛支持全国各地计算机科学的发展。国防部高级研究计划局还协助开发了通过卫星传输的 GPS、语音翻译、隐形飞机和高性能半导体砷化镓。[71] 该机构还声称对无人机和平板显示屏的发展做出了贡献。假肢的发展也得益于国防部高级研究计划局的投资。[72]

今天，几乎您的计算机的所有功能，以及您使用电脑的方式，都源于政府在早期阶段的资助。[73] 海军研究办公室、空军和国防部高级研究计划局提供的战略支持非常突出，包括开发我们现在认为完全普通的计算机交互的方式，比如鼠标和图形用户界面的各种层面：资助道格拉斯·恩格尔巴特开发麦金塔（Mac）计算机，资助 Windows 操作系统等（参见第四章）。[74] 在 20 世纪 50 年代，大约有 80 个不同的机构生产计算机。军工和国防承包商以购买或其他方式支付了这些机构生产的所有第一批次机器的费用。[75]

与第二次世界大战之后一样，政府为技术需求的提高匹配了技术工人供应的增加。政府主要通过购买设备、赠款资助研究以及为研究生提供奖学金来资助计算机科学院系的发展。1981—1995 年，联邦政府为计算机科学院系购买了大约 65% 的研究设备。[76] 政府还资助了研究网络的建设，例如将大学连接到高级研究计划署网络（阿帕网，ARPANET），该网络成为后来互联网的基础。[77]

在 20 世纪 90 年代末，联邦资金占大学计算机科学和电气工程研究账户的 70% 左右。[78] 这笔资金不仅有益于研究，而且有支持研究生教育的额外好处。这些研究生毕业后往往去创建新公司，成为美国高科技的骨干。

国防部高级研究计划局还资助了一些令人印象深刻的失败项目，例如国家航空太空飞机，试图使飞机从跑道上起飞，飞入太空，然后返回。另一个昂贵而明显的死胡同是战略计算项目。这是 20 世纪 80 年代创造某种人工智能的努力。然而，即使失败也能创造新知识，并随着时间的推移而产生影响。AI 研究和汽车自动驾驶技术的现代复兴可以追溯到国防部高级研究计划局资助的工作。[79]

况且，如果美国不首先采取行动，其他国家也可能取得早期突破。在德国，模拟计算机有相当好的基础，其中一些在战后仍在继续。苏联也很早就意识到需要更快的计算，沿着与美国相似的军事路线筹划。英国早期也有强大的项目，包括战时巨无霸破译机和第二次世界大战期间数学天才艾伦·图灵在战后研发的 ACE 系统。英国人只是在 20 世纪 60 年代才落后于 IBM，因为 IBM 终于能够把半自动地面防空系统的军用知识转化为商业应用，特别是 IBM 系统 360 的问世。[80]

军工创新综合体

在美国战时科学及其后来的体系的推动下，很多事情都有了正确的发展方向。第二次世界大战期间美国取得成就的速度和规模无可挑剔。随后，政府支持的计算机、飞机和医学的发展效率也是惊人的。

到 1950 年，有 13 万名工程师和科学家“从事研究和开发”。“军工研究预算”雇用了其中接近一半的人。[81] 范内瓦·布什在 1940 年遇到的军方怀疑已经完全消失了。1970 年，布什自己这样写道："军方系统的阻挠存在了 1 000 年，至上次大战（第二次世界大战）而告终。今天，军人与平民科学家和工程师之间保持着富有成效的协作，比过去任何时候都更顺畅。场景已更改。当原子弹爆炸时，情况发生了变化。"[82]

自 1941 年以来的 50 年里，创新对美国经济增长的贡献可能多达一半。[83] 有些影响是立竿见影的，但大多数存在着滞后，在技术发展和经济末梢的影响方面需要时间过渡来显示其全部效果。

从长远角度看，在范内瓦·布什走进罗斯福办公室的 50 年后，美国劳动力市场形势喜人。1992 年，有 47.9 万人从事计算机硬件工作，36.6 万人从事通信工作，45 万人从事软件工作，89.5 万人在航空航天领域工作，31.7 万人从事半导体工作。[84] 另有 7.2 万人从事生物技术行业，而生物技术行业当时还是一个年轻的部门。这些部门雇员的平均工资比所有工人的平均工资高出 60%。在所有这些部门中，公费对研究和发展的支持由来已久，事实证明，这些支持与私企自身的努力具有很强的互补性。

同时，在第二次世界大战期间发动的公共研发机体有三个要素，为未来埋下了潜在的隐患。

第一，战时项目的重点是利用科学，通过轰炸和其他手段更有效地杀人，包括平民。到 1945 年，公平地说，范内瓦·布什和他的同事们强调和平利用新技术，包括推进科学以拯救和改善生活。然而，研究实践仍然与国防紧密相连，这种关系也越来越引起一些群体的不安。

第二，发展军工技术的大型承包商相对较少，从而造成潜在的垄断，或者与客户的关系过于融洽，特别是国防部。1940—1944 年，美国政府与美国公司签订的国防合同超过 1 750 亿美元；其中，2/3 给了 100 家公司，20% 给了 5 家公司。[85] 这种机会的集中，部分地反映了谁掌握现有的设计和制造能力，究其产生的原因，部分是为了规模经济而使特定公司可以实现专业化。

第三，研究经费集中在一小批精英大学。大型合同被发放给麻省理工学院、哈佛大学和加州大学伯克利分校等主要研究型大学，但没有太多的审查和监督。麻省理工学院是“战时研究合同的最大接单者”：有 5 600 万美元来自科学研究与发展办公室，额度较大，比较而言，各家大学合同总和是 2.5 亿美元，各家私营企业的合同总和是 10 亿美元。[80]

大额度政府资金的分配集中在开战时处于领先地位的大学，还有那些与范内瓦·布什、阿尔弗雷德·卢米斯、詹姆斯·科南特等人交往密切的大学。作为地理两极分化和潜在不满的根源，这将在未来几年产生深远的影响，限制了对科学部门的支持范围，最终削弱了技术的发展。

在任期结束时，就连艾森豪威尔也担心，依靠他所谓的军工综合体可能会带来一些不利因素。如果这个利益集团创造了战争的诱因，或者不能超越自身利益，会有什么结果呢？

或者，如果新获得声誉及资金的和有能力把自己裹挟在国家利益中的科学家，发现自己在如何使用新技术的问题上与政治家发生冲突，那怎么办呢？

第三章

从天堂跌落

我相信，在世界末日之时，在地球存在的最后一毫秒，最后一个人类将看到我们所看到的。

——乔治·基斯佳科夫斯基，1945 年 7 月 16 日在新墨西哥州阿拉莫戈多见证第一颗核弹爆炸[1]

1945 年，科学正在高歌猛进。科学发明被美国人拥护。科学家参与国家安全的最高决策，[2] 特别是在原子能问题上，他们是具有不可或缺的知识的专家。

在苏联卫星发射之后，支持纷至，政府资金进一步激增。1960 年，《时代》周刊将美国科学家评为年度人物。该杂志的语气是乐观的："1960 年是科学最富有的一年，未来年月肯定会更加富有。"[3] 在 20 世纪 60 年代中期，在阿波罗计划巅峰时期，联邦政府对研发的支持几乎占到了 GDP 的 2%。

然而，今天的情况却大相径庭。我们只把 GDP 的 0.7% 花在公共支持的科学上，并且现在科学家的政治影响力也减少了。[4] 艾森豪威尔总统对苏联卫星危机做出了回应，任命麻省理工学院校长詹姆斯·基里安为他的科学顾问。这一宣布受到欢迎，表明政府决策的幕后将有科学家进行认真的思考。相比之下，特朗普总统的科学顾问直到新政府上台18个月后才被任命。[6]

科学和科学家已经引起争议，也不那么受到普遍尊重。弱化是什么时候开始的？为什么？有三个突出的问题成为1945年之后科学家的权力和预算资金受到侵蚀的原因。

首先，战后对科学，尤其是对原子能的期望被夸大了。考虑到20世纪40年代初期取得巨大进步的速度，这或许是可以理解的。然而，背景的重要部分是，科学未能如期实现其允诺。

更糟糕的是，政治领袖及其高调的科学顾问没有强调意外后果的潜在危险。原罪可能是低估了与辐射有关的风险，在武器试验和事故中，特别是在处理核废料方面。公众对原子能的信任，一旦遭到破坏，就难以重建。这种信誉的丧失具有传染性。如果政府及其科学顾问在辐射方面的决策是错误的，那他们可能还隐瞒了什么？

其次，科学家和政治家之间的分歧越来越大。到了20世纪60年代，一些资深科学家开始怀疑以国家安全的名义过度使用技术。轰炸北越是一个特别有争议的问题，介入两党政治的科学家们闭门激辩。

在20世纪60年代末，在约翰逊总统和尼克松总统的领导下，事情变得更加公开。这些总统希望建造一些备受瞩目的硬件，特别是超音速喷气式飞机和反弹道导弹系统。进入权力走廊内幕的顶级科学顾问表达了保留意见，甚至在某些情况下，他们的意见帮助在野党赢得国会对拟议制度的辩论。政治家们并没有很快忘记这种明显的背叛，政治领导人控制着财政。

最后，反税收运动的兴起改变了美国人对政府作为的看法。在20世纪70年代以来反复出现的预算辩论中，科学一再受到挤压。我们仍然为科学提供资金，特别是在国家安全层面，但是，相对于我们的经济规模而言，其资金投入要低得多。

理解政治对科学经费支持的削弱侵蚀对于审视今天很重要。仅仅提出具体项目或创造片刻的热情是不够的。政府对研究和开发的支持，只有持续下去，才会产生更大的影响。

一个大爆炸

当范内瓦·布什在1940年中期主张成立国防研究委员会时，铀裂变的潜在能量尚未得到广泛认可。1940年之前，理论一直在稳步进步，伯克利的物理学家欧内斯特·劳伦斯因发明回旋加速器而获得1939年的诺贝尔奖。回旋加速器是第一个粒子加速器，该发明为原子层面的工作创造了新的可能性。与此同时，在欧洲，基础科学的其他部分正在迅速发展：1938年12月，铀原子在德国首次分裂。

1941年初，哈佛大学校长詹姆斯·科南特被派往英国进行进一步调研。尽管在这之前的一年蒂泽德曾前去谈判动员，但英国人并不急于透露他们已经认为可行的原子弹信息。现在英国人对自己的进展仍然守口如瓶。私下里，丘吉尔的科学顾问弗雷德里克·林德曼对科南特透露，原子弹可行。如果英国人接近于造出原子弹，德国人还会远远落后吗？[7]

范内瓦·布什最初持怀疑态度，但很快就被说服了，部分原因是他对德国能力的评估。[8]一旦被说服，布什以一贯的方式同意组织开发一个重大项目，科南特、劳伦斯和阿尔弗雷德·卢米斯联络科学家来加盟。

在战争期间，在国防研究委员会（科学研究与发展办公室）开发的主要技术之外，有个完全由军方正式负责的项目，它由莱斯利·格罗夫斯少将担任指挥官。但就连格罗夫斯也不得不把科学领导权让给平民罗伯特·奥本海默。[9]科学家们即使在洛斯阿拉莫斯隐居，也不受标准军事纪律的约束。发明需要给发明者创造性的空间。

项目也需要钱。作为国家紧急优先的项目，它鼓励平民科学家花费一切必要的资金制造一枚可行的炸弹。事实证明，这是纳税人的一大笔钱。1942—1946 年，曼哈顿项目获得了超过 15 亿美元的资助资金，其巅峰年的资金占比达到 GDP 的 0.4%（同比例换算为今天的 GDP 约相当于 800 亿美元）。

科学家对于最高层制定政策的影响力是明显的。1945 年，杜鲁门总统召集了临时专家委员会，商讨是否对日本使用原子弹。这个小组成员包括布什、詹姆斯·科南特和卡尔·康普顿。布什和他的同事们长期以来一直主张科学家在尽可能高的军事战略层级上分担责任，现在他们有了责任。[10]

到 1945 年 7 月底，不可否认，世界已经改变。要么一个国家拥有最现代化的科学和最新武器，要么则没有。就军事装备和如何使用而言，现在边界可能会迅速移动。

远大的期望

第二次世界大战刚刚结束，美国对新技术的潜力及其可能的好处有无限的热情。[11] 原子弹在不到十年的时间里就从理论发展到爆炸，所以谁知道接下来会发生什么。从公众的角度来看，原子时代的前景简直不可思议。

学术专家加盟。1946 年，东北部的 9 所名牌大学携手创办了大学联合会，[12] 目标是管理复杂的项目。从事原子能研究的布鲁克海文国家实验室是他们的初始项目。[13]

原子弹大气试验在最初也似乎很流行。为了抓住 1946 年 7 月 1 日在马绍尔群岛比基尼环礁进行核试验时所展示出的创造文化的力量，巴黎设计师路易斯·雷德发明了泳装比基尼设计（并注册为商标）。[14] 其主要竞争品牌的泳衣，由雅克·海姆设计，被命名为“原子美”。[15]

政治愿景是建立更有效的武器，至少在政治言论方面应是如此。1953 年 12 月，艾森豪威尔总统宣布了一项“原子能促进和平”计划，其中包括建造核反应堆，与寻求经济发展的国家分享原子能技术。这项计划在动机和影响方面仍然存在争议，但毫无疑问，原子能可以用于纯粹的民用目的，并产生巨大的积极影响。

原子能的利用方式有多种，包括驱动车辆或飞机。直到 1960 年，美国空军还在研发一种核动力轰炸机。[16] 1958 年，一家公司宣布了一款潜在的原子笔，另一家公司提出了核动力汽车的计划。[17] 核武器也可以用来挖掘非常大的洞，例如，扩大巴拿马运河。[18] 人们认真讨论了建造原子能发动机，并计划以此为航天器提供动力。该计划持续至20世纪70年代，多种“核热能火箭”原型发动机经历了15年的研发最终成功测试。[19]

在20世纪50年代，原子能委员会主席甚至承诺，电力使用可能很快就会变得有效自由，这对经济具有潜在的积极影响。[20] 原子能可能并不完美的想法很少出现。

美国第一座国内核电站于1957年建成。20世纪60年代，建设步伐加快，到1973年，已有37家核电站投入运营。然而，回顾那段历史，随着公众对辐射的日益关注，思想的浪潮开始过早地逆转。[21]

辐射毒物

安东尼·斯坦登在1950年出版了《科学是圣牛》(*Science Is a Sacred Cow*)一书，书中指出，科学新近获得的声望被过分夸大了。在他看来，这导致了过度自信甚至傲慢：“所有的事实都来了，灌输的美德、保留的判断、一切的借口消失殆尽。”[22] 尖刻的话语非常违背当时的公众和专业意见，但是却有先见之明，生动地说明了原子武器的力量和致命的副作用。

广岛和长崎被炸后，日本当局立即报告了辐射中毒事件，美国军方对此存在争议。1946年9月9日，著名科学作家、记者威廉·劳伦斯在《纽约时报》上撰写随笔，声称看到了明显反驳辐射可能成为重要死亡原因的证据。[23] 高级军官们热衷于淡化辐射对人的生命及所在地区产生长期影响的观点。

军方关于辐射的说法是错误的。实际的影响随后被证明更负面，包括癌症、出生缺陷、暴露率过高而快速致死。[24] 此外，《纽约时报》没有透露劳伦斯曾被借调给美国军方，他实质上是将军方观点伪装成独立报道。[25] 劳伦斯是一名记者，不是科学家，但是独立专家评估和官方新闻之间的界限开始变得模糊。[26]

对放射性沉降物的恐惧在 20 世纪 50 年代蔓延开来，特别是出于大气层核试验的原因，一些著名的科学家支持禁止核试验。[27] 1958 年进行了近 120 次核武器试验。同年 2 月，消息灵通的专家在电视上进行了戏剧性的辩论。他们当中强烈反对禁止核试验的人是氢弹发明者爱德华·泰勒和 1954 年诺贝尔化学奖得主利纳斯·鲍林。泰勒是修辞大师："现在让我告诉你，据我所知，还没有任何体面和明确的统计数据证明，关于这种所谓的损害，是由少量放射性因素造成癌症和白血病的，" [28] 他接着指出，"此外，还有一种可能性，即微量放射有医疗作用。" 现在回想起来，他太乐观了。[29]

很难说谁赢得了这场辩论，其中包括价值观，以及如何对待苏联的问题。然而，更广泛地说，人们越来越担心新技术带来的意外后果，并倾向于不再相信政府的保证。更大的担忧是未知性所带来的。关于副作用的事实不便透露，则被置之不理。公平地说，一些科学家从一开始就对核技术的研制方式持保留态度。[30] 至少在 20 世纪 60 年代初，关于技术的广泛争论开始转向公众觉悟之前，其他人更多地通过玫瑰色眼镜看世界。

《寂静的春天》

《寂静的春天》是一本生动而引人入胜的书。蕾切尔·卡逊是一位著名的科普作家和海洋生物学家，专门为广大读者解释海洋现象。《我们周围的海洋》于1952年获得国家图书奖，1955年出版的《海洋的边缘》也是畅销书。但是，人们主要记住了她在1962年出版的《寂静的春天》，是关于美国农业杀虫剂滥用的影响。

与其说卡逊在批评科学，不如说在批评科学新发现在政府的纵容下被私营公司胡乱使用的现象。她指出，美国社区正在被过度使用杀虫剂毒害，特别是滴滴涕。[31]

1939年，瑞士科学家保罗·穆勒发现，滴滴涕能够有效灭虫，包括杀灭传播斑疹伤寒和疟疾的蚊子。这种杀虫剂于1942年运往美国，迅速投入大规模生产，并在世界各地的行动中得到了美国军方的广泛应用。1943年10月，它帮助成功平息了那不勒斯爆发的斑疹伤寒。在意大利和希腊，通过在洛克菲勒基金会的支持下进行的试验发现，疟疾发病率可以大大降低。[32]

化学工业进入高速发展时期。接下来的30年，美国使用了大约13.5亿磅的滴滴涕。[33]美国农业部有一些保留意见，因为显然使用滴滴涕对非有害动物可能产生不良影响。从1957年起，对滴滴涕的使用地点也有一些限制。然而，与此同时，美国农业部官员和科学家仍然支持将滴滴涕广泛用于农业，包括棉花、花生和大豆作物。

正如卡逊指出，美国农业部迟迟没有认识到各种杀虫剂对良性昆虫、鸟类和更广泛的生态系统造成的负面影响。人们也合理地担忧滴滴涕对人类的影响，包括急性接触造成的死亡和可能与癌症有关，这些仍然存在争议。[34]

卡逊不是一个技术恐惧者。她深知技术在农业应用中的益处。她还对技术的发展做了深刻的观察，发现意外和不幸的后果很容易占主导地位。她指责美国农业部在鼓励过度用量，将人类健康置于危险中以追求更高的产量。[35] 卡逊在《纽约客》上就化学话题发表了第一篇文章，强调了其与辐射相似的害处。[36]

卡逊的论点得到了公众、评论家甚至政治家的广泛拥护。[37] 化工行业对此反应强烈，认为卡逊夸大了事实，甚至误解了事实。1972年，美国禁止使用滴滴涕，尽管辩论在50多年后仍在继续。[38]

不管你如何看待滴滴涕的优点，不可否认的是，《寂静的春天》影响迅猛深刻。[39] 针对第二次世界大战后美国对科学应用的热爱和慷慨的资助，卡逊发出了一个重大的、不和谐的音符。[40] 到20世纪60年代中期，许多人，包括科学家，对科学的用途也越来越怀疑。[41]

环境运动在20世纪60年代基于多种合理的担忧出现，并且得到广泛支持。[42] 其中包括一个简单和日益明显的观点，即私营企业和政府权力部门夸大了科学的正面承诺。追求利润意味着忽略或淡化重要的意外影响，包括随着时间的推移才会显现的健康影响。蕾切尔·卡逊的贡献是很好地开启了关于环境保护的长期的辩论。

随后，三里岛（1979年）和切尔诺贝利（1986年）的核事故让人痛苦地意识到，核技术的民用利益（免费电力）被夸大了。放射性废物的风险被严重低估。管理这些复杂的系统也比专家想象的要困难得多。[43] 1977—1989 年，美国取消了 40 个反应堆建设项目。[44] 从 20 世纪 70 年代末到 2013 年，没有再建造任何新的反应堆。[45] 从环境评估的关切出发，蕾切尔·卡逊做出了一个出乎她自己意料的强大的平行推理。

对《寂静的春天》的反应代表了关于新技术的应用、流行以及相关政治观点的一个转折点。公民不再会自动接受科学家的字面表达。科学、政府和军队之间的关系也日益受到质疑。

与此同时，具有讽刺意味的是，科学家和提供资助的政治家之间的另一个鸿沟正在深化，这将对公共支持的科学产生同样破坏性的影响。没有比回顾乔治·基斯佳科夫斯基的职业生涯更能表达这种关系的破裂。

基斯佳科夫斯基的《旅程》

乔治·基斯佳科夫斯基以独特的方式体验了 20 世纪。他 1900 年出生于乌克兰基辅，不仅成了俄国革命中的一分子，还短暂地加入过倒霉的白军，与布尔什维克作战。[46]

基斯佳科夫斯基在柏林大学完成学业。他年轻时移民到美国，加入哈佛大学，并逐渐确立了自己美国顶尖化学家之一的地位。所以当范内瓦·布什任命他担任国防研究委员会爆炸物工作负责人时，就不足为奇了。[47] 1943 年 10 月，随着曼哈顿项目苦苦寻找启动连锁反应的方法，基斯佳科夫斯基被请来解决问题，他做到了，得到了专业的好评。[48] 基于这一经验，随着美国核武库日益重要，基斯佳科夫斯基是科学政策下一代领导者的明显选择。[49]

基斯佳科夫斯基被任命为空军参谋长科学顾问委员会成员，帮助说服空军发展洲际弹道导弹，使其摆脱对远程轰炸机的依赖。他是核弹头专家，面临尼克松副总统希望建造更大弹头的压力（大概是为了象征意义）。据报道，尼克松问道："我们不能负担吗？" 基斯佳科夫斯基和他的同事们占了上风，因为事实和科学都很重要。[50]

1959 年，基斯佳科夫斯基成为艾森豪威尔总统的首席科学顾问。他是第二个担任此职位的人。很少有科学家详细了解军队的机制，但基斯佳科夫斯基很大胆，他敏锐地意识到，这样继续推进核武器，可能要面对大规模的毁灭。基斯佳科夫斯基在评估美国战争计划的可行性方面很有影响力，并在这方面开始建议设定核试验限制。[51]

1960 年，基斯佳科夫斯基开始担忧苏联的导弹威胁，也许比艾森豪威尔更加担忧。[52] 然而，基斯佳科夫斯基学到的越多，越感觉信息在决策结构中被扭曲了。81 岁时回首往事，他这样说："当我沿着权力阶梯越升越高，我意识到，白宫政策经常是基于非常扭曲的和故意扭曲的情报信息。" 轰炸机差距、导弹差距以及与苏联的所有其他假定的差距都被严重夸大了，至少在他的回顾中是这样的观点。[53]

1965 年尤其让基斯佳科夫斯基感到失望，是因为约翰逊总统显然对建立防止核扩散特别工作组的建议置若罔闻。[54] 越南战争，特别是对北越的轰炸，更是加大了基斯佳科夫斯基的不安。遇刺前的肯尼迪总统曾向总统科学咨询委员会（PSAC）征求关于轰炸越南的意见，但继任的约翰逊总统显然对限制规模不感兴趣。

1966年，基斯佳科夫斯基与一群科学家合作，试图设计一种按钮大小的电子传感器屏障，以防止北越向南越渗透。从基斯佳科夫斯基的角度来看，这将是轰炸北越的替代方案。罗伯特·麦克纳马拉参与发起了这个想法，但似乎不太用心。[56]一旦传感器和相关技术可用，空军似乎把它看作轰炸的补充，而不是替代。科学家内部的分歧也越来越大，部分原因是他们对军方想要做什么持怀疑态度。[57]

基斯佳科夫斯基开始觉得，五角大楼操纵他和他的科学界同事们为制造更多的轰炸辩护。于是，他断绝了与政府的关系。随后，他活跃在“宜居世界”理事会中，这个理事会由另一位致力于限制军备的原子能前辈创立。

在1980年接受采访时，基斯佳科夫斯基表达了他对军队以及冷战时期科学的应用方式持极端保留意见。甚至连原子弹的发明者也反对科学政策，或者反对原子弹的滥用。

政治家与科学家的对比

基斯佳科夫斯基和其他科学顾问对越南战争持保留观点，只是撕开了一个小口子，裂痕在随后几年才扩大。根据戴维·哈伯斯塔姆的重要评估，在越南战争时期，高级科学人才在政府中担任要职，但最终做出的决定造成了极其不幸的后果。[60]基斯佳科夫斯基的职业生涯和科学顾问的命运更广泛地说明了事情的额外层面。在20世纪四五十年代，政治家们听取了科学顾问的意见，因为这些问题是技术性的。我们能造出氢弹吗？导弹起作用吗？甚至是，我们应该继续做地上核试验吗？在20世纪60年代，仍然存在着许多技术问题，科学建议仍然受到欢迎。但在约翰逊总统和尼克松总统的领导时期，政治问题成为人们关注的焦点。[61] 当科学建议与政治家们想要做的事情互相冲突时，结果就是旷日持久的斗争。

例如，超音速民用飞机的发展就是这样的，它最初出现在肯尼迪总统执政时期，在约翰逊总统和尼克松总统执政期间得以推进，尽管专家有疑虑。科学问题很简单，飞机制造出的声震，比普通喷气飞机的噪声大很多倍。1964年，俄克拉何马市的居民实验过连续6个月忍受这种噪声，造成超过15 000人提出投诉，5 000人提出损害索赔。毫不奇怪，当地居民认为噪声水平不可接受。

相对于传统的飞机旅行，科学家们关注到，超音速飞机的副作用大于其带来的利益。著名的前科学顾问在国会做证时反对超音速设计。1970年5月，白宫环境质量委员会主席拉塞尔·特雷恩出席国会联合经济委员会的质询，强调了平流层污染的潜在问题。[62] 另一位国会证人是理查德·加温，他曾是白宫超音速飞机的机密顾问。他说，超音速喷气式飞机会产生机场噪声，“远远超出目前喷气式飞机可以接受的最大范围”。[63]

美国飞机工业希望制造这种飞机，有影响力的政治家认为，这将提高美国威望，以抗衡英国和法国在这一时期研制的协和飞机。[64]

最后，反对派科学家占了上风。超音速飞机的经费被撤回，这令白宫非常恼火，却让参议员比尔·普罗克斯迈尔感到高兴，因为是他召集了科学家做证。普罗克斯迈尔认为，揭露该计划是因为政府对私营企业的过度支持：“我们用数亿美元的联邦研究资金为一家完全私营的商业企业融资。”[65] 在尼克松总统执政期间，独立科学与建制政治之间的冲突又进一步戏剧化。总统科学咨询委员会的现任和前任委员们一致公开质疑政府的提议。反弹道导弹系统，旨在击落或转移来袭的核弹头，即使可能，也是一个困难的命题。[66] 随着苏联和中国制造核武器，反弹道导弹防御的压力也在增大。事实证明，系统规模大，贵得难接受，价值遭质疑。因此约翰逊总统的国防部提议，哨兵系统可以提供“轻量”或局部覆盖。到尼克松当选总统时，哨兵系统更名为“保护者”，业已引起强烈争议。生活在受“保护”的城市，人们认为，这个系统反而使他们成为更加突出的打击目标。

部分政治阻力来自西雅图和芝加哥郊区等地的当地人。他们开始担心反弹道导弹基地相关的核事故风险。军方最初拒绝讨论细节，辩称大部分信息是保密的。然而，当核物理学家们加重对反弹道导弹基地的负面评估时，五角大楼被迫全力进行自保宣传。[67]

在这次争论中，最引人注目的是芝加哥附近的阿贡国家实验室的物理学家们。[68] 1968 年 11 月，尽管约翰·厄斯金、大卫·英格利斯及其同事为政府工作，但却带头组织和传播与政府试图实现的目标背道而驰的信息。

陆军的哨兵导弹系统的负责人阿尔弗雷德·斯塔伯德将军坚称，“不可能发生意外的核爆炸”。阿贡的科学家乔治·斯坦福反驳说，这是“荒谬的说法……他们规避了很多可能性，而且还要考虑人为失误和机械事故”。[69] 在市政厅会议上，物理学家们在反对反弹道导弹基地的本地舆论中占了上风。[70]

总统科学咨询委员会的前成员在国会做证时也反对哨兵系统。据报道，一位参议员说，他“找不到一位主张部署反导系统的前总统科学顾问”。[71]

尼克松最初希望保留该计划，但反对的声音太大，国会拒绝资助拟议的反导部署。[72] 当来自康奈尔大学的化学家富兰克林·朗被提名为下一任科学顾问时，尼克松总统回绝，显然是因为朗反对反导计划。[73] 不久之后，尼克松取消了科学顾问的职位，实际上关闭了总统科学咨询委员会。[74] 科学家在“哨兵”论战中取得了胜利，同时与特权的关系进一步受到侵蚀。你向权威说真话，权威就会削减你的经费。

基里安和基斯佳科夫斯基作为科学顾问，参与了 NASA 的创建，在改进武器，甚至推动军备控制方面取得了显著成功。[75] 在白宫内部，他们的声音是权威的，得到了物理学家和其他第二次世界大战期间范内瓦·布什同僚的支持。这有助于他们解决明确的技术问题，例如是否将重点从轰炸机转向防御导弹，以及如何考虑可能的核武器试验禁令。

相比之下，到 20 世纪 60 年代末，即使是战略防御问题在政治考量中也变得复杂起来，也不太适应技术解决方案。这正是基斯佳科夫斯基的经验。不是说科学变得越来越难，发明原子弹仅仅是根据新理论，制造导弹同样也不难。但是，随着人们将注意力转向辩论民权和贫穷的原因和影响，导弹似乎越来越无关紧要，或者说是昂贵的分心了。与此同时，科学面临着几十年未见的新压力：经费紧张。

在大学的肉汁列车上踩刹车

也许对20世纪60年代最猛烈的批评也是最轻松的时刻。在1967年出版的《纯科学的政治》等系列有关科学的论述中，丹尼尔·格林伯格揭开了现代科学的神秘性，揭露了所有行业追求补贴的一致性。20世纪60年代初，科学因为无限制地获得资金而引起不满。

格林伯格塑造了一位幽默人物——联邦基金吸储中心董事会主席、突破研究所所长格兰特·斯温格博士。[76] 在斯温格博士令人难忘的提案中，有一条是跨大陆线性加速器（TCLA），旨在从伯克利到坎布里奇，“通过至少12个州，这意味着合理预期地得到24名参议员和大约100名国会议员的支持”。这条路径甚至可能避开“在上次选举中反对政府的几个国会选区”。[77]

回想起来，格林伯格的批评是不受约束的科学家获得联邦资金的终结的开始。正当对科学进步对环境的破坏的担忧越来越受到左翼的关注时，对布什的学术主导科学和无休止的补贴模式的担忧也开始增加。而这些担忧的焦点却在另一边。

政治光谱上的右翼对科学的质疑可以追溯到1958年创立反氟信息的约翰·伯奇协会。[78] 参议员巴里·戈德华特在1964年的竞选活动可以被看作是当代共和党的重要施政信息，包括小政府政纲，不明显地反对基础科学，当然也毫不担心科学在战争中的应用。[79] 在戈德华特的南方派系中，即使面对热核战争，也带有地区自豪感、情绪和敌意。[80]

尼克松在科学问题上的立场更为复杂，或者是更模棱两可。他创立了环境保护署（EPA），以处理日益扩大的环境运动所提出的问题。但是，自由派团体和右翼已经开始质疑联邦支持的研究是否真的有用。这笔钱只是用来支持左翼抗议的大学温床吗?

帕特·布坎南，是一位关键助手、演讲撰稿人，后来其本人也是总统候选人。他说，1968 年的学生骚乱，尤其是占领哥伦比亚大学校园的建筑和其他行动，是尼克松竞选总统的转折点。尼克松称这是“革命斗争中的第一次重大冲突，旨在夺取这个国家的大学，并将这些大学转变为激进分子的避难所，成为革命政治和社会目标的工具”。[81] 大学和政府资助再也不会相看两不厌了。

在所有校园里出现了反对军队和反对科学帮助军队的抗议活动，包括以前的精英校园。[82] 1966 年，有人抗议与战争有关的公司，如凝固汽油弹制造商陶氏化学公司。一些位于波士顿的著名科学家在报纸上刊登广告，反对美国使用化学武器，例如在越南使用脱叶橙剂，哥伦比亚大学的人提出了反对反弹道导弹系统和站点的理由。[83] 学生抗议校园的机密国防赞助研究。[84] 布什的模式是密切政府与大学的关系。随着政治机构开始怀疑大学师生——反之亦然——布什模式变得难以维持。

可以说，1968 年的选举标志着战后政治共识的结束，标志着美国现代社会和地理两极分化的开始。态度的改变并非一朝一夕，但从 1968 年起，这种日益高涨的舆论更加反政府，因此也反对政府支持的活动，如大学研究。[85] 有关政府浪费纳税人钱的书籍和报告成为流行体。政治家们互相倾轧，取笑联邦政府支持的研究项目。[86] 1968—1971 年，联邦研究预算按通货膨胀调整后计算下降了 10% 以上。获得联邦支持的教师比例从 1968 年的 65% 下降到 1974 年的 57%。[87]

收紧钱袋

这些政治转变恰逢当时美国最伟大的技术成就——1969 年 7 月实现载人登月——意味着肯尼迪总统所定义的太空任务已经完成。

与此同时，美国正面临预算压力，其压力程度达到第二次世界大战以来的最高水平。1965—1972 年，美国在越南战争中花费大约 1 680 亿美元，相当于今天的 1 万亿美元。退伍军人的费用和对西贡政权的支持（直到 1975 年），大大增加了开支。[88]

与此同时，与第二次世界大战不同的是，美国不仅试图在境外恢复其所希望的世界秩序，而且在境内通过 20 世纪 60 年代的大规模"伟大社会"计划进行变革。例如，1965 年创立医疗保险，为 65 岁以上的人提供补贴医疗；到 1970 年，有 2 000 万美国人符合条件。强制性支出，主要是社会保障和医疗保险，从 1962 年占联邦总支出的 30% 跃升至 1975 年的 50%。[89]

面对这些预算压力，尼克松总统主导了联邦研发资助的全面下降。[90] 1967—1975 年，联邦对基础研究的支持，经通货膨胀调整后，下降了约 18%。[91] 最引人注目的是 20 世纪 60 年代曾经的宠儿——NASA 资金的减少。这种下降最终相当于 GDP 的 0.5%（同比例换算为今天的 GDP 约相当于 1 000 亿美元）。这也许是有史以来最大的单一科学削减。NASA 并非是唯一经历过削减的单位。

部分原因来自参议院民主党的多数党领袖、参议员迈克尔·曼斯菲尔德的压力。其对军队的批评，包括其对经济的影响，在 20 世纪 60 年代有所增加。这主要是由于越南战争，也是核武器过度积累的反应。1968 年，包括在芝加哥举行的民主党全国代表大会上，抗议活动愈演愈烈，当时有 1 万名示威者与当地警察和国民警卫队发生暴力冲突，并在电视上进行了现场直播。

1969 年，针对这些事件，以及减弱军队影响力的压力，曼斯菲尔德提议对联邦研究的结构进行重大改组。他的《军事授权法》修正案禁止国防部使用其资金“进行任何研究项目或研究，除非此类项目或研究与特定的军事职能有直接和明显的关系”。[92]

曼斯菲尔德的观点是，高达 3.11 亿美元的研究经费可以转移到民用研究工作上，例如给国家科学基金会。[93] 但总体效果是，除了接管一些材料研究实验室外，国家科学基金会并没有扩大。联邦政府对研发支持的挤压继续加剧，物理和化学领域跌幅最大。[94]

分析家提到了公共资助研究支出对就业的影响，但是政治讨论基本忽视了就业因子。[95] 关于从军工到民用，知识或价值的跨经济领域的利益分配，很少或根本没有系统的官方思考。

里根革命

与科学家的利益分歧是政治家放弃公共研发资助的原因之一。越南战争和“伟大社会”带来的新预算压力加剧了这种情况。但美国政府仍有足够的资金来资助现行合同中的研究承诺。1950—1974 年，美国的赤字从未超过 GDP 的 1.5%。[96] 到 1975 年，联邦预算赤字占 GDP 的比重达到 3.3%，为第二次世界大战以来的最高水平，但此后下降到 1979 年的 1.6%。

同期，一股新力量——反税收运动——增加了预算压力。虽然税收在美国从来不受欢迎，但从 20 世纪 70 年代中期开始，反税收情绪明显上升。反税收运动的起源可以追溯到 1978 年加州的第 13 号提案。第 13 号提案是一系列限制州内地方征收财产税能力的加州法律中的第一提案。自通过以来，已有近 40 项全州范围的税收限制措施，18 个州的选民通过了这项提案。[97]

1980 年罗纳德 · 里根当选总统后，反税收运动到达了联邦层面。经济疲软，加上战后最大规模的减税政策，导致赤字在 1983 年上升到占 GDP 的 5.9% 的战后最高点。在接下来的 10 年里，赤字平均占 GDP 的近 4%，直到克林顿总统在 1998 年扭转。但到 2002 年，部分由于乔治 • 布什总统领导下的新一轮大规模减税政策，后又遭遇 2008 年金融危机，经济陷入严重衰退，到 2009 年，赤字增长达到 GDP 的 9.7% 的峰值。[98] 此后，随着经济的复苏，赤字逐渐减少，目前预计到 2023 年，赤字将占 GDP 的 3% 左右。

罗纳德 · 里根赞成进行更多的研究，并有着非常具体的武器发展目标。[99] 1983 年 3 月 23 日，里根总统宣布了他的战略防御初创项目，称制订了“长期研发计划”，目的是拦截敌方导弹，消除这些导弹对美国构成的威胁。他的项目被称为“星球大战”，不是关于创造新的基础科学，也不是为了电脑的发展。[100] 里根执政期间，国防部的总支出从1980年占GDP的0.48%的407亿美元增加到1987年占GDP 0.7%的765亿美元。

尽管有著名的里根军事重建，但在他的总统任期中，总的公共研发额度基本上是恒定的。[101] 因为虽然公共支出在军工研发方面随着国防预算的增加而增长（1979—1988年，公共支出增加了40%以上），但国防部以外的公共研发支出却下降了30%。

尤其引人注目的是联邦政府减少了对能源研究的支持。在石油输出国组织欧佩克1973年禁运之后，原子能研究与其他项目相结合，于1977年置于能源部之下。大量资金在高峰时期支出了联邦政府预算的0.5%左右。[102]

然而，在里根总统执政期间，联邦政府支持的能源研究下降了近50%。随着20世纪80年代石油价格的实际下降，对国家安全的威胁逐渐消退。与曼哈顿项目和阿波罗计划相比，能源研究的客户不是政府的直属部门，而是私营部门。私营企业对这种形式的政府干预并不热情。[103]

到20世纪90年代，反对联邦资助科学的形势进一步加剧。当共和党人在1994年控制国会时，他们借机对环保署及其法规施加压力，连带基础科学的优点一并反之。在众议院议长纽特·金里奇的带领下，共和党还取消了技术评估办公室，该办公室自1972年以来一直存在，但是，该办公室对于共和党的星球大战计划显然批评过猛。[104]

1989年柏林墙的倒塌标志着结束苏联的威胁，消除了自苏联卫星发射以来政府大量支持科学的主要动机。20世纪90年代初，关于美国超级碰撞器的辩论最能说明这一点。一位著名物理学家大声疾呼，支持正在得克萨斯州建设的超导超级对撞机。该加速器将是世界上最强大的粒子加速器的大约 20 倍，并且会推动高能物理潜在的前沿发现。[105] 1993 年 10 月，国会取消了该项目，部分原因是成本超支。随着冷战的结束，增加核知识的紧迫感不那么强烈了。这一次，当科学家与政客抗衡时，政治家们赢了。

一个大型超级碰撞器最终在瑞士的欧洲核子研究中心（CERN）建成。新发现的结果令人印象深刻。在纯科学层面上，使用超子对撞机的研究人员证实了亚原子希格斯玻森粒子的存在。[106] 在应用领域，新西兰的一个团队使用欧洲核子研究中心的技术，追寻希格斯玻森粒子，生产了第一台彩色三维 X 射线扫描仪。[107] 如果超级碰撞器被安置在美国，不知道这种新技术是否会在美国得到发展，或者是否会产生一个新的增长部门。然而，这就是美国在 20 世纪五六十年代曾经热衷于承担的科学风险投资类型，今天却不再为其投入资金了。

自从 2008 年大衰退，政府在科学方面的支出却略有复苏，因为奥巴马经济刺激计划的关键部分集中在科技投资上，特别是在清洁能源领域。事实证明，这种复苏是短暂的。从 2011 年开始，一些政客，尤其是众议院的共和党人，极力阻止赤字支出。在随后长期的政府角色论战中，政府的研发资助被大幅度砍掉。

2011 年《预算控制法案》在未来 10 年内削减了包括公共研发融资在内的可自由支出的 1.2 万亿美元。每年有一个具体的上限。随后的预算立法使削减战略翻了一倍，最终结果是非国防可自由支配支出大幅减少，从 2010—2014 年下降了 15%。[108] 作为这些预算之争的直接结果，公共资助的研发从 2008 年占 GDP 的 0.98% 下降到 2018 年的 0.71%。[109]

再度拥抱科学

回想 1940 年春天，范内瓦·布什即将访问白宫椭圆形办公室。彼时联邦政府对科学的支持很少，政府与学术研究之间的潜在关系似乎充满了复杂因素。强大的利益集团，包括美国海军，对快速创新是否关联国防利益和经济繁荣持怀疑态度。

在随后的 70 年里，人们的态度完全改变了。我们比任何其他文明都更加信奉科学技术。我们帮助传播了这种价值观和这种经济组织方式。在 20 世纪 60 年代早期，美国人观看了《杰森一家》，10 年后又观看了《星际迷航》，随后几十年里，1968 年上映《2001 太空漫游》，当然还有 1977 年的《星球大战》，以及随后更多的科幻小说。[110]

在 20 世纪初，美国科学家在政治方面大多被认为是保守的。[111]这并不奇怪。他们是白人富者。[112]范内瓦·布什和他的科学界朋友一般对新政没有好看法。他们为罗斯福和联邦政府工作，因为他们担心德国的崛起，并正确地预测，需要与德国以科学为基础的战争方法相匹配。几乎无一例外，让他们感到更舒服的是德怀特·艾森豪威尔的执政。

自从那时起，公平地说，科学家转向左翼；政治家的光谱转向右翼，不肯支持不受约束的科学研究及其影响。[113]在过去几十年中，关于科学及其影响的辩论一直很广泛，甚至是恶毒的。包括科学家对全球气候变化看法的效度，关于濒危物种，关于含糖高和高脂肪的危险，关于禁欲节育法是否有效等广泛的问题，都在争议之中。[114]

从 20 世纪 70 年代至今，公共资助的研究相对于美国经济的规模有显著的减少。然而，尽管出现了起伏，但同期研发总支出并未下降，自 20 世纪 60 年代末以来，研发支出占 GDP 的 2.5% 左右。

其直接原因是虽然公共资助的研究相对于经济规模有所下降，但私营企业的研究和发展却出现了逆袭式的增长。这就提出了一个明显而重要的问题：如果私人发明和商业化能够取代或有效地代替以前由政府资助的项目，那还有问题吗？

第四章

私企研发的局限性

公司、部门或国家的新发现可能触发研究的新途径，激发研究的新项目，或在其他公司、部门或国家找到新应用。

——布朗温·霍尔、雅克·迈雷斯和皮埃尔·莫赫宁，

研发经济学主流研究员[1]

在美国，新产品和工业的创造方式笼罩在神话之中。一个人有想法、有勇气、有决心，也许独自在他的车库里工作，都能让产品获得生命。他从有远见的投资者那里获得他所需要的融资。结果好主意变成了让消费者快乐的好产品。创意者、雇主、投资者，人人都变得富有。政府能做的最好的事情就是促进这些想法的研发和商业化。

这个神话是基于一些令人印象深刻的例子。[2]从托马斯·爱迪生到史蒂夫·乔布斯，他们都展示了个人的主动性和私营市场融资是如何产生惊人的创新、庞大的公司以及对现代生活的深远影响的。

与此同时，这个神话掩盖了新思想转化为经济产出的三个关键现实。第一，正如我们在前面的章节中所展示的，新思想的基础往往是

政府资助的研究。我们之所以有突破，如 GPS、互联网和大多数救命药，是因为公共主导或资助的潜在研究，使发现成为可能。

第二，创新的成果被广泛分享，而不仅仅归发明者所有。事实上，具有讽刺意味的是，对原始发明者的回报有时相当低。我们都知道像史蒂夫·乔布斯这样的发明家有令人不可思议的财富，但是 1979 年发明了第一个电子表格程序（Visi Calc）的丹·布里克林出售电子表格程序给莲花软件，只赚了 300 万美元。后者则赚了大笔财富。接续的微软 Excel 赚了更多的钱，谁能算得出来？再如，查尔斯·古德伊尔在贫困中努力多年，在 10 年后偶然发现了橡胶秘密，完善了广泛使用的橡胶工艺，然而，他错误地放弃了他的秘密，没有申请专利，也就没给他留下什么，只是在他死后 40 年，一家公司以他的名字命名，以此纪念他。[3]

事实上，考虑到新企业倒闭的高风险，许多由美国风投资助的高科技企业家平均而言在有薪职位上比创办自己的公司做得更好。[4]

第三，有些好主意因其高风险而不能进入市场，没有资助者愿意承担其风险。我们知道成功的故事，但是那些没成功的产品呢？

把这一切叠加起来，不受约束的私有市场并不总是与神话相匹配。美国失去庞大的平板显示屏生意的故事生动地说明了这些力量在起作用。

平板显示屏：错失良机

20 世纪的最后时刻，令人印象最深的技术进步是平板显示屏的发展。在 20 世纪六七十年代，这种技术似乎更像科幻小说中的东西。人们看电视，使用第一台电脑，用的是沉重的圆球屏幕，分辨率很低。如今，从计算机、电视到智能手表，所有类型的视觉数字界面都使用某种形式的平板显示技术。

从 20 世纪 90 年代中期到 21 世纪第一个十年中期，这个行业的规模增长了 10 倍。目前全球销售额为 1 140 亿美元。[5] 没有一家美国公司从这个行业中获利。也没有美国工人在该产业工作。然而，美国研究人员不只一次，而是两次发明该技术，催生了这个行业。[6] 在这两次发明中，美国基础研发者都无法从这些发明中获得高利润、好工作，更别提扩大出口了。

这个故事起源于美国无线广播公司（RCA）。在 20 世纪 60 年代早期，美国无线广播公司的研究人员，如理查德·威廉姆斯和乔治·海尔迈耶，试验使用小电场在显示屏上开关彩色显示屏，[7] 这是液晶显示屏（LCD）的开端。1968 年，该公司召开新闻发布会，展示了世界上第一款商用液晶显示屏：数字时钟。[8]

但是，美国无线广播公司随后将海尔迈耶的液晶显示屏研究团队调到了美国无线广播公司的半导体集团。该小组的上级领导认为液晶研究不太可能有前景，立即终止了液晶屏的所有研究活动。当时占主导地位的美国无线广播公司的产品是晶体管阴极射线管（CRT）电视，美国无线广播公司拥有它的专利技术。这家半导体集团似乎一直担心，开发竞争对手的液晶显示技术将损害非常成功和高利润的晶体管阴极射线管电视业务及其专利许可证的版权收益。[9]

1968 年，美国无线广播公司开始缩减其液晶显示屏研究业务，适逢日本广播协会（NHK）来到美国无线广播公司拍摄纪录片《世界的公司：现代炼金术》。其中一个场景包括海尔迈耶操作他的显示屏。大约在这个时候，渴望进入高科技电子业务的日本夏普公司正在积极开发一个袖珍计算器。[10] 和田富雄当时负责研制夏普计算器的显示屏。当他观看了 NHK 的纪录片并了解到液晶屏时，他向夏普的高管们建议，用它做计算器。夏普管理层亲自前往新泽西州观看液晶显示屏的演示，并提议与美国无线广播公司合作，开发用于计算器的显示屏。

但是，美国无线广播公司对此不感兴趣。由于向其他市场多元化的努力没有成功，美国无线广播公司已经开始了严厉的成本削减计划。与往常一样，在任何削减成本的行动中，研发部门首当其冲。因此，美国无线广播公司拒绝了合作提议，同意夏普以 300 万美元的价格从美国无线广播公司购买专利许可。回想起来，这是超级好货地摊价！[11]

新技术的及时开发，新产品的整合，以及工程师的技能和独创性，使夏普公司快速有效地汇集起了基本技术。1973 年，夏普宣布，全球第一代商业化袖珍计算器带液晶显示屏。多年后，大卫·萨诺夫研究中心（原美国无线广播公司实验室）主任詹姆斯·蒂特延在参观夏普博物馆的开创性产品展示时总结道："液晶显示屏……开始于美国无线广播公司实验室，但最终落户在夏普公司。"[12]

如果故事到此结束，对美国来说已经够糟糕了。但随着这个行业的现代化，这种损失导致了更大的失败。夏普推广的液晶显示屏采用了所谓的无源矩阵技术。[13] 图像将由像素的行和列组成。复杂图像需要许多的行和列，这将导致数据信号变慢。对于手表和计算器，显示图像可能需要更长的时间。但对于快速变化的图像来说，这不起作用。

美国西屋公司的科学家正在开发一种有源矩阵处理系统，该系统将利用晶体管一次性打开所有像素，从而比美国无线广播公司的屏显构图更快、更亮、更清晰。研究小组由梯·彼得·布罗迪领导。他曾经发表一系列关于这个主题的重要技术论文。

但西屋公司很快遇到了同类型的企业短视规划，注定了其与美国无线广播公司的屏显遭遇同样悲剧的命运。布罗迪的工作颠沛流离，从一个部门转到另一个部门，之所以还能生存，是承蒙美国空军和海军研究办公室的一些军工合同。到 1972 年，布罗迪展示了第一个有源矩阵液晶显示屏。然而，西屋公司的高管们在 20 世纪 70 年代中期扼杀了这个项目，因为没有部门愿意为建厂生产提供资金。[14]

面对扼杀，布罗迪离开了公司，并迅速采取行动，组建自己的公司，将该技术商业化。在接下来的 2 年里，他向 40 多家风投资本和电子公司提出了他的想法。只有 3M 一家公司有兴趣，并在 1980 年资助布罗迪 150 万美元，以便他推出平板视觉，继续开始于西屋的薄膜晶体管研究。[15]

1984 年，布罗迪公司开始销售实验产品和实验室的原型屏显。他们很快在 12 个行业拥有了 80 个客户，但规模太小，无法赢利。公司需要开发真正的制造工艺和大批量产的能力。这需要更多资金。平板显示屏领域的早期初创企业需要 3 000 万美元到 2 亿美元才能从研究转向大规模制造。[16]

但投资者不愿意花大钱，因为他们认为自己已无法与日本竞争。[17]关键在于：液晶显示屏的一些主要元件也用在有源矩阵技术中。由于日本已经接管了液晶显示屏的技术生产，一旦发现有源矩阵，他们下一步就可以生产有源矩阵显示屏，而且更具制造规模。日本企业的这种竞争优势，以及他们从新产品的创造浪潮中获取价值的能力，让投资者对由研究转向平板视觉的量产犹豫不决。没有足够的资金，平板视觉以失败告终。[18]

日本发展了平板显示屏的量产能力，然后获得了越来越大的市场份额，从而能够降低价格并垄断世界市场。虽然美国率先发展了这项技术，但美国公司没有投资，没有建厂，也没有创造就业机会。令人沮丧的讽刺是，威斯康星州最近耗费40亿美元在税收减免和其他支出上，以引进中国台湾的公司富士康建厂制造的液晶屏——这本来应该是从美国发起的行业。

与许多神话一样，美国私营企业的创新神话有一些真理要素，但忽略了许多现实的要素。在美国，依靠私营企业来引领创新驱动的增长，存在严重局限性。在本章中，我们将回顾这些限制。但是我们首先要问：为什么这对美国经济很重要？为什么我们要关心模糊的课题，比如研发？

研发、生产和美国生活标准

1947—1973年，美国人的生活水平空前提高。实际人均GDP几乎翻了一番。[19] 平均而言，1973年家庭人均消费几乎是第二次世界大战刚结束时的两倍。[20]

自20世纪70年代以来，美国的经历已经完全不同了。1973—2018年初，实际人均GDP平均每年仅增长1.7%左右。[21] 按照这样的增长速度，收入平均需要40多年的时间才能翻倍，这是一种急剧的减速。

一个国家的生活水平首先取决于它的生产力水平，即在现有员工数量、建筑物规模、设备和资源条件下能够生产多少。因此，经济增长主要是提高生产力。[22]

提高生产力的根本驱动力是知识。我们所有的重大突破都来自理解如何以不同的方式做事，人类历史上一贯如此。在19世纪初，英国工程师想出了如何把蒸汽机放在轮子上，并在铁轨上安全运行。在20世纪初，来自俄亥俄州的两名自行车机械师发现了如何控制飞行。20世纪50年代，在英国和德国的战时技术基础上，美国人破解了喷气式民用飞机和火箭科学。

知识有两个基本来源。第一个来源是教育。知识的任何进步都源于对前人学识的深刻理解。如果你得不到梯子爬过巨人的脚，就不可能站在他的肩膀上。教育提供了向上的阶梯。

第二个来源是研究。不论你对前人的成就了解多少，如果你想创新发现，你就需要进一步试验。这就是研究的过程。

当然，知识本身不会把食物放在桌子上，也不会把汽车放在车道上。我们所需要的是将知识转化为提高我们生活水平的商品和服务的过程。正如研发的字面意义，就是让发展进入现实的画面。研究为提高生产力提供了基础，而发展则把它变成现实。

正是出于这些原因，研究和发展被视为生产力和最终经济增长的关键。世界各地的政府都认识到这个问题，所以他们用专利来保护新思想。专利授予公司合法的垄断权，由专利局注册保护。专利到期后，再全面披露和免费使用该技术。例如，美国的专利发明可以由专利公司自申请成功开始保有 20 年。[23] 历史和理论上的目标是保护发明者，防止他们在新产品上投入资源，却眼睁睁地看着它被另一家公司窃取。

当然，专利制度在托马斯·爱迪生时代就存在。他充分利用了这一制度，在他的一生中累积了 2 332 项专利，仅在美国他就有 1 093 项专利！[24] 然而，即使有专利制度，私营公司在研发方面的投资不足仍然有三个原因，不仅是理论问题，而且也是现实问题。

私营研发的第一个局限：溢出效应 [25]

当一家公司的经理决定进行一项研究时，他们既在投资公司的未来，毫无疑问，也在瞄准自己的事业。私营开展的研发通常为相关人员带来高回报。

但是，宏观地看，研发也为其他公司和整个社会带来好处。其他公司可能没有投资，却借助领先的研发生产出更好的产品，从中获利。结果，带头的公司做了大量的投资，只获得总利润的一部分。用经济学的行话来说，有一个搭便车的人。

一个典型的例子是，施乐公司于 1970 年建立帕洛阿尔托（PARC）研究中心的故事。这个研究机构利用了斯坦福大学计算机科学家的人才团队，其中许多人曾与道格拉斯·恩格尔巴特共事。这位传奇发明家的见解来自他在雷达方面的经验，其工作主要由政府资助。这些科学家开发了一个微机操作系统，该操作系统使用图形用户界面（GUI）。[26]

在20世纪70年代，微机使用的是基于大型计算机的命令行接口，用户必须键入特定命令才能执行程序。在新的GUI系统中，取而代之的是使用计算机鼠标在屏幕上进行导航。只需单击一下，用户就可以在窗口之间切换、打印文档和进行图形设计，这是个人计算机早期的概念。然而，到了20世纪80年代末，这是全世界个人电脑操作系统的标准结构。

我们使用施乐操作系统的计算机吗？不，我们的个人电脑通常使用来自苹果或微软的操作系统。这是因为史蒂夫·乔布斯有远见卓识，以每股10.50美元的价格向施乐提供10万股苹果股票，以换取学习这项新技术的机会。他认为这项技术是“革命性的”，后来他说，“我记得，在看到图形用户界面的10分钟内，我就知道，总有一天每台电脑都会这样工作。这是如此明显”。[27]

乔布斯是对的。他访问帕洛阿尔托研究中心的所见成为麦金塔计算机的重要组成部分。到1988年，麦金塔已经售出超过100万台，总销售额约为40亿美元。从长期来看，2006—2017年，麦金塔产品的销售总额为2 280亿美元。[28]

这种新图形用户界面技术不仅使苹果获益，而且从根本上改变了大多数个人电脑运行的微软操作系统（OS）。微软与接替乔布斯的苹果首席执行官约翰·斯卡利达成初步协议，以获得使用苹果技术的免税许可。故事的曲折在于斯卡利认为，免税版只适用于当前版本的

Windows。[29] 当微软将这项技术扩展到未来版本时，苹果起诉，却输了。[30]

如果我们把微软在 Windows 操作系统上赚的钱加起来，帕洛阿尔托研究中心的原创技术给微软带来了更高的收入。例如，据报道，微软的 Windows 7 软件已经售出了超过 4.5 亿份。[31] 以基本操作系统 120 美元的平均价格计算，Windows 7 为微软带来了约 500 亿美元的收入。

施乐和帕洛阿尔托研究中心得到的回报呢？施乐最终以每股 28 美元的价格出售了苹果首次公开发行的这些股票，他们因此获利近 200 万美元，但与苹果从这笔交易中得到的相比，这算不了什么。[32] 随后，在 20 世纪 80 年代中期，帕洛阿尔托研究中心放弃了计算机科学的研究。[33] 施乐公司承担了基础研究并且可以说彻底改变了个人电脑市场的开发，却获得了非常微薄的回报。实际上，施乐非常善于通过创新来创造价值，但是在为自己（及其股东）实现这一价值方面却效果不佳。

研发为发起的公司之外的其他公司创造潜在的收益。发起公司为新想法和产品进行大量的前期投资，往往无法充分回收其全部价值。在知识产权保护法不适用的情况下，例如苹果的操作系统，当创新既具有足够的开创性，又足以被视为一种普遍的想法或无法申请专利的方法的时候，尤其如此。

研发溢出的问题在于招来搭便车的其他企业：企业在研发方面的投资不足，是因为他们无法得到这些投资的全部好处。施乐的帕洛阿尔托研究中心投入大量资源于研究工作，最终却让他人受益。如果一家公司或其他公司可能从研发中得不到收益，那么他们为什么要冒这样的风险呢？据报道，比尔·盖茨对史蒂夫·乔布斯说："就像我们都有一个叫施乐的富邻，我闯进他家偷电视，却发现你已经偷走了它。"[34]

帕洛阿尔托研究中心的故事展示了研究过程如何为他人创造了持续滚动的利益。同时再一次说明，一家公司并不关心其科学发现是否利他，事实上，它更希望这一发现不让其竞争公司受益。因此，搭便车问题导致他们在新产品的发明和商业化方面投入不足。

私营研发的第二个局限：专属的私营研究

第二个问题，私营研究的专属性质，使情况变得更糟。尝试发明失败或产生副作用时，公司不会告诉他人细节，从而导致重复的努力或放弃实际上具有成效的努力。这在药物开发方面最为令人扼腕叹息。

在过去50年里，美国制药业实现了一些最令人惊叹的医药创新。治疗高血压、高胆固醇、糖尿病和其他慢性疾病的药物挽救了千百万人的生命。但是开发新药的成本更高，而且随着时间的推移，成本会越来越高。据估计，通常成本超过25亿美元。[35]研究的试错性是成本高的原因。[36]每一项成为新药的科学发现都是几十个步骤的结果。从识别"靶向"生物体，例如基因或蛋白质，到找到适合与靶子相互作用的"命中分子"，是药物构建的基块；从可以对抗疾病，到临床试验的三个阶段，每个阶段都有可能失败。为了理解所涉及的工作风险，一旦确定了靶子，必须筛选20万到100多万种化合物，以确定命中次数。只有 9.6% 的药物最终进入临床实验的第一阶段。

这意味着在药物开发方面失败多于成功。但公开的大部分信息都是关于成功的，而失败的专属性质可能导致研究过程中的重大挫折，如下面例子中的他汀类药物所示。

他汀类是一种酶抑制剂，调节胆固醇产生的途径。在 20 世纪 70 年代，人们了解到高血脂和胆固醇都与冠心病有关。但是，当时还不清楚降低胆固醇是否能改善健康状况。虽然，根据他汀类药物的临床经验，我们现在很清楚，降低胆固醇是改善心脏健康的重要组成部分。但是，在 20 世纪 70 年代，这是一个高度不确定的命题。

1976 年，日本三洋（Sankyo）制药公司的远藤章发现了第一种他汀类药物，即康帕丁。大约在同一时间，美国默克（Merck）制药公司的罗伊·瓦格洛斯带领一个研究小组也在寻找这种酶抑制剂。1978 年，瓦格洛斯的研究小组发现了洛伐他汀。三洋和默克都开始对各自的化合物进行临床试验。这两组临床试验的初步结果都很有希望。据报告，这两种药物既安全又有效。[37]

然而，1980 年 8 月，三洋根据毒理学报告停止了康帕丁的开发。两年来，接受正常剂量 100 倍的实验狗发生了胃肠道病变，被解释为淋巴瘤。[38] 一个月后，瓦格洛斯的小组听到了风声，但没有得到这一研发的全部细节。他们听到的只是一个谣言，说三洋的降胆固醇药物已经导致动物肿瘤，因而停止了人类临床试验。作为回应，瓦格洛斯立即停止了洛伐他汀的人类临床试验，让洛伐他汀的开发无限期地搁置起来。当时，默克公司无法知道康帕丁是否与洛伐他汀有共享的药理毒性，但他们不愿意承担风险。

在传记中，瓦格洛斯指出，“如果它有丝毫致癌的可能性，我们就不能允许任何人使用我们的化合物。即使是未经证实的谣言，也足以成为做出这一决定的依据”。瓦格洛斯多次访问三洋公司，以从康帕丁的毒理学报告中获取数据。瓦格洛斯试图将这个问题界定为伦理问题，关系着接触洛伐他汀患者的福祉。但三洋拒绝提供任何信息。瓦格洛斯甚至提出以买卖交易来换取数据。三洋的高管们继续将这个问题视为企业竞争问题。[39]

大多数人以为这是洛伐他汀的结局。然而，1982 年，俄勒冈健康科学大学和得克萨斯大学达拉斯分校的医生们要求给无法治疗的高危患者进行洛伐他汀试验。[40] 试验再次成功。因此，默克公司于 1984 年开始大规模临床试验和毒理学研究。洛伐他汀终于在 1987 年获得批准，很快取得成功。[41] 1994 年，默克公司洛伐他汀的销售额达到 13 亿美元的峰值。[42]

今天，他汀类药物是世界上销量最大的药物类别，约有 3 000 万人服用他汀类药物。2005 年他汀类药物的销售额达到 250 亿美元。[43] 从 1987 年他汀类药物首次获得批准，到 2008 年，经济学家估计，仅在美国，他汀类药物在改善健康方面的价值就超过 1 万亿美元。[44] 据估计，仅在 2008 年，使用他汀类药物就防止了 4 万例死亡，防止了 6 万人心脏病发作，防止了 22 000 人中风住院。

但是，这些福利并非从 1987 年开始。事实证明，没有证据表明实验狗的结果可以作为真正癌症风险的指标。默克公司无法知道这一点，因为三洋的发现具有私企的性质。[45] 回想起来，三洋可能反应过度了。默克别无选择，只能效仿。结果使这种救命药物的使用被推迟了多年，可能导致千万人的过早死亡和数十亿美元的经济利益损失。

这个例子说明了研发溢出效应的含义：对于其他公司来说，宝贵的经验可以使其发现更有效率，但提供这些经验教训并不符合本公司的利益。事实上，本公司可能没有得到任何东西，研究的发现只是让竞争对手得到便宜。

私营研发的第三个局限：发展滞后

专利制度的第三个问题是发展周期较长的技术产品进入市场时垄断期可能相当短。证明其价值所需的临床试验可能需要进行很多年，例如使用可能挽救生命的抗癌药物时，药品将面临这样的“商业化滞后”。但是专利在申请后20年到期，所以当药物上市时，已经没有多少专利保护的剩余时间了。因此，私营企业对开发周期长的药物投资不足。[46]

举一个生动的例子：2009—2014年，8种新药获批用于治疗肺癌。肺癌是美国癌症死亡的主要病因。然而，所有8种药物的目标患者都是肺癌晚期，批准用药仅仅基于估计的生存改善，例如平均延长寿命2个月。这些专利申请都没有解决早期癌症得以进行长期治疗这一严重的问题，故只能延长数月的生命而无法挽救数年的生命。而且，从未产生过真正预防肺癌的药物。

最近的研究表明，这不仅仅是因为挽救更长的生命是更难的；事实上，研发成功直至商业化需要更长的时间，而享有专利的年限就更少了。药物开发越让商业化滞后，承担这些药物的私营研究就越少。开发滞后如此之久的药品几乎完全由公共研究资助，少有私营研究愿意负担。

这是关乎公众健康的重要问题。如果企业没有面临如此长时间的商业化滞后，就能迅速开发拯救生命的药物，就会赢得近 100 万年的寿命（把挽救的生命年数加总起来）。而把挽救的生命折合成美元计量的话，从长远来看，这些商业化滞后使美国损失了 2.2 万亿美元的生命价值。[47]

辉瑞（Pfizer）公司最近终止了治疗阿尔茨海默病和帕金森病的研发也是这一问题的生动例证。障碍不在于缺乏资金，而在于此类研究的有效专利期较短。阿尔茨海默病协会全球科学初创项目主任詹姆斯·亨德里克斯说：

> 我们专利法的制定方式对治疗阿尔茨海默病的长期研究不起作用。试验通常需要 5~10 年，有时甚至更久，才能确定药物或干预是否起作用。专利保护和市场的排他性很可能在该时间过期或接近过期。排他性的丧失使得制药公司很难证明研究的成本是合理的。[48]

进入死亡之谷

虽然搭便车的问题和溢出效应导致研究太少，但是，将研究转化为研发并最终转化为经济增长方面，还有另一组问题。研究由技术专家进行，他们对发现感到兴奋。然而，从这个发现过程中产生最终利益需要的不仅仅是一个兴奋的科学家，还需要能够将这一发现转化为新技术，然后转化为新产品，最后转化为向消费者销售的产品。这些步骤超出了实现这一发现的基本科学家的训练和技能水平。每个阶段都需要资金。把想法从实验室带到商店是昂贵的。

在我们的经济中，把一个好主意变成产品，正是私人资本需要融资的时期。私人资本家应该能够提供资金和专业知识，帮助科学家将他们的想法从实验室带到市场。事实上，美国拥有成功的风险投资（VC）行业，在这方面有着长期而令人印象深刻的记录。但是，在最大限度地发挥新技术的创业和经济增长潜力方面，这个行业已经腾挪乏力了。

几十年来，风险投资行业一直是美国经济的重要参与者。早期的风投与科技公司有着密切的联系。因此，从 20 世纪 70 年代初开始，风投业的发展与加州门洛公园沙山路的地址紧密相连，后来入驻了多家风投公司，例如，凯鹏华盈（Kleiner Perkins Caufield & Byers）和红杉资本（Sequoia）。硅谷里几乎所有的主要企业都从沙山路的风投公司获得资金。[49] 1973 年，美国国家风险投资协会（NVCA）成立。到 20 世纪 90 年代初，近一半的风险投资都用于西海岸。[50]

风投行业明显的成功案例推动了美国科技公司的成长。并且，好多案例具有传奇的色彩：微软、谷歌、苹果、亚马逊、英特尔以及美国许多领先公司在早期阶段都依靠风险投资获得资金。1999—2009 年间首次公开募股（IPO）的所有公司中，有 60% 的公司拥有风险投资的支持。[51] 2014 年，17% 的美国上市公司获得起步阶段的风险投资支持，占美国上市公司总资本的 21%。[52]

尽管如此，风投行业面临着三个界定性的限制。

第一，管理这些基金的人是在风险极大的环境中投资。即使经过严格的程序，筛除数千个请求，只投资给少数项目，大多数风险投资也都归于失败了。一家一流的风险投资公司的数据显示，8% 的投资资金带来了投资组合总回报的 70% 以上，而 60% 的投资以亏欠投资成本的结果而终止项目。[53]

第二，风投最终投资于一些基本上不受其控制的领域。风险投资者依靠企业家投入令人难以置信的辛勤工作，将产品从创意带到市场。人们有理由担心，那些最好的发明家可能不适合于市场营销。如果风投在一个好的点子上投入大量资金，而企业家不够敬业或熟练，无法将其转变为一家富有成效的公司，那么投资就会失败。

第三，愿意投资给初创企业的投行实际上勇者有限。每年 1% 的初创公司中只有 1/6 得到风投支持。支持风投企业的实际资本总额通常约为美国股市价值的 0.2%。[54] 换句话说，虽然 2016 年 760 亿美元的风险投资以绝对美元计算似乎很大，但与数千亿美元的金融市场规模和每年数十万家企业对创业资金的需求相比，却是杯水车薪，微不足道。[55] 2016 年，风险投资仅占美国国内私人投资总额的 2.5%。[56]

为了吸引和分配这些有限的资金，投资商从他们的角度开发出两种有意义的投资方法，但是，这也充分显示了现有风投资本行业作为经济增长催化剂的局限性。[57]

第一，按产品的实际商业成功程度向企业家支付报酬。也就是说，虽然风投无法判断企业家们正在做出多少努力，但是，他们可以利用市场发出的信号来判断这个过程是否成功。因此，企业家的收入可能与其努力不成正比，而是与他们的市场成功成正比。

这种策略对风投资本家来说很有意义。但它对企业家来说却是很大的风险。发明者可能真的投入了巨大的努力，自己本无错，市场却不重视他们的贡献。个人腰包有限，无法承担这种风险。

如果你只看到马克·扎克伯格或杰夫·贝佐斯这样成功企业家的经验，创业似乎是一种高回报的活动。但实际上，大多数初创公司并没有给企业家带来有意义的价值，而且对企业家而言，总价值的大部分来自一小部分非常成功的风投杠杆效应。[58]

考虑到风险，对于典型的企业家来说，创办公司的回报并不高。一项全面的研究收集了企业家的收入及其成功和失败的风险数据。研究的结论是，如果一个工人工资高，没有数百万的自筹资产来承担风险，那么他们留在工作岗位上比自己出资要好。[59]因此，许多潜在的企业家没有提出他们的想法，因为他们无法承受失败的风险。这对私营市场促进创业的能力构成重大瓶颈。

第二种，邀请投资者将资金投入基金，以期在固定时间内获得高回报。这些基金的期限通常为 10 年，风投资本家希望更早地退出，以建立良好的业绩记录，并鼓励后续基金的后续投资。因此，风投资本家更愿意投资于商业可行性可以迅速确定的项目，通常在 3~5 年内。[60]事实上，风投基金结项之前所剩的时间越少，风投愿意承担的风险就越小。[61]

因此，风险基金的结构设计不面向资本密集型和长期融资项目，而这类项目往往是重大技术进步所必需的。此类项目面临着从想法到产品可行性之间途经死亡谷的问题：在投资者确定有产品可以推向市场之前，需要大量投资，而且周期可能很长。

低资本密度和高技术风险的项目是风投的主要领域。风投需要进行大量投资才能取得一些成功，这意味着他们通常在每家初创公司的股本投资低于 1 000 万美元。信息技术，特别是软件等部门，初始资本投资水平相对较低，销售周期短，迅速显示出一般的商业可行性。风投资本模式非常适合此类创业机会。

在销售开始之前就需要大量资本投资和长期增加投资的行业，与风投的契合程度就低得多。以特别强有力的清洁能源投资为例：即使新能源技术在实验室中可行，也很难预测它们在现实世界拓展时的运作表现。商业可行性的论证可能耗时很长，而且费用高昂。与风投用于初创企业的投资相比，证明商业可行性所需的资金要多得多，在 5~10 年内可以达到数亿美元。[62]

事实上，在 21 世纪的第一个 10 年里，风投资本曾经大量涌入清洁能源的初创公司。2004—2008 年，进入这一行业的第一批风投资本的比例从 1.5% 飙升到 5%。它们的进入与该领域的爆发式创新有关。调查发现，该行业现有的大型孵化公司更有可能专注于渐进式的创新，然而，通过风投融资的初创公司往往创新形式更新颖、影响力更彰显。然而，随着经济衰退，可用于融资的资金越来越紧张，风投就会迅速撤离这一领域。到 2012 年，流向清洁能源的风投融资份额已回落至 1.5%。[63] 一般来说，当风险投资者容易筹集资金时，他们更愿意投资于风险更高的长期企业。但当信贷条件收紧时，这种倾向就会消减。[64]

具有讽刺意味的是，由于亚马逊网络服务平台等技术使得创办新公司的成本更低，公司短命的问题似乎也越来越严重。风投越来越注重向公司提供小额资本的“喷雾”和“祈祷”模式，以便更迅速地判定公司是否会成功，结果加剧了资本密集型初创企业的死亡谷问题。[65]正因为如此，专家们对风险投资者为需要长周期和高强度投资的新技术提供资金的能力持悲观态度。[66]

私营风投模式在资本密集型行业的波士顿电力（Boston-Power）和锂离子电池生产的融资中表现出明显的局限性。第一款商用锂离子电池于20世纪90年代初发布，成为消费类和家用电子产品中最常用的电池类型。与20世纪90年代以前流行的镍电池相比，锂离子电池的能量密度更大，电池随着时间的推移自然失去电量的自放电过程更少。如今，锂离子电池占全球电池销售收入的37%，是便携式电子产品的主要电池。[67]

尽管锂离子相对于旧电池技术具有优势，但该领域仍然相对较新，研究人员仍在寻求许多技术突破和制造改进，例如延长电池寿命和降低生产成本。安全也是一个值得关注的问题，尤其是在2016年末广为宣传的三星 Galaxy Note 7 电池爆炸事件之后。[68]

波士顿电力公司于2005年开始致力于改进锂离子技术。该公司是一家备受推崇的初创公司，其早期客户包括电脑制造商惠普（HP）和汽车制造商萨博（Saab）。它最初相当成功地从风险投资者那里筹集到资金，到2010年，波士顿电力公司从私营来源（以及瑞典政府）筹集了1.85亿美元的资金。

但该公司需要更多的资金启动下一步行动。他们想在马萨诸塞州中部小镇奥本建造一个45万平方英尺的制造厂，能立即创造700~800个就业机会。这将需要比私人风投愿意提供的更多资金。正如我们所描述的，这种大规模的制造业投资是在风险投资的驾驭范围之外。波士顿电力公司随后求助于联邦政府，但未能获得申请的1亿美元拨款，因为政府在这方面的支出集中在比较成熟的公司身上。[69]

对于波士顿电力公司来说是幸运的，对于美国来说却是不幸的——来自中国的资本愿意介入。波士顿电力公司从中国风险投资公司金沙江集团筹集了3亿多美元资金，并获得了一些低息贷款、赠款、建筑方面的补贴等。[70]当然，这也意味着在中国而不是在美国建造新工厂。随着公司搬迁到中国，美国员工被裁掉，截至2017年，波士顿电力在美国只有50名员工，而在中国拥有约500名员工。[71]

自进入中国以来，波士顿电力公司一直得到中国政府的财政和金融支持以进一步发展。2014年12月，该公司宣布，已获得2.9亿美元的地方政府财政支持，将其在中国的工厂扩大5倍。[72]中国政府愿意在美国私营风投不去的地方投资，其结果是制造业产能的增长不是发生在马萨诸塞州的中部，而是发生在中国。

私营研发投入太低

研发溢出效应和死亡谷等论点逻辑很强。但这些问题在现实中真的很重要吗？毕竟，我们在美国有很多私营研发。事实上，正如第三章末尾所提到的，过去几十年公共研发支出的下降伴随着私营投资的增加。目前，美国约 70% 的研发资金来自商业资金。[73] 那么，我们怎么知道，私营企业的投资水平并不理想呢？

毕竟，私营研发的回报是很大的。再看看制药行业，其近 20% 的利润率是世界主要工业部门中最高的。[74] 2006—2015 年，2/3 制药公司的利润率都有所增加。[75] 在最大的 25 家公司中，年平均利润率在 15%~20% 波动。相比之下，全球最大的 500 家非制药公司的年平均利润率在 4%~9% 波动。[76]

一般而言，一些研究表明，以回报率或每美元投资产生的收益来衡量，研发投资的经济效益很大。从长期来看，公司研发投资的回报率为 20%~30%，远高于其他形式的投资。[77]

然而，尽管有高回报，私营企业没有充分投资于更具创造性的研究——这些研究将创造未来的技术，而这些新技术将创造数百万个就业机会。一个很好的例子是细胞和基因疗法的制造，这也许是近年来生物制药领域最重要的突破。

细胞和基因疗法是新技术，有潜力治愈以前被认为是无法治疗的疾病。细胞疗法包括将活细胞移植到患者体内以恢复失去的功能，而基因治疗则涉及向患者提供遗传物质以修改有缺陷的基因功能。与大多数需要定期给药的其他药物不同，细胞和基因治疗通常是一次性治疗。此外，细胞和基因疗法的制造比其他药物要复杂得多。单一制造工艺或平台可以生产多种治疗不同疾病的传统药物，而细胞和基因治疗的制造则高度专业化。并非所有制造设施都能支持所使用的全部制造工艺。一般来说，传统药物的制造厂不能轻易转化为生产细胞和基因治疗产品的工厂。[78]

不幸的是，要将这些基因的突破性研究转化为新产品，就需要制造能力，美国却严重缺乏制造资源。问题之一是巨大的启动成本。建立大型细胞或基因治疗制造设施的成本可能超过2亿美元。而类似规模的小分子制造设施的成本却不到3 000万美元。[79]此外，单个设施可能是不够的。细胞和基因治疗是非常不稳定的，具有极短的保存时限。例如，疫苗有18小时的活体线下保存时限，所以，在多个较小的、地理上独立的节点上分散制造，而不是单一的集中于轴心的制造方式，十分必要。[80]这些高成本远远超出了风险资本投资者支持的范围。因此，初创制药公司无法为自己的产能融资。

大约80%的基因和细胞治疗公司把制造业务外包给合同承包厂。这些工厂将其空间出租给制药公司进行测试和开发。然而，现有的合同承包厂正在紧张艰难地应付需求。目前，等待合同承包厂的平均时间超过16个月。在全球细胞/基因治疗的制造方面，产能严重不足，其需求可能大过产能5倍左右。[81]一位消息人士透露：

> 制药公司已经提前几年在生产病毒的排队中购买生产时段，就像在休假前很早预购一张不可退款的机票一样，你希望能在时机成熟时离开。其他公司……担心在一家合同承包厂的生产会失败，于是在两家合同承包厂排队购买生产时段。还有一些生物技术公司被拒之门外，无法制造生物制药所需的病毒。

虽然合同承包厂正在扩张，但是他们发现很难做得足够快。在很大程度上，这是因为目前的制造技术不发达，被内部人士称为“完全原始”和“难以置信的劳动密集型”。[83] 目前的程序可以要求技术人员在开放式的塑料器皿之间手动转移材料，而不是使用大多数传统药物制造标准封闭的无菌生物反应器。[84]“在这种生产模式下不可能提高生产水平，不可能实现显著规模经济的商业可行性。”[85]

此外，扩大制造准入将需要大量的协调和协作。这不符合任何一个制造商和风投金融家的利益。[86] 由于所需的基础设施的设置成本很高，只有固定成本分布在多个产品中，制造平台才算节约。但是，这样做需要以前所未有的水平共享商业权利和生产信息。制药行业的内部结论说：“人们普遍认为，支持基因和细胞疗法的新金融模式需要整合创新者和投资方，这是以前没有尝试过的模式……涉及开发、生产、分销、管理和患者监测等诸多问题，可能让许多公司望而却步，让有希望的早期研究搁浅，并限制其获得资金的机会。”[87]

此例说明了私营研发失败的痛点：规模太大，无法由风投融资，唯一可能的解决方案是整合各家公司研发工作的溢出效应。

尽管私营回报率很高，但私营研发的短板说明了美国研发投资总额为什么太少。重要的不是私营回报率，即公司从投资中赚到什么；重要的是社会回报率：某家公司投资的经济回报，不仅包括对该公司的影响，而且包括对整个经济的影响。就细胞和基因研发而言，这将包括公司对生产能力投资的价值，不仅体现在他们的药物上，而且体现在所有其他利用该生产能力生产的药物上。

最近的研究试图衡量社会的回报率。尤为特别的是，研究发现，一个公司研发活动的增加直接导致相似技术领域其他公司进行更高效的研发。关键是当科学家互相接触时，例如苹果在与帕洛阿尔托研究中心科学家的互动中学到了图形用户界面，知识就会在企业之间转移。这些研究证实，研发存在巨大的溢出效应，研发的社会回报超过50%，也就是说，每投入一美元的研发，每年产生50美分的回报。[88]

如果一家公司的科研有利于许多其他公司，那么相对于整个美国来说，它的投资肯定将不足。美国无线广播公司、西屋和施乐帕洛阿尔托研究中心过去没有投入足够的资金来开发技术。它们只考虑自己有限的回报；没有考虑图像显示或个人电脑运行的新方法给社会整体经济带来的回报，当然，这也不应该是由其决策的部分。基因和细胞治疗开发也出现了类似的问题。制药的小公司没有动力考虑从投资制造设施中给其他公司带来好处。[89]

朝着错误的方向前进

还有一个问题：私营研发正在日益从基础探索性科学研究转向更加面向商业的发展。私营公司一向比较注重产品的开发，而不是基础的研究。但截至1987年，近1/3的私营研发仍致力于基础研究。今天，这一比例已降至1/5。[90]这意味着私营企业的支出减少，不太可能发现推动未来经济增长的创新突破。

公司研发的性质也发生了变化。从公司科学家对其研究的出版发行量急剧下降就可以看出这一点。[91]基础研究的出版发行曾经对于企业科学家来说是普遍的期待。它能推动突破性的研究。比如，扫描隧道显微镜使科学家能够从分子和原子向下看微观世界（这是由 2 位 IBM 科学家发明的，他们因此获得了 1986 年的诺贝尔物理学奖）；又如，发现宇宙微波的背景辐射，为大爆炸提供证据（由贝尔实验室的几位研究人员发现，他们因此获得了 1978 年的诺贝尔物理学奖）。[92]

这样的工作已经不那么常见了。1980—2006 年，企业科学家的基础研究出版量下降了 60%，而且至少持续下降到 2010 年。[93] 这种下降不仅仅是由于各个行业经济活动的转变，或是近年来缺乏初创公司；其实所有的行业都有或新或老的企业。最令人担心的是，对于专家认为属于“基本”或“有影响力的”出版物来说，下降最为显著。[94]

也许最重要的是，研究的减少似乎与前面讨论的溢出效应有关。衡量企业研究价值的最好方法是，当公司申请专利时，它被引用的频次的多少。最近一项重要的研究考察了企业科学家出版物的权重分量，既要根据内部价值，即在公司内部他们自己的专利中被引用的频次，又要根据外部价值，即在其他公司的专利中被引用的频次。毫不奇怪，当一项研究在公司内部更有价值时，它就能走得更远。但是，当它被竞争对手频繁地引用时，它就难以为继了。[95] 这就是私营回报和社会回报之间的核心区别。有利于其他公司的研究具有社会价值，但是此路不通。如果它更多的是有利于你的竞争对手，你就没有理由为它进行昂贵的基础研究了。

私营企业的研究成果实现量产非常重要。以 IBM 为例，IBM 是美国领先的科技公司之一，也是重要研究成果实现量产的传统生产商，包括前面提到的诺贝尔奖的获奖项目投产。也许正是为了应对这些压力，IBM 在 1989 年改变了对科学家的奖励制度，明确奖励科学家申请专利，而不是出版物。这导致专利量大幅增加，IBM 科学家的研究披露却有所下降。[96]

当想法越来越难得

推进研究前沿的美妙之处在于，新想法的潜力在本质上是无可限量的。科学不断地从过去的角度前瞻，以超乎想象的方式推进。在短短的 150 年里，儒勒·凡尔纳对电动潜艇、视频会议和天空写作等预测从科幻小说领域转移到了现实领域。不幸的是，尽管科学前沿仍然巨大，但新发现的成本正变得越来越昂贵。

一个备受讨论的例子就是所谓的摩尔定律。戈登·摩尔是早期晶体管工业的一个重量级人物。[98] 当年，公共资助的研究和政府采购，尤其是火箭行业，是晶体管业务早期发展的重要催化剂，但是，私营企业也在随后跟进，促进了大量的创新。戈登·摩尔发明了一条经验法则。1965 年时他预测，装在计算机芯片上的晶体管数量大约每两年翻一番。半个世纪以来证明他的预测大致正确。[99] 然而，取得这一显著进展的成本在继续增长，因为，需要稳步增加研究人员的数量来维系所谓的摩尔定律。

如今，要使芯片密度翻倍所需的研究人员的数量是 20 世纪 70 年代初所需数量的 18 倍以上。换句话说，随着时间的推移，需要花费越来越多的资金，只是为了保持相同的生产增长率。

这种现象不仅仅明显地表现在半导体行业。越来越多的研究人员致力于提高农作物的产量，但是，随着时间的推移，农作物产量的增长速度正在放缓。据估计，农业领域的研发生产率每年下降约 6%。

发明新药对健康的改善同样需要越来越多的研究和开发。例如，及时治疗乳腺癌而避免的死亡与相关医药研究的数量相比，研发生产率每年下降 7%。

如果一个国家要继续增长，就需要增加我们在创新发现方面的投资。由于前面概述的市场供不应求的失败，私营公司和我们的风投融资体系是否足以应对未来的发展，还远未明朗。

私营研发的承诺和局限

过去 40 年来，美国私营公司开展的研究与开发取得了巨大增长。我们用私营研究项目取代了第二次世界大战后推动我们增长的公费资助的科研，也取得了一些令人印象深刻的成果，企业科研的平均回报率也很高。

然而，尽管这些私营研发投资产生了巨大影响，但从更广泛的角度来看，其投资规模太小。这里不是在批评任何人；相反，它只是系统固有的特征。私营公司不愿意手捧研发的溢出效应，努力惠及其他公司。因此老牌公司的私企高管对研发的投资不足。风投资本行业为一些初创企业提供了令人钦佩的支持，但是，它们专注于快速见效的行业，如信息技术，而不是对一般的清洁能源、新细胞或基因疗法等长期的和资本密集型的项目的投资。

主流的企业慈善家率先垂范。在科学领域，近年来有一些令人印象深刻的公益投资，包括埃里克·施密特、埃隆·马斯克、保罗·艾伦、比尔·盖茨和梅林达·盖茨、马克·扎克伯格、迈克尔·布隆伯格、乔恩·米德·亨茨曼·斯尔、艾利·布罗德和艾迪丝·布罗德、大卫·科赫、劳伦·鲍威尔·乔布斯等人，包括众多私营基金会。这些人对许多问题持不同的政见，好消息却是，他们一致认为，科学，包括基础研究，对美国的未来具有根本的重要性。

坏消息是，即便地球上最富有的人也几乎无法像美国以前那样，在科学投资上挪动方向性的指针。粗略地说，美国是一个拥有 20 万亿美元的经济体；每年 2% 的 GDP 就会接近 4 000 亿美元。即使全球最富有的人，其财富总额也只有 1 000 亿美元左右，虽然亚马逊的杰夫·贝佐斯在 2018 年初打破了这一纪录，比尔·盖茨和沃伦·巴菲特紧随其后。如果最富有的美国人立即将大部分财富投入科学，那在几年内是会产生一些影响，但从长期来看，几乎还是不能挪动指针。公共资助的研发投资可能是唯一能让我们回到技术导向型增长的途径，能让所有的船只都浮起来，并且航行起来。

然而，我们也应该当心。私营研发投入的失败不足以证明政府的干预是正当的。这仅仅是因为私营企业投资不足，并不一定意味着政府会做出正确的投资。我们有什么证据表明，公共研发实际上可以填补我们在本章中所描述的空白，从而为美国带来更高的增长和更好的就业机会呢？

第五章

公共研发：推动前沿发展，促进增长

（解码人类基因组序列）是迄今为止我们在所有科学中以有组织的方式开展的最重要的工作。我相信，阅读我们的蓝图，编录我们自己的指导书，将被历史判断为比原子裂变或去月球更重要。

——弗朗西斯·柯林斯，美国国立卫生研究院院长，1998 年[1]

在《科学：无尽的前沿》这份报告中，范内瓦·布什及其同事认为，科学发现的可能性是无限的。自该报告问世以来的几十年所发生的事情似乎证实了他的愿景。从早期的雷达工作，到我们已经拥有的计算机和互联网，人工智能的创新也即将出现。从青霉素的早期工作，到我们已经转向研发一系列拯救生命和延长生命的药物，到最近转向了可以进一步延长寿命的基因靶向药物。

但是，前沿是无止境的，并不意味着很容易到达那里。勘探前沿的成本正在增加，私营企业未能达到这一前沿，既有充分的理论原因，也有无奈的现实原因。私营企业没有动力去做开创性的研究，为其他企业开拓前沿。私营融资机构无法在清洁能源等资本密集型领域提供创新所需的大量资金。

在第二次世界大战后的几十年里，公共部门填补了这一空白。公共研究经费带来了科学突破，改变了世界面貌，同时推动了美国的经济增长，为美国中产阶级创造了广泛的机会。从第二次世界大战到20世纪70年代初，以人均GDP增长为衡量标准，美国经济的增长约为平均每年2.5%。在整个收入的分配中，利益是平等的。自20世纪60年代末以来，公共部门在研发中的作用不断下降，与此同时，生产率增长放缓，大多数美国人的生活水平停滞不前。自1973年以来，人均GDP平均每年仅增长约1.7%，而且这些增长的福利绝大多数只流向了处于收入分配顶端的人。

恢复公共部门在研发过程中所扮演的角色能否使我们回到更高的生产率，并在此过程中创造广泛的经济增长和充满活力的就业市场？在本章中，我们将提出各种证据，从创新的经济研究到令人信服的例子，以表明答案是肯定的。扩大公共资助的科学规模可以启动战后美国经济的增长引擎，其中最重要的是，可以广泛地分享这种增长的好处。在过去30年中，人类基因组计划是最重要的公共研究努力之一，没有比该模式更好的途径了。

人类基因组计划

DNA即脱氧核糖核酸，在繁殖过程中由成年生物传递给其后代，包含生物体发育、生存和繁殖所需的所有指令。[2]研究人员将细胞核中所发现的DNA称为脱氧核糖核酸，而将一个有机体的序列完整的脱氧核糖核酸称为基因组。[3]

脱氧核糖核酸由核苷酸的化学构建模块组成，而核苷酸又由磷酸组、脱氧核糖组和4种碱基组成，这4种碱基包括：腺嘌呤（A）、胸腺嘧啶（T）、鸟嘌呤（G）和胞嘧啶（C）。这些碱基的顺序决定了DNA链中包含的生物指令。例如，ATCGTT序列可能规定蓝色眼睛，而ATCGCT可能规定棕色眼睛。[4] DNA测序意味着确定构成DNA分子的4种碱基的顺序或序列。[5]人类基因组由超过30亿个基因组合而成，这个序列告诉科学家在特定DNA片段中携带的遗传信息。[6]

DNA测序是20世纪70年代中期由弗雷德里克·桑格和沃尔特·吉尔伯特分别研发的，他们因此而获得1980年的诺贝尔化学奖。[7]桑格在英国剑桥分子生物学实验室从事一项政府资助的研究项目。桑格的研究方法成为使用范围更广的方法。他的方法包括从细胞中分离DNA，然后用它作为模板进行复制，并最终找出DNA的序列。这是一个费力的重复的过程，涉及DNA多次与其他化学物质混合，以便在试管中创建充满不同长度的DNA链，然后给混合物通电来分离DNA链，再“阅读”分离后生成的类似于多选答案表一样的链。[8]

尽管要付出艰苦的努力，但结果简直就是奇迹。现在，科学家采用这种方法来读取正常细胞中的DNA。他们也可以使用同样的技术来识别与疾病相关的基因变化。从1983年发现亨廷顿舞蹈症基因，到1989年发现导致囊性纤维化的基因，新的发现不断地涌现。发现这些缺陷增加了针对这些变化或它们产生的分子缺陷来制造新药的可能性。[9]

在这些发现的激发下，科学家们开始提出对人体所有基因进行测序的想法。问题是，桑格的手工方法非常耗时，以致整个人类基因组的测序需要 100 多年时间。[10] 许多科学家认为，仅凭可能的发现不值得花时间对 DNA 进行测序。

与桑格处于同一时期的英国癌症研究所的研究员凯西·韦斯顿表示，“许多人以为那是愚蠢的。他们不认为那有什么值得学习的”。[11] 然而，在 20 世纪 80 年代后期，自动测序仪的引进，使得重复测序实现了机械化，让这项事业的成本得以降低。

私营企业最初并不急于参与这一项目。沃尔特·吉尔伯特是哈佛大学教授，他因基因组测序工作而获得诺贝尔奖，也是早期生物技术公司渤健（Biogen）的创始人之一。1987 年，吉尔伯特宣布他将组建一家新的生物技术企业，即基因组公司。其唯一目的是“阅读”人类基因组，并出售破译出的信息。他宣称，“人类基因总序列将是人类遗传学的圣杯”。[12]

吉尔伯特的目标是获得 1 000 万美元的启动金，以使他的公司顺利发展。但是，他在第一年未能得到任何资金的支持。对该公司持怀疑态度的人质疑该公司的经济基础。他们指出，几年后，一旦基因图谱问世，任何希望了解特定基因序列的人都可以轻易得知，这是对溢出效应导致私营研发动力不足的问题的重述。该公司还未正式起步，便于 1988 年关闭了。[13]

如果科学界未能说服美国联邦政府将此事列为优先事项，那么故事可能就结束了。好在从 1988 年开始，美国国会同意资助美国国立卫生研究院进行人类基因组研究。[14] 詹姆斯·沃森因为发现 DNA 结构而获得诺贝尔奖，并成为新的国家人类基因组研究中心主任。美国国立卫生研究院、国家人类基因组研究中心、能源部及其国际伙伴集体努力，促成了人类基因组计划（HGP）的立项工作。[15] 该项目于 1990 年正式启动，预计持续 15 年，总预算支出为 30 亿美元。

人类基因组计划的故事说明了未来十年的研究进展是断断续续的。从理论上讲，进展缓慢，到 1999 年 2 月，只有不到 15% 的基因组被测序。[16] 事实上，在政府努力的推动下，测序自动化基础技术得到了越来越快的发展。[17]

一些进展是在公共研究机构进行的，例如在劳伦斯伯克利国家实验室，科学家将机器人手臂和成像耦合视频设备相结合，组装了菌落选择器，与之匹配，在威斯康星大学，另一批科学家开发了数据查找器，以便更有效地处理收集到的海量数据。其他进展来自私营企业，例如应用生物系统的自动测序。

在这些私营企业中，最引人注目的是由克莱格·文特尔博士创立的塞雷拉基因组公司（Celera Genomics）。文特尔博士以前是美国国立卫生研究院的部门主任。塞雷拉基因组公司于 1999 年开始了一项颇具竞争力的工作，即开展对人类基因组的测序工作。知名专家声称，如果人类基因组计划没有完成所有初步的工作，文特尔的方法就不会取得如此大规模的成功。也就是说，20 世纪 90 年代末，映射技术已经在公共领域成功进行，使文特尔的方法有了成功所需的技术前提。[18] 加之塞雷拉基因组公司成功地向公共部门领导的人类基因组计划施加压力，要求它提前两年，于 2003 年完成基因组的初步图谱，这也为文特尔的方法提供了基本前提。[19]

联邦政府对人类基因组计划投入了 30 亿美元，取得了令人瞩目的成效。到 2004 年，基因组范畴的股票市场总值为 280 亿美元，其中 75% 的公司是公开上市的公司，未上市的私营公司中有 62% 设在美国。[20]

1988—2012 年，与人类基因组测序相关的直接和间接的经济活动支出达 9 650 亿美元。即使算上联邦政府自 2003 年以来对人类基因组计划相关研究的持续投资，所产生的经济影响与政府支出的比率也仅为 65∶1。仅在 2012 年，人类基因组测序的直接和间接影响就创造了 28 万个就业机会和 190 亿美元的个人收入（平均每份工作的个人收入近 7 万美元）。[21]

换言之，2012 年，基因组研究支持的工业部门产生了近 39 亿美元的联邦税收和 21 亿美元的州和地方税收。因此，政府仅 2012 年的收入就相当于人类基因组计划 13 年的全部投资额。[22]

对人类基因组计划投资的好处并不仅在于制药业，其溢出效应要广泛得多。通过将基因组研究应用于植物和牲畜改良，确定正确的投放量（例如养分摄入、杀虫剂的正确剂量）和产出量（例如化学成分），就可以提高农业产量和增强全球粮食安全。[23] 基因组研究也可以用于追踪食品污染和相关致病事件。同样，生物技术、生物燃料、食品加工、药物和维生素生产以及基于生物材料等一系列产品类别的商业企业正在应用先进的基因组知识和技术，将更多新的、更高效的工业流程推向市场，为美国和全球经济提供动力。[24] 美国国立卫生研究院估计，如果人类基因组计划为每个美国居民多提供 1 年的健康，按照每人每年2美元的价格计算，就创造了近1万亿美元的经济增长。

美国国立卫生研究院的创新机器[25]

人类基因组计划只是美国国立卫生研究院进行公共研究的成果之一，其所取得的辉煌成果，令人难以置信。该政府机构为创新持续发力。诸多创新成果极大地改善了美国人的健康状况，提高了居民的平均寿命。

美国国立卫生研究院是世界上最大的生物医学研究公共资助者之一，每年提供370亿美元的研究资金，约占美国所有医学研究支出的1/4。[26]该机构80%以上的资金是通过向2 500家研究机构的30万名研究人员提供约5万份竞争性奖金发放的。该机构还将大约10%的预算用于自己实验室的研究，为另外6 000名研究人员提供研究资金。[27]

美国国立卫生研究院在很大程度上受到保护，免受美国公共研发史上许多其他机构所面临的资金变迁窘境的困扰。在20世纪60年代末之前，该机构资金增长迅速，在20世纪70年代初略有下降，但随后稳步增长到21世纪第一个10年的后期。虽然2010年美国国防部的开支占GDP的比例仅为1967年的60%，但美国国立卫生研究院的支出占GDP的比例却比1967年高出80%。近年来，即使是美国国立卫生研究院也无法避免大规模的预算削减。2010—2017年，其支出资金占GDP的比例下降了约15%。此外，美国国立卫生研究院的成功，以及第四章讨论的医学领域研发成本的不断增加，表明投入资金增速更快才合理。

美国国立卫生研究院的资助一直在创造广泛而成功的研究。该机构由 27 个中心和研究所组成，从最早的国家癌症研究所到最新的国家促进转化科学中心。来自这些中心和研究所的资助支持了 153 位诺贝尔奖获得者和 195 名拉斯克奖获得者。[28] 2016 年，有 11.5 万篇论文的致谢中提及美国国立卫生研究院的支持。每项 R01 立项，即典型的研究导向型立项，平均产生 7.36 篇研究文章。此类论文平均每篇会被引用 300 次。[29]

相关研究的应用范围远远超出了科学界。例如，美国国立卫生研究院资助了 2010—2016 年美国食品药品监督管理局（FDA）批准的所有 210 种新药研究。麻省理工学院的研究人员估计，每增加 1 000 万美元的机构资金投入，就会产生 2.7 项额外的私营企业专利。根据增加专利带来的股市回报率估算，美国国立卫生研究院每投出 1 000 万美元，就能为股票市场上的私营公司带来 3 020 万美元的额外价值。这就是政府资助研究的巨大回报。[30]

毫无疑问，这些研究给经济带来了巨大的好处。一项研究估计，美国国立卫生研究院的药品基础研究资金产生了 43% 的投资回报。政府机构资助也刺激了私营研究的投入：8 年来，在工业研发支出中，基础研究资金每增加 1 美元，市场就会追加 8.38 美元的投资。[31]

更重要的是，美国国立卫生研究院资助的研究在持续改善人类的健康状况并拯救生命。在经济方面，1970—2000 年与研究相关的平均预期寿命增长，仅在美国就产生了 95 万亿美元的经济价值。例如，在过去的 15 年里，癌症死亡率每年下降超过 1.5%。癌症死亡率每减少 1%，美国人就会拥有 5 000 亿美元的净现值。[32]

利用相关资金取得成功的故事不胜枚举。在许多情况下，美国国立卫生研究院支持的研究从根本上改变了我们对疾病和治疗选择的理解。例如，弗雷明汉心脏研究院提供了许多早期对心血管疾病可预防的见解。它开始于 1948 年，在马萨诸塞州弗雷明汉镇有 5 000 名参与者参加了相关的流行病学研究。当时，心脏病通常只在发病后治疗，而这项研究首次将吸烟、高血压、高胆固醇、肥胖症和糖尿病确定为与心脏病相关的危险因素。研究表明，药物或生活方式方面的预防措施可以显著改善心血管的健康状况。由于这种治疗方法的变化，与心血管疾病相关的健康结果已显著改善。1969—2013 年，美国的心脏病死亡率下降了 67.5%；1970—2000 年，相关的预期寿命有所增加，为国家财富增加了 1.6 万亿美元。70 年后，弗雷明汉心脏研究院仍在持续发展，它现在的服务对象包括了初始参与者的子孙后代。[33]

美国国立卫生研究院的研究同时也带来了其他显著的医学进展，包括从根本上消除疾病的疫苗。在疫苗出现之前，乙型流感嗜血杆菌（Hib）是导致儿童细菌性脑膜炎的主要原因。截至 20 世纪 70 年代中期，美国每年报告 2 万例乙型流感嗜血杆菌病例，产生 20 亿美元的医疗费用。每年有 1 000 多名儿童因乙型流感嗜血杆菌而死，还有数千名儿童因此造成了听力障碍、癫痫、智力障碍或脑损伤。

1968 年，美国国立卫生研究院资助了开发乙型流感嗜血杆菌疫苗的第一期研究。不久之后，又资助了儿童疫苗的临床试验。在 20 世纪 80 年代，美国国立卫生研究院和 FDA 资助的科学家发现了一种改良的偶联疫苗，即只使用特定细菌的疫苗。第一种偶联疫苗的临床试验于 1987 年获得 FDA 批准。[34] 疫苗发布后，乙型流感嗜血杆菌几乎被灭绝。如今，乙型流感嗜血杆菌的发病率比疫苗上市前下降了 99%。2009 年，美国仅报告了 40 例相关病例，为当年出生的儿童节省了 37 亿美元的社会费用。[35]

必须强调，美国国立卫生研究院的资助还促进了新疗法的实现。即便在开始进行基础研究时没有关联相应的治疗性研究，但在实际的机构支持的研究中，申请拨款时虽申报的是对 A 病的研究，但超过一半的最终专利申报却是针对 B 病的治疗，即研究范围有了似乎是“无心插柳”的扩大和升级。[36] 例如，美国国立卫生研究院的研究人员在研究一种被称为激酶（JAK）的酶时，意外发现了这种酶的基因突变，可用于对抗自身免疫性疾病，这一惊喜收获给当下带来了全新领先的治疗方法，这一治疗方法帮助了 150 万名患有风湿性关节炎的美国人。[37]

不仅是美国国立卫生研究院

美国国立卫生研究院在经济效益和人类健康改善方面做出的成绩都是令人信服的。然而，卫生事业并非公费支持创新为全球经济带来巨大红利的唯一领域。

关于军工研发对民用经济效用的怀疑比比皆是。在美国，与国防相关的研发的支出始终占所有政府资助研发费用的一半以上。关于里根政府时期浪费军费开支的故事成为逸闻，例如，花 110 美元购买一个价值 0.04 美元的电子二极管，一个起钉锤 435 美元，一把卷尺 437

美元！[38]但是，这些逸闻忽略了一点，除了这种浪费性开支，国防部在研发方面还有宝贵的投资。

恩里科·莫尔蒂、克劳迪娅·斯坦温德和约翰·范·雷宁最近的研究令人信服地证明了这一点。[39]他们研究了近1/4个世纪以来经济合作与发展组织成员国家军工研发的变化。他们证实，更多的公共支出会增加（裹进来），而不是取代私营研发的资金（挤出去）。每1美元公共资助的军工研发支出导致的私营研发支出为2.5~5.9美元。这至少表明，军工研究正在推动更多而非更少的私营企业创新，就像美国国立卫生研究院的促进效应一样。

他们最重要的研究结论是更多的研发支出对生产力有很大的影响。结合背景看结果，他们指出，"9·11"事件后，美国军工研发的增幅从占GDP的0.45%上升到0.6%，并提高了近2%的经济增速。[40]

在20世纪四五十年代，军工方面的相关研究对整体经济产生了积极的催化作用，而且一直持续到今天。目前在世界各地清洁地板的Roomba吸尘机器人就是典型的相关案例。

1990年，三名麻省理工学院的毕业生创立了iRobot机器人公司。1998年，这家年轻的公司从国防部高级研究计划局获得了一份研究合同，用于开发太空探索和军事防御的机器人。他们研发的Pack Bot机器人在伊拉克和阿富汗都有使用。但该公司真正的成功来自非军事领域。2002年该公司发行Roomba吸尘机器人，其设计灵感来自1997年他们为空军设计的一个叫作"探雷"（Fetch）的机器人。[41]正如iRobot的联合创始人科林·安格尔所说，"探雷机器人的研究工作有点奇怪，我的下一个计划将是关于吸尘……军工业务也让我们学会了如何制造和销售这些吸尘机器人”。[42]

2005年，该公司在纳斯达克上市。截至2012年，该公司已售出家用真空吸尘器机器人800万台，而国防/安全机器人的销量仅为5 000台。该公司90%的收入来自消费类的机器人。[44]目前，该公司已在美国销售了1 500万台机器人，并雇用了1 000名工人。[45,46]真空吸尘器机器人的份额占全球真空吸尘市场的20%，Roomba吸尘机器人的份额占真空吸尘器机器人市场的70%。[47]军工研发为这家成功的私营企业的发展铺平了道路。

公共技术融资产生红利

我们已经阐述了风投模式的局限性及其对美国经济的影响。政府能帮上忙吗？美国小企业创新研究项目（SBIR）以及世界各地的类似经验表明，政府能帮上忙。

小企业创新研究是美国联邦政府支持私营研发的最大支出计划。[48]小企业创新研究开始于1982年。目前，联邦机构每年用于外围研究的支出超过1亿美元，其中3.2%用于奖励小企业。截至2015年，11个联邦机构参与了小企业创新研究计划。每年拨款超过20亿美元。

小企业创新研究计划有两个阶段。第一阶段是提供15万美元的赠款，用于资助9个月的概念验证工作；第二阶段是在第一阶段后的两年提供100万美元的赠款，以资助后期演示。该计划相当有选择性，只有大约10%的申请人能获得资金。对于许多小企业来说，小企业创新研究项目“是许多参与技术创新的企业家首先获得资金的地方”。[49]

尽管预算有限，但还是取得了巨大的成功。在小企业创新研究中，通常支持初创企业早期技术的经费是私营风投的5~7倍，并且它有一个充满活力和劳动密集型的同行评审流程，允许修订立项申请，帮助初创技术公司开发核心业务。小企业创新研究还为私营企业提供了一个关键信号，表明通常风险基金避开的领域其实有潜在的投资价值。小企业创新研究获得的立项者仅占信息技术领域风投资助受助者的3%，但占生命科学领域受助者的20%，占能源/工业领域受助者的10%。[50]

事实上，第一个获得小企业创新研究资金的是加里·亨德里克斯。他利用这笔资金组建了软件公司赛门铁克（Symantec）。他曾是机器智能公司某个项目的首席研究员，机器智能公司破产时，小企业创新研究的资金使亨德里克斯能够继续其项目。他的团队取得了成功。该项目突破性的Q&A（问答）产品带来5 000万美元的销售额。亨德里克斯曾表示，该产品的发展创造了“智力和商业比萨”，迅速吸引了1 400万美元的风险投资和IPO融资，聚集了管理、科学研究、工程和营销领域的顶尖人士。赛门铁克目前在全球35个国家/地区拥有超过1.2万名员工，其中6 148名员工在美洲，他们大多数在美国。[51]

另一个值得注意的早期成功案例是高通电信公司（Qualcomm）。该公司于1987年获得小企业创新研究资金时只有35名员工，如今已增至3.8万名员工，其中约2万人在美国。[52]正如其联合创始人欧文·雅各布斯2011年在国会上所说：

> 在高通早期的关键时刻，小企业创新研究的融资价值和重要性不可低估。尖端研究带来了突破性的发现，但公司为了吸引私人资金，需要支持并证明新的、有风险的和未经证实的技术的可行性。对于高通而言，小企业创新研究提供了关键启动资金的一部分。虽然它不是当时我们唯一的资金来源，但它是关键的“准入印章”，使我们能够成功地开辟私人资本来源。[53]

小企业创新研究的成功不仅得到了显著的案例证实，而且得到了学术分析的证实。[54]一项研究发现，获得小企业创新研究资金资助的公司比未获得的公司享有更高的就业率（增长 56%）和销售业绩（增长 98%）。[55]另一项研究发现，获得第一阶段资助的公司申请专利的数量至少增加了 30%，获得风投融资的机会增加了一倍，两年内获得正收益的可能性也增加了一倍。[56]

小企业创新研究催化作用的一个最典型的新案例是因美纳的故事。因美纳成立于 1998 年，目标是进入新生的 DNA 测序市场，即由于人类基因组计划而存在的市场。[57]作为一家初创公司，因美纳在 1999—2004 年获得了美国国立卫生研究院小企业创新研究资助，用于帮助其开发基因分型、并行阵列和基因表达分析技术。所有这些都在因美纳的成长中发挥了重要作用。小企业创新研究资金并不是因美纳获得的唯一融资，因为私人风投也给该公司投资。但是，因美纳的创始人马克·戚博士指出，来自美国国立卫生研究院的小企业创新研究立项资助在早期推动公司核心技术的开发中起着关键作用，因为从私人投资者那里获得资金是很难的。[58]国家科研委员会编写的一份案例研究给出结论：在追求近期研究目标的主流项目之外，小企业创新研究资金提供了灵活性，为过度关注长远目标的倾向提供了关键的平衡，在小公司中，这也许是不可避免的。[59]

这项由小企业创新研究支持的研究，使因美纳迅速发展。截至2018年6月，公司拥有6 200名员工，其中近4 000名在美国，销售额为29.4亿美元。它在美国、巴西、英国、荷兰、中国、新加坡、日本和澳大利亚设有商务办事处。[60]

小企业创新研究并非唯一成功资助初创公司的政府技术项目，但它在长期成功和可持续性方面相对独特。国家标准与技术研究所（NIST）是美国商务部的一个部门，其业务是"与工业和科学合作，推动创新，提高生活质量"。[61] 该研究所与小企业创新研究有着天然的可比关系。国家标准与技术研究所成立于1901年，以确保重量和长度的标准化，并成为美国的物理实验室。国家标准与技术研究所的4名科研人员因在原子激光编码方面的工作成就卓越而获得诺贝尔物理学奖。[62]

随着时间的推移，国家标准与技术研究所创建了重要的"墙外"计划，以促进科学向经济的转化。1981年它推出先进技术伙伴关系（ATP），旨在通过促进"具有巨大潜在社会和经济效益的高风险研究"来提高美国公司的竞争力。最近的一项研究表明，赢得先进技术伙伴关系资助，能够使公司在14~16年后生存的概率更高。[64] 尽管取得了这一成功，但先进技术伙伴关系计划和后续的国家标准与技术研究所计划还是被国会否决了。特朗普政府提出的预算提案，将国家标准与技术研究所的计划削减了34%。[65]

投资要浮起所有的船，而不只是快艇

当下关于美国经济辩论的关注点不仅在于经济增长，还有就业。到目前为止，就业辩论引发我们的一个主要担忧：更快的技术进步将意味着机器人可能会更快地取代我们的工作。我们最终会进入库特·冯内古特所设想的“钢琴玩家”经济吗？届时除了一些高级技工，所有人都会被高端机器所取代？

正如第一章中我们所讨论的，这种担忧在第二次世界大战后的几年里被证明是没有根据的。技术工人迅速增加，满足了人们对技能需求的增长，整个经济也从中受益。1947 年，典型的美国家庭平均收入，折合为 2016 年的物价水平，为 28 491 美元。到 1973 年，这个数字翻了一番，达到 58 539 美元。也就是说，随着经济规模的扩大，普通家庭的收入翻了一番。[66] 按人均 GDP 计算，实际家庭收入的增长，大约高出经济增长的 2.5%。以生产力为主导的增长浪潮浮起了所有的船，让所有的人都受益。

当每个人都受益时，不平等的感觉就会下降。1947 年，20% 最富有的美国人的收入是 20% 最穷者的 8.5 倍。到 1973 年，这一比例为 7.5 倍。[67]

但是，在过去的 40 年中，经济增长已经脱离了创造就业。增长带来的收益越来越集中在一小部分高收入者的身上，而实际家庭平均收入依旧停滞不前。

到 2016 年，典型的美国家庭平均收入仅增长到 65 063 美元，比

1973 年增长 20%，[68] 即从 1973—2018 年，人均 GDP 年均增长 1.7%，实际家庭平均收入以每年 0.4% 的速度增长。因此，尽管典型的美国家庭在 1973 年之前看到了人均 GDP 100% 的增长，但自那之后，他们只看到了大约 25% 的增长。

此外，自 20 世纪 70 年代伊始，收入的增长在不同收入群体中出现了根本分歧。最高阶层的收入迅速增加，其他人的收入停滞不前。这导致收入分配差距明显扩大。如前所述，在 1973 年，20% 最富有的美国人的收入是 20% 最贫穷者的 7.5 倍。到 2016 年，这一差距已经拉大到 13.3 倍，也就是说，20% 最穷的美国人每拥有 1 美元，20% 最富的美国人则有 13.3 美元。[69]

关注最富有的 20% 的人并不能公正地对待收入不平等增长的极端。这些富有的美国人的命运发生了更戏剧性的变化。从 1945—1973 年，美国收入最高的一些人收入份额从 12.5% 下降到 9%。[70] 从 1973—2015 年，其所获得的份额从 9.5% 上升到 22% 以上。从 1993—2015 年，美国收入增长的一半以上都进入了富人的口袋，[71] 也就是说，如果你把这个时期美国收入的所有增长分为两部分的话：绝大部分归 1% 的美国人所有，剩余部分归 99% 的美国人共同拥有。

增加研发的公共资金不仅能为科学家创造就业机会，而且可以为更广泛的美国人创造就业机会，例如航空航天、电子科技和第二次世界大战之后其他公共资金支持的研究行业。更高的生产率不仅提高了高技能工人的工资，而且提高了所有作为当地经济支柱的低技能工人的工资。最近的研究表明，拥有更高的教育和生产力的工人对每个人都有帮助。城市劳动生产率每提高 1%，高技能工人的工资就提高了

0.6%，低技能工人的工资也随之提高了 1.2%。[72]

参照第四章中讨论的基因和细胞治疗的案例，这一行业进一步发展的一个瓶颈是缺乏合格的工人。[73] 解决这一瓶颈意味着为具有专业技能的美国人提供就业机会，而且不一定是研究生或者是学士学位获得者。一位业内人士表示，“证据表明……（雇主）将创造越来越多的专业制造岗位……最好由专业技工，即低于大学本科学历的合格技术工人上岗[74]”。事实上，美国劳工统计局预计，2016—2026 年，美国医疗和临床实验室技术人员和技工的工作岗位将增长 13%（几乎是全国平均水平 7% 的两倍），在此过程中将增加就业岗位 4.27 万个。这些职位在 2017 年的平均薪酬为 51 770 美元，比全国平均工资高出 37%，通常需要专业证书、副学士学位或学士学位，但具体取决于岗位所需技能的水平。[75]

公共研究经费和工作岗位——证据

更多的公共研究经费将带来更多的工作岗位。这不是一种猜测，它得到了美国和全世界确凿证据的支持。

这种现象的最佳例子来自美国大学校园环境的日新月异。大学一直是现代知识经济创新的中心。美国的一流教育机构周围已经出现一些成功的城市，如坎布里奇的麻省理工学院和哈佛大学，以及旧金山郊外的加州大学伯克利分校和斯坦福大学。但是，公立大学的好处并不仅局限于少数城市。研究表明，更多的大学研究支出带来与大学同一地区的更多工厂业务，并给附近地区带来更多的就业机会。[76]

一项特别有趣的研究着眼于大学获得财政激励之际，其研究支出创新了商业化、拉动了当地经济增长的幅度。1980年的《贝赫－多尔法案》赋予大学在联邦政府资助的关联下获得创新产权，即其教工获得联邦政府拨款，大学能够从教工研发的公司价值中获益。在《贝赫－多尔法案》颁布之后，大学专利数显著增加。1976年只有55所大学获得专利，到2006年，有340所大学分别获得专利，获得专利数量最少的学校也不少于一项。[77]

这项研究表明，在《贝赫－多尔法案》之后，大学周围的经济出现了与该大学研究实力相关行业的强劲增长。例如，得克萨斯大学奥斯汀分校在《贝赫－多尔法案》颁布之前有强大的电气工程和计算机科学系，在《贝赫－多尔法案》颁布之后，这些行业的增长尤为强劲。总之，研究还发现，每多一项大学专利就会增长15个固定就业岗位。

为了证实这项研究不具有特殊性，我们自己也研究了相关数据。特别是，美国国家科学基金会每年向美国大学收集公共研究经费的数据。我们使用这些数据来匹配大学以及与大学在同一地区的公司，考量它们在就业和工资方面的关联性。我们研究了当联邦政府向特定区域的大学拨来更多研究经费时，工作和薪酬会发生什么变化。[78]结果是惊人的：当大学研究支出翻倍，该区域就会提高1%的就业率。[79]

进一步确认，公共研发在其他国家也创造了就业良机。新西兰政府有一项计划，向创新型初创公司提供公共资助，就像小企业创新研究，但实际提供给公司的是资助资金，而不是贷款。对该计划的研究发现，在之后的四年，接受公共资助资金的企业的就业增长率比未获得资助资金的企业高出 6%。[80]

芬兰的泰克斯项目是世界上政府支持的最具创新力的研发项目之一。芬兰与美国不同，它将大部分公共资金通过泰克斯项目为企业直接发放研发补贴。这些补贴通常涵盖研发项目成本的 35.5%，并将申请者的技术承诺以及与其他公司合作等因素作为候选条件。最近的一项研究利用通过泰克斯为公司提供资助资金的区域差异表明，那些获得资助资金的公司就业人数增长幅度较大，获得资助使大多数小企业的就业率增加了 85%。另一项研究确认，泰克斯的资助使中小型企业快速提高了生产力。[81]

前面讨论的各国军工研究与发展研究也表明，这种开支不仅创造了经济层面的增长，还增加了就业机会。我们发现，军工研发额每增加 57 万美元，就会给研发团队额外增加 270 个工作岗位。

令人信服的案例研究和许多学术分析表明，投资公共研发将有利于我们的经济发展，在美国和世界各地都是如此。但是，在盲目投入更多的公共资金之前，需要注意两个潜在的限制。

公共投资的局部效益

前面强调过，社会回报高于私营回报的主要原因是技术创新向其他领域蔓延。这组研究的一个有趣的发现是，溢出效应往往限于本地，也就是说，尽管国际业务越来越容易，但在某一地点进行的研发似乎仍然使本地的其他公司受益。[82] 一些人认为，研发溢出效应的本地化实际上是在随着时间的推移而增加。

大学研究对当地发展有益的证据尤其引人注目。在一项研究中，作者审查了专利申请中的引文，并特别侧重对大学研究和大学专利方面的引用。[84]我们发现，随着专利申请的提交越来越远离大学，大学研究的引用量在急剧下降。也就是说，来自大学的研究成果在全国甚至全球传播的速度并不均衡。相反，研究成果传播到当地公司的速度更快。

另一项重要研究考量了生物技术的诞生。生物技术是全世界制药创新的动力。[85]这项研究指出，生物技术研究是在 1973 年发现重组 DNA 的基本技术之前进行的。这是该研究商业应用的基础。作者随后表明，在商业化之前，科学家进行生物技术研究的地方正是生物技术领域新商业起飞的地方，也是它至今依然发展最强劲的领域。也就是说，尽管重组 DNA 是一个已知的发现，但它只是在已经建立特定科学专业知识的领域变成了主导产业。

这种局部集中可能是由于大学研究人员与当地公司之间更频繁的面对面互动。因此，大学在产生该项新业务时，科研的溢出效应是相当本地化的。[86]事实上，一项研究发现，当有更多的本地风险融资者存在时，大学腾飞的可能性更大。[87]

对这一现象的一个极好的研究案例是 2007 年在英国建立的一座大型科学新中心。[88]钻石光源是一个同步加速器设施，一种产生 X 射线、红外线和紫外线束的圆形粒子加速器。这种同步光可用于研究微观物体，如分子和原子，它们的可视化需要对比显微镜中波长更短的光。该设施耗资 3.8 亿英镑，是截至目前英国现代史上对研发基础设施最大的一笔投资，主要是由英国政府资助。

但最大的问题是把钻石光源放在哪里。最初的计划是把它安置在曼彻斯特附近，那里有一个过时的同步加速器。然而，资助者之一，威康信托基金，建议把它建在160英里外的牛津郡，在那里它可以受益于牛津大学科研单位的托管。经过许多争议，牛津郡赢得了胜利，该设施最终建在牛津郡。

这一设施对研究活动中心的影响是立竿见影的。在2003年宣布新设施计划落地之前，这两个地点与同步加速器相关的研究数量相似。然而，在那之后，特别是在2007年工厂运营之后，牛津大学学者撰写的与同步加速器相关的研究文章数量迅速增加，而曼彻斯特大学学者的研究数量仅略有增加。

因此，研究经费的投入选址至关重要。不幸的是，当涉及美国的地理差异时，政府的研究经费目前是在增加问题，而不是在减少或解决问题。

2015年，联邦政府人均研发支出的1/4流向了两个州，即马里兰州和新墨西哥州。五个州的人均公共研发支出超过5%，即亚拉巴马州、马里兰州、马萨诸塞州、新墨西哥州和弗吉尼亚州；而排名后十的州合起来只占人均公共研究支出的4.4%。

1975年的情况也大致一样。首先，1/4的研发支出流向马里兰州和新墨西哥州。五个州的人均公共研发支出超过5%，尽管名单有些不同，没有亚拉巴马州和弗吉尼亚州，那年有加利弗尼亚州和华盛顿州。排名后十的州在公共研究支出中所占的比例很小，只有3.5%。

鉴于这种分布情况，研发项目不太可能对大多数美国选民产生较大的吸引力。例如，联邦政府增加1 000亿美元的公共支出时的人均支出约为 370 美元，也就是说，如果公共研究经费在各州之间平均分配，每个州每人将获得 370 美元。但是，如果这些美元的分配方式与现有的人均研究支出相同，这意味着马里兰州每个居民可以获得 3 150 美元，新墨西哥州每个居民可以获得 1 900 美元，而马萨诸塞州每个居民仅获得 1 000 美元。与此同时，阿肯色州、路易斯安那州、堪萨斯州、肯塔基州和南达科他州的每位居民只能获得不到 100 美元。综上所述，实际上只有 12 个州每个居民能拿回超过全国平均水平的 370 美元。

公共研发有风险——必须容忍失败

我们提出，公共研发是一项巨大的投资，为人类健康和经济带来了巨大回报，但这也是一项高风险的投资。我们之前引用的一项研究发现，每两到三个美国国立卫生研究院的立项研究只能产生一项专利。因此，即使是最有成效的、最典型的美国国立卫生研究院的立项研究也不会百分之百产生专利。这再次提醒人们，研发是一个过程，一个需要经过无数次尝试的过程，研发不代表一旦开始即可取得成功。但是，当你支持一个赢家时，就非常有价值了。事实上，在对小企业创新研究项目成功度的评估中发现，这是成功度排名前 1/3 公司驱动的结果，也就是说，虽然许多公司获得了资助，取得巨大效益的只是相对少数的公司。

公共资助研究的目标不是让每项投资都得到回报。相反，目标应该是让赢家胜出。总体而言，投资组合具有很高的生产力。问题是，我们的政治辩论通常是抓住失败大做文章，而看不到通往成功的宏观大道。索林德拉的例子是一个具有警示性的故事。

2009 年 2 月，奥巴马总统签署了《美国复苏和再投资法案》。这项法律涉及约 8 000 亿美元的刺激，以帮助经济从大萧条以来最严重的衰退中复苏。作为《美国复苏和再投资法案》的一部分，资金的一个主要目标是在能源效率和可再生能源研究方面提供资助。

其目的是刺激美国清洁能源部门的增长，在短期内提供就业机会，并开发新技术，长期应对全球变暖问题。

作为该计划的一部分，政府资助了近 40 个新能源项目，耗资 360 亿美元。[89] 全面评估该计划的成功与否还为时过早，但迄今为止进展还比较顺利。截至目前，借款人只拖欠了项目贷款的 2.3%。在作为该计划的部分目标而成立的所有新公司中，只有 8% 遭遇破产。[90] 这次融资中有很多成功的例子，如 NRG 太阳能公司和中美可再生能源的阿瓜卡连特光伏太阳能发电厂。该项目获得了 9.67 亿美元的担保贷款，用以完成电厂建设。该太阳能发电厂生产的电力可以满足 23 万户家庭的能源需求。它与太平洋燃气电力公司签订了一份为期 25 年的出售电力合同。[91] 在这 25 年中，零碳发电将避免向大气中排放 550 万吨碳，相当于每年减少了 4 万辆汽车的碳排放。[92] 一般而言，美国前五大太阳能项目都难以筹到足够的私人资金，但幸运的是，这个项目获得了政府的新能源投资资助。[93]

然而，政治焦点都集中于一个失败的项目——索林德拉。这家公司生产薄膜太阳能电池，总部设在加利福尼亚州的弗里蒙特。索林德拉有一个创新计划，用圆柱形管而不是传统的平板来制造新的太阳能电池板。该公司声称，其太阳能电池板在给定年份中能发出更多的电力，并且不必跟踪太阳的移动轨迹。[94]索林德拉是《美国复苏和再投资法案》清洁能源初创项目的第一个立项者，获得了5.35亿美元的担保贷款，用于建造一个7.5亿美元的工厂。它被政府广泛吹捧为一个成功的项目，但结果却是一次巨大的失败。[95]

一部分原因在于索林德拉无法控制的因素：硅价格大幅下跌，使得它无法与传统的太阳能电池板竞争。[96]另一部分原因在于索林德拉的虚假声明。2009年，该公司告诉政府，他们有签约的合同用户，在未来5年内能出售价值约22亿美元的太阳能电池板。但实际上，这些交易并未得到证实。最终索林德拉申请破产，并拖欠贷款。[97]

这个失败案例成为清洁能源初创项目的主要辩论焦点。正如来自密歇根州的共和党人、众议院能源委员会主席弗雷德·阿普顿所说，"索林德拉将被铭记在历史书上，作为新一届政府的失败标志，政府觉得它凌驾于规则之上，渴望正面的新闻报道，而未专注于交付结果"。[98]

但是辩论忽略的是，给索林德拉的投资仅占这一投资举措总额的1.5%，而且其他大部分投资表现良好。这一总体向好的消息被索林德拉的坏消息掩盖了。正如一位行业分析师所说，"索林德拉是该项计划的'黑眼圈'，意味着美国太阳能产业发展上的不足"。[99]

这类失败导致美国政府对太阳能开发的过度保守。正如一份专家报告所总结的那样，政府为太阳能技术开发提供的贷款违约率非常低，这表明联邦政府对发放贷款过于保守。此外，现有贷款集中于正在走向成功的大型项目，而不是最有可能产生新知识但风险也更大的试点设施。[100]

对失败的担忧不仅仅表现在能源领域。过去资助尖端研究的两家公共机构现在似乎不太愿意冒风险。一项审查发现，近年来美国国立卫生研究院的拨款得分更多地倾向于“可操作性”，而不是创新性。在提交赠款提案时，三个目标中的两个通常已经完成。[101] 正如诺贝尔奖获得者罗杰·科恩伯格所指出的，“如果你自己不能确定提出的工作是否能够成功，那么它就不会得到资助”。[102]

这种保守的观点甚至延伸到了负责承担巨大风险的机构——国防部高级研究计划局。它近年来已经转向资助近期风险较低的研究。[103] 正如哈佛大学病理学教授唐·英格伯指出的，“国防部高级研究计划局似乎正在转向美国国立卫生研究院的那种时间更短、风险更低的模式”。[104]

成功的科学项目应该包括失败。回想一下风险投资的典型失败模式。风投资本家从少部分投资中获得绝大部分的回报。如果我们希望公共部门促进创新，我们就不能要求它的投资成功率比私营机构高得多。如果不接受失败，则不会愿意承担风险。如果不承担风险，将不可能有大胆的成功。

对公共研发的总结

证据清楚地表明了公共资金对研发的经济效益。它补充、鼓励而非取代个人的努力。全世界的研究表明，更多的公共研究资助鼓励了更多的私营研发。[105]研发的公共资金投入产生了更多的创新、更快的增长和更多的就业机会。

但是，公共研究经费并没有完全兑现其承诺。特别是，公共研发支出尚未充分认识到大学研究人员与新兴私营企业之间为创造经济增长而进行的地方协调所取得的成果。就公共支出的目标而言，它面向的往往是国家的发达地区。事到如今应该改进这种模式了。

第六章

美国：机遇之国

我们希望找到一个与我们合作的城市，让我们的客户、员工和社区都能从中受益。

——亚马逊，官方网页声明，宣布竞争第二总部入驻位置的238个投标中的前20名入围者[1]

美国通常被称为“机遇之国”。但是近几十年来，地理上的机会不断萎缩，因为我们越来越依赖位于沿海地区的少数超级明星城市来推动创新经济。与此同时，受高房价限制，人们无法都搬到这些经济中心。因此，美国其他大部分地区都错过了机会。缺乏趋利向好的流动性加强了美国的分裂政治，特别是跨地区、大城市与小城镇或农村地区的分裂。

美国不必依靠少数超级明星城市来发展。根据我们的研究，美国全国各地都存在着快速增长的机遇，这些机会正等待被利用。超级明星中心以外的城市也拥有优秀的教育机构、人才和高品质的生活。它们各就各位做好了准备，将成为推动未来以技术为基础的经济增长引擎。

不幸的是，公共和私营研发基础设施的分配阻碍了各地广泛获得经济机会的途径。如果继续将私营企业的初期投资以及联邦政府的基础研究资助投给既定目标的超级城市，只会加剧目前的区域不平等情况。各州正试图通过提供税收减免，来抵制既定超级城市的趋势，就像在最近亚马逊决定其第二总部所在地的竞争中所提供的那样。但是，这场竞争终归让企业获胜，让美国纳税人吃亏。

有一个更好的方法。从 19 世纪美国的“西进运动”开始，联邦政府有意识地施行以地区为基础的政策，面向全国提供支持，突出的贡献包括：创建属于现代美国教育体系的赠地大学、由田纳西河谷管理局发起的美国南方地区现代化运动，以及将军事基地的选址分布在全国以帮助各地区分享战后繁荣的果实。

现在是时候更新思维并将以上思路应用于扩大研发上来，帮助美国持续保持在现代世界经济的前列了。

超级明星城市拉大差距

虽然美国的总体增长率已经放缓，但一批超级明星城市正在蓬勃发展，正在拉大与国内其他地区的距离。

为了理解这一点，我们可以查看 1980 年和 2016 年美国 48 个相邻州的都市统计区（MSA）的人均收入数字，[2] 这些数据反映了都市统计区城市及其周边郊区的动态。[3] 利用公众调查数据，我们为 1980 年和 2016 年的超级明星城市建立了一份名单，将这些城市定义为人均工资收入最高的美国大陆十大城市（见表 6-1）。

表 6-1 1980 年和 2016 年美国大陆十大城市的人均工资收入

排名	1980 年			2016 年		
	都市统计区	州	平均收入（美元）	都市统计区	州	平均收入（美元）
1	布里奇波特–斯坦福–诺沃克	康涅狄格州	54 194	布里奇波特–斯坦福–诺沃克	康涅狄格州	83 470
2	弗林特	密歇根州	53 463	圣何塞–森尼韦尔–圣克拉拉	加州	81 541
3	底特律–沃伦–迪尔伯恩	密歇根州	53 290	旧金山–奥克兰–海沃德	加州	76 697
4	米德兰	密歇根州	51 043	华盛顿–阿灵顿–亚历山大	华盛顿特区–马里兰州–弗吉尼亚州	69 890
5	华盛顿–阿灵顿–亚历山大	华盛顿特区–马里兰州–弗吉尼亚州	50 093	西雅图–塔科马–贝尔维尤	华盛顿州	65 580
6	萨吉诺	密歇根州	49 469	波士顿–坎布里奇–牛顿	马萨诸塞州	65 131
7	米德兰	得克萨斯州	49 319	特伦顿	新泽西州	64 939
8	卡斯珀	怀俄明州	49 310	纽约–纽瓦克–泽西城	纽约州–新泽西州–宾州	64 055
9	门罗	密歇根州	49 107	博尔德	科罗拉多州	61 161
10	布雷默顿–西尔弗代尔	华盛顿州	48 987	巴尔的摩–哥伦比亚–托森	马里兰州	60 418

1980年，都市统计区的前十名中有五个在密歇根州，第六名是怀俄明州的卡斯珀。它们主要是来自制造业和自然资源丰富的地区。到2016年，排名前十的包括波士顿、纽约、旧金山、圣何塞和西雅图。它们在1980年未进入前十名。[4] 1980年，波士顿和纽约甚至没有进入前二十名。如今，信息技术、生物技术和金融服务领域都有就业良机。那些在密歇根州的昔日超级明星城市，今天竟没有进入前十名，事实上，它们甚至没有进入前二十名。

繁荣也明显向沿海地区转移。1980年，都市统计区的前十名有三个在东海岸或西海岸；到2016年，前十名中有九个在东西海岸。

此外，最繁荣地区与其他地区的收入差距日益扩大。1980年，前十名城市的人均收入比全国其他城市高出30%。到2016年，都市统计区排名前十的人均收入比其他地方高出57%。

收入最高的城市和仅仅表现良好的城市之间也存在差距。1980年，排名前三的城市的平均收入比当年前十名的平均收入高出8%。2016年排名前三的城市的平均收入比当年前十名的其他城市高出25%。

似乎正是向知识型经济的转变推动了跨地理区域的收入差异。[5] 这个过程制造了规模更大的集约，意味着类似的或相关的活动拥挤在一起。例如，硅谷有2 000多家科技公司，是世界上科技公司最密集的地方。[6]《经济学人》指出，硅谷有99家市值超过10亿美元的上市科技公司，总价值达2.8万亿美元，约占美国企业利润的6%。[7] 另一个例子是波士顿/坎布里奇地区，拥有约1 000家与生物技术相关的企业。肯德尔广场是世界上生物技术公司最集中的地区。[8]

当技术经济中的集约效应出现时，该地区更多的天才员工会提高附近其他天才员工的经济回报。[9] 例如，最近的研究表明，当地的发明家同仁密度较高时，发明者自己的研发效率会更高。[10] 因此，最初能够吸引人才的地方越是能够奖励高人，就越是导致某地人才集中，而其他地方会相对落后。

集约依靠一系列经济力量的推动。[11] 企业和个人有共享的基础资源，从公交、机场、道路、高质量的学校，到体育场馆。当地还需拥有更多的技工，使得公司更容易找到符合公司技能需要的工人，也能在就业市场甚至求职平台帮助员工找到他们想要的机遇。最后，与更广泛的技术人员进行更多的互动意味着更多的学习机会。

令人惊讶的是，超级明星城市的经济集约活动似乎并没有放缓。你可能以为，超级明星城市生活的高成本和无障碍通信的互联网应该驱动个人搬出这些城市，搬到生活成本低的新地点。由于成本高昂，现有的技术中心可能会让位给增长的新中心。

实际情况正好相反。技术公司成功的关键取决于公司周围的整个经济生态系统，因此很难脱离现有的中心。我们最近在美国看到的地理差异反映了一个事实，即一些地区已经成功地建立了生态系统，促进着增长，吸引着更多的熟练员工，并继续加快增长。

表现良好的领域看起来会做得更好。[12] 大学毕业生最多的城市，也是大学毕业生就业率最高的城市。大学毕业生收入最高的城市，也是大学毕业生收入增长最快的城市。预期寿命较高的城市，也是寿命延长增长较快的城市。每一天，穷与富两极之间的美国的风景差距越来越大。

回想一下，政府以其重要政策强化了这一趋势，因为公共研究支出所青睐的地点大体上就是在美国超级明星城市的地区。在收入最高的十个州中，有七个州在人均公共研发方面排名前十。[13] 都市统计区收入最高的前十名，甚至前二十名，在人均公共研发支出中，没有一个位于公共研发资金额度垫底的州。

房租居高不下

如果某些城市做得比其他城市好得多，那么，为什么没有更多的人搬到那里去呢？美国是一个具有高流动性历史的国家。历史上，意志坚强的先驱者为了寻找财富而开拓新边疆。今天最好的机会在哪里已经不是秘密。为什么不再是人人坐着带篷的马车赶往那些城市去呢？

毕竟，美国历史上充满了繁荣的城镇。1850 年，芝加哥有 3 万居民；到 1910 年，有 200 多万居民。然而，今天的经济繁荣不再必然导致城市人口的增长。2000 年工资水平最高的大都市地区，如旧金山、西雅图和波士顿，是全国人口增长率最低的地区，因为很多人去往了工资水平较低、生产力低下的城市。[14] 与以前相比，纽约、旧金山和圣何塞今天的人口增长率比其他城市更低一些。[15]

在旧金山这样的繁华城市，生活问题相当明显——人们生活成本最高。生活成本最高的城市名单与从知识经济中受益最大的城市名单非常相似：圣何塞、旧金山、波士顿、纽约、华盛顿特区、洛杉矶等。[16] 这种高昂的生活成本成为劳动力进城的阻碍。

这些地方的生活高成本主要不在于食物或其他服务费。在马萨诸塞州的波士顿，1/4 磅奶酪的价格顶多是全国工资最低区域的 2 倍。[17]

相反，最大的差别是住房成本。住房支出是家庭预算的最大组成部分，平均占支出的40%。[18] 在美国各个城市中，住房成本差别很大。

事实上，在前面讨论工资水平时，我们注意到，同样的差距也存在于人们为住房支付的费用中。1980年，生活在收入最高的十大城市中，家庭平均支付房价188 880美元；在所有其他城市中，家庭平均支付房价为151 050美元。到2016年，收入最高的十大城市中，家庭平均支付的房价为607 530美元，而全国的家庭平均支付房价为222 020美元。也就是说，1980年大城市的房价比1980年的其他城市的房价高出25%，到2016年已几乎高达3倍。[19]

当每个人都想搬到城市时，住房更贵似乎不足为奇。这仅仅反映了供求的基本规律。然而，繁荣城市的住房过于贵，是因为有一种区划机制干扰了住房市场，使其如野马脱缰。在整个美国，地方法规限制土地的使用，于是，无法提供满足其所需的住房供应。这意味着，随着地区的发展，越来越多的员工都在竞标有限的房源，以合理的距离居住在能够拥有好工作的城市。

在美国历史上的大部分时间里，当地的经济繁荣与本地建筑的繁荣相吻合，但这个时代已经结束了。例如，在曼哈顿，仅在1960年就允许新建住房1.3万套，几乎是20世纪90年代整个10年间批建住房总数的2/3。建造住房的费用在不同地区也有所不同。例如，在平坦的西南比丘陵地带的东北建房便宜。但与房价的巨大变化相比，这种变化很小。地方对住房建设的限制是房价变化的主要驱动因素。[20]

与英法等国的土地规划机构相比，在美国，地方政府拥有相对独立的土地使用权。这引起的问题是，现有业主有动机限制住房供应：

一方面，通过对建筑物实行限高，保持现有天际线魅力，来增加当地现有设施的价值；另一方面，为了保持高房价。

地方对土地使用施加的限制设置差别很大，从波士顿郊区大多数家园的地块最小一英亩的限制，到限高，到许多其他阶段以及昂贵的评估和环评过程。[21] 虽然这一系列限制是复杂的，但最终结果却导致业主大幅提高房价和租金。研究人员估计，在美国 1/6 的大都市地区，包括之前讨论的大部分收入最高的城区，价格至少比建筑成本高出 25%，而在洛杉矶和旧金山等市场，价格至少高出 2 倍。[22]

特别要考虑加州帕洛阿尔托的例子。这是硅谷的中心。城市及其周边地区的科技产业发展惊人，但却没有住房的存量。低矮的单户住宅占主导地位，即使成千上万的学生和年轻员工可能更喜欢小型公寓。根据 Zillow（免费提供房地产估价服务的网站）的数据，单户住宅交易的中间价为 260 万美元，租金均价从 2011 年的 3 800 美元攀升至 2017 年的 6 000 美元。[23] 尽管如此，帕洛阿尔托领导层一直专注于限制就业增长率，而不是建造更多的住房。[24] 2017 年，城市规划委员会批准将该市新办公楼的开发限制在每年不超过 5 万平方英尺，以减缓发展。[25]

另一个很好的例子是波士顿周围的郊区。环绕波士顿核心区的 128 号公路走廊长期以来一直是一批知名公司所在地，这些公司最初专注于计算机服务，最近则专注于金融服务、管理咨询和生物技术。[26] 为应对不断增长的产业集群需要，这一地区的城镇积极利用划区来保持单户住宅的导向。根据波士顿大区公平住房中心的说法，128 号公路周围的住宅开发类型把低收入者和有色人种排除在好工作场所之外，从而加剧了大都市地区的种族隔离。具体来说，划区策略，例如设定地块最小值，有助于“控制密度、保护开放空间”，但也会导致“人为抬高房价”。[27] 今天，128 号公路周围的城镇位列马萨诸塞州最昂贵的城镇。[28]

收入现在流向少数城市。但是，那些负担不起搬到这些城市来利用这些机会的人，因此被固定在落后的没有从集约经济中获益的地方。事实上，最近的一项研究估计，限制性的住房政策导致数百万员工无法参与到最具生产力的城市经济中。如果消除住房供应的障碍，更多的工人可以生活在这些生产力更高的城市；如果这种重新再分配发生在过去几十年，美国可以额外有 50% 的增速。[29]

此外，在美国，流动性已经变得两极分化十分严重。近一半的大学毕业生在 30 岁前就离开了出生地，而只有 17% 的高中辍学生离开出生地。[30] 这至少部分地反映了一个事实，即高等教育导致更高的工资和更好的能力，所以，负担得起转移到繁荣城市的成本，也意味着未来的工资增长更快。因此，社会上受教育程度最高和最低的人之间的差距越拉越大。

与此同时，生活在收入最高的城市及其周边的人们，通勤时间增长许多。[31] 在 1980 年十大城市中，5.4% 的工人不得不花一个小时或更长时间上下班，而全国这一比例为 3.8%。到 2016 年，前十个城市中有 14% 的通勤者通勤时间超过 1 小时，而全国通勤时间超过 1 小时的人不到 6%。[32] 与此同时，在旧金山，一项在公共交通附近建造高密度住房的提案遭到环保人士的反对。他们在其他的论坛上可能会主张降低碳排放。[33]

缺少资助的婴儿爱因斯坦

导致经济机会持续分化的一个因素就是融资方法的创新。我们在第四章中注意到了风投资本模式的一些限制。另一个问题是，尽管国内和国际资本市场不稳定，但风投喜欢在它们本身所在的地方投资。这自然源于他们对道德风险的担忧，初创公司的投资者只有在了解企业家并能密切监控他们时，才更渴望投资。[34]

对于投资者来说，这是一个利润最大化的策略。结果是，风投在现有的超级明星城市的早期成功导致初创资本集中在这些城市。这种集中是惊人的。在美国，25% 的风投融资集中在旧金山地区，另外 15% 的资金集中在附近的圣何塞，另有 10% 位于纽约地区，10% 在波士顿，5% 在洛杉矶。这意味着，2/3 的风投融资集中在美国的五个地方。这些地方已经是知识经济的中心。[35]

结果是，在尚未获得成功投资者的美国其他地区，其新发现得不到资助，这可能对两极分化产生长期影响。

最近的研究有个生动的例证。该研究对比了美国专利技术发明者的出生地。未来的发明家正在现有发明者集中的地方成长起来。1980 年，前二十个城市的专利率是美国其他大城市的 2.5 倍。到 2010 年，这一比率是 6 倍，也就是说，收入最高的城市也以比美国其他城市更快的速度创造新知识。[36]

这会尤其令人不安，因为它暗示了一种强大的机制，使美国劳动力市场的两极分化永久化。毫无疑问，有许多“未来的爱因斯坦”诞生于没有发明的地方。但是，如果没有机制从这些地区发现想法，也没有把这些想法发展成有价值的产品并创造就业机会和经济增长，那么生产的机会就丧失了。

经济两极分化影响到政治分化

成功的技术中心与美国那些没有跟上知识经济的地区之间的经济成果差异是惊人的。[37] 但是，美国政治制度日益扩大的地域两极分化与这种联系更为深刻。[38] 在 2016 年的选举中，希拉里·克林顿在美国 50 个受教育程度最高的地区中获得了 26% 的选票，而唐纳德·特朗普在 50 个受教育程度最低的地区中得到了 31% 的选票。[39] 结果是，教育程度高的民主党地区和教育程度较低的共和党地区很难相互对话。

特别是，不同地理区域对教育和科学的态度的差异令人不安。常规社会调查（GSS）是一个数据库，几十年来收集了各种关于公众态度的考量。[40] 这些数据没有识别城市，但它们确实确定了人口普查区域，因此我们可以检查东北部、大西洋中部和太平洋沿岸地区的大城市和其余城市在态度上的差异。

结果显示，成绩非常好的地方和全国其他地区之间存在一些显著差异。超级明星城市更有可能说，“推进知识前沿的科学研究是必要的，应该得到联邦政府的支持”，并表示国家应该花费更多的钱来支持科研。也许最重要的是，这些繁华城市的居民说，他们对美国的教育体系非常有信心。[41]

沿海大城市与全国其他地区的经济成果分化可能会进一步扩大，导致这些沿海城市成为超级明星城市的因素可能会自我延续。这些城市将加大对教育的投资，而且会得到集约化投资生态系统的支持。善于自我纠正的区域的增长差距实际上可能会继续扩大。

谁能加冕新超级明星城市？

经济活动，以及更令人着急的经济机会，越来越集中在一系列沿海地区的超级明星城市。本不必如此。要想象美国很多地方希望成为技术导向型增长的新中心，请看最近吸引亚马逊投资的竞争。

2017 年 9 月 7 日，当时美国最有价值的公司之一亚马逊惊人地宣布：除了西雅图的总部外，还将建立北美第二总部。[42] 民众对于这一消息的反应是疯狂的。来自全国各地的城市争相表示，它们是建立这个新项目中心的最佳场所。最后，来自 43 个州、哥伦比亚特区和波多黎各的 238 个城市提出申请。[43]

这些城市的规模，从堪萨斯州的劳伦斯的人口不到 10 万居民，到纽约城郊拥有 2 000 多万居民。在种族构成方面，申请者包括新罕布什尔州的曼彻斯特，90% 以上为白人，以及田纳西州的孟菲斯，近 50% 为非裔美国人。亚马逊的追求者也涵盖了方方面面的政治偏好，从加州奥克兰，在 2016 年总统大选中，78% 的选民支持民主党的希拉里 · 克林顿，到佛罗里达州彭萨科拉，同一次总统竞选中 64% 的选民支持共和党的唐纳德·特朗普。

所有这些不同的城市有什么共同点呢？它们希望亚马逊的入驻能带来经济增长的机会，以及相关的就业机会。[44]

2018年1月18日，亚马逊公布了20名入围者。入围者的分布几乎与投标者的分布一样广泛。其中包括：政治自由派的海滨城市，如波士顿、费城、洛杉矶、纽约和华盛顿特区附近的三个城市；奥斯汀和匹兹堡等新兴科技轴心；大学城，例如俄亥俄州的哥伦布和北卡罗来纳州的罗利市；以及有良好学术基础和低成本生活的地区，如田纳西州的纳什维尔。[45]

每位入围者都可以根据有关其位置的客观事实提出令人信服的理由，亚特兰大有众多的学院和世界级的机场，丹佛有受欢迎的千禧一代，迈阿密有与拉丁美洲的连接点，费城有居中位置和低成本生活，多伦多有人工智能前沿研究和谷歌重大的投资。[46]当然，还有税收减免。细节通常不公开，但现有数据显示，新泽西州提供了70多亿美元的税收减免，[47]马里兰州提供了30多亿美元的税收减免和赠款，以及20亿美元的交通升级承诺。[48]

亚马逊面临的问题是：它应该选择一个现有的超级明星沿海城市吗？这些城市具有以新技术为核心的充满活力和快速增长的经济的优势，以及一些美国最有才华、受过良好教育的员工，但长途通勤和高房价却是其劣势。亚马逊这样的公司应该创造一个新的超级明星城市吗？

我们最近了解到了答案，答案是否定的。2018年11月12日，亚马逊宣布，将其新的第二总部拆分到两个超级明星城市：纽约市和华盛顿特区。严格地说，亚马逊也在北弗吉尼亚投资，但这是华盛顿特区经济区的很大一部分。亚马逊的决定进一步证实，集约经济正导致超级明星城市继续与全国其他地区产生分化。事实上，在2007—2016年间，仅这两个城市就占了美国商业机构净增长的一半左右。[49]正如一位专家所说，“我们甚至天真地提问，它也可以去一个不同的中西部中心地带。可是，真的没有替代方案”。[50]

如果我们要为一些超级明星新城加冕，公共部门将需要发挥更大的作用。

超级明星城市是怎么形成的?

我们已经讨论了美国的经济活动和创新向少数超级明星城市迁移的情况，这是知识经济所固有的集约结果。某些城市注定要成为超级明星城市的原因是什么?

也许一些城市成为超级明星城市的最重要的原因是拥有高技能的劳动力，尤其是受过高等教育的劳动力。毫无疑问，自1980年以来，经济表现最好的城市是那些拥有大学学位的人口比例很高的城市。[51]今天，美国收入水平最高的十大都市区中39%或以上的成人人口拥有大学学位。[52]

然而，根据这个标准，还有许多其他美国城市可以成为超级明星城市。其他30个大城市至少39%的人口拥有大学学位。这些大都市区位于25个不同的州。以任何合理的标准，很多地方都有足够多的受过高等教育的人。

此外，虽然超级明星城市的优秀大学世界著名，包括加州大学伯克利分校、斯坦福大学、哈佛大学、麻省理工学院等，但是，美国各地不乏优秀大学。

作为国家科学、工程和医学科学院的研究部门，国家科研委员会提供的理科博士教育质量排名提供了证据。[53]毫不奇怪，在十个超级明星城市中，顶尖的博士教育非常集中：大约13%的最好的项目都在那里。但这意味着，美国其他地方还有几十个顶级项目。其他75个城市有排名前二十的博士教育！

高质量的本科院校分布更广。衡量本科生素质的一个标准是学生是否继续读研，特别是考入排名靠前的研究生院的比例。近80%的博士生和近75%的二十强研究生院的生源来自非大都市区超级明星城市的本科学校。[54]学生可以明确地从超级明星区以外的各个城市择校，以获得一流的科学教育。

如果这么多城市至少具备成为超级明星城市的资格，为什么真正成为的却相对较少呢？从当今两个最著名的科技轴心来看，不能预先确定哪些城市可以成为超级明星城市，或者哪些城市不能成为超级明星城市。40年前，马萨诸塞州坎布里奇的肯德尔广场和华盛顿州的西雅图都不是超级明星城市的明确选择。[55]

肯德尔广场：世界生物技术中心

肯德尔广场位于坎布里奇的东翼，从南北战争时期直到20世纪上半叶都是工业中心。从望远镜镜头到肥皂，再到曾经著名的新英格兰糖果威化饼，都产生于这一地区。[56]

然而，到 20 世纪 40 年代中期，随着企业外迁去寻找更便宜的劳动力，这些工厂开始关闭。当坎布里奇最大的雇主，肥皂制造商勒弗兄弟在 1959 年决定离开时，坎布里奇的工业彻底衰落。麻省理工学院规划办公室主任罗伯特·西哈说："肯德尔广场是一个 19 世纪垂死挣扎的地区，公司正在滑坡，人们正在失去工作，这个城市正在失去收入。剩下的少数工厂，如硫化橡胶厂，有异味，污染了空气。"[57]

该镇向肯德尔广场留下来的著名"居民"麻省理工学院求助。1960 年，麻省理工学院校长宣布，该大学将购买前勒弗兄弟的厂址，并将其开发为绰号"技术广场"的写字楼区。[58]

似乎有一个理想的租户：NASA。约翰·肯尼迪总统及其有影响力的兄弟参议员特德·肯尼迪都敦促 NASA 考虑他们的家乡，特别是在肯德尔广场，建立一个拟议中的科学园区，旨在开发载人航天的新电子系统和其他项目。[59] 电子研究中心（ERC）于 1964 年在肯德尔广场成立。但这只是暂时的喘息，由于预算削减，尼克松总统在 1970 年关闭了该电子研究中心。[60]

肯德尔广场的衰落仍在继续。在 20 世纪 70 年代，坎布里奇镇继续努力规划，但是未能就这个"绝望广场"的定位达成共识。1950—1980 年，居住在肯德尔广场地区的劳动适龄人口从 4 200 人减少到 2 500 人。

但是，肯德尔广场正在播下重生的种子。麻省理工学院未来的诺贝尔奖获得者菲利普·夏普教授最初在日内瓦创立了一家基于重组 DNA 技术的企业。[61] 随后，他希望公司尽可能地接近他的实验室，所以在 1982 年，他把公司搬到了坎布里奇宾尼街的一座小工厂，创立了渤健公司。这不是一个显而易见的选择。据一位 20 世纪 90 年代初的博士后研究员说："我记得菲利普·夏普实验室的一名研究生在距离我们工作的地方不超过四五个街区的街道上遭到袭击，被刀刺伤。"[62]

尽管如此，渤健还是发展得很好。在接下来的十年里，其他公司也纷纷效仿，一个生物技术中心的种子诞生了。健赞（Genzyme）公司于 1990 年将其总部从波士顿迁至坎布里奇，千禧制药于 1993 年在坎布里奇成立，安进（Amgen）公司于 2001 年成立。

很自然，名为"比格制药"的这家老牌公司不想被排除在这个快速增长的中心之外。比格制药公司生产的许多领先药物都获得过专利，而且没有其他可以替代的药物。企业家蒂姆·罗问道："那么当鹅停止下金蛋时该怎么办呢？你必须去有新鹅生活的地方。"[63]

2003 年，瑞士制药商诺华（Novartis）将新英格兰糖果威化饼的制造设施重新用于制造，从而创建了一个尖端的制药研究中心。诺华拥有 2 000 多名员工，现在是坎布里奇最大的雇主。其他巨头，如辉瑞、阿斯利康、安根和百特，近年来都相继开设了各自的肯德尔广场研究中心。[64]

这种地域的集中反映了制药部门对临近优势的日益重视。"15 年前，制药公司不希望其员工与其他科学家交谈。那个时代过去了。"总部设在波士顿的古迪·克兰西（Goody Clancy）是一家受托研究肯德尔广场的建筑和城市规划公司，其负责人大卫·迪克森说，"现在他们想互相交谈。他们参加论坛，在午餐和下班后见面交流想法，他们可以这样做，因为他们亲密地聚集在一起”。[65]

具有讽刺意味的是，生物技术领域的这一成功已经扩展到了其他高科技领域，而坎布里奇以前似乎落后于硅谷或西雅图。亚马逊、谷歌和微软的新研究中心如今已是肯德尔广场的核心，有数百家初创公司在此落户，专注于从事信息技术或清洁能源等新技术。仅在肯德尔广场地区，就有超过 140 亿美元的风险投资。[66]

到 2010 年，肯德尔广场地区的劳动适龄人口数量超过了 1950 年的峰值，如今有 6 200 名处于工作年龄的居民。土地所有者，正如你们所期望的，效益非常好：仅从 2000—2016 年，坎布里奇东区的房价均值从 33.8 万美元上升到 58.6 万美元。[67]

西雅图与阿尔伯克基的对比

微软作为技术开发中心的崛起与西雅图密切相关，但实际上，它差一点就在新墨西哥州的阿尔伯克基建立其全球品牌。微软的第一个客户在阿尔伯克基，而这家崭露头角的软件公司也是在这里诞生并繁荣起来的，它足以让其合伙创始人之一比尔·盖茨从哈佛退学，全身心地投入企业中。到 1978 年，公司的收入已经超过 100 万美元，全职员工只有 13 人。

盖茨和他的合伙创始人保罗·艾伦想家了，那是华盛顿州的西雅图。因此，在 1979 年元旦，他们把总部搬到了西雅图。当时西雅图的经济严重依赖老式的制造业和木材。成千上万的人离开了，生活质量在下降。就在微软采取行动的几年之前，《经济学人》将西雅图称为“绝望之城”，并写道：“西雅图已成为一个庞大的典当行，家庭正在出售任何他们可以变卖的东西，以便换钱来买食物和付房租。事实上，机场附近出现了一个巨大的广告牌，上面写着：‘最后一个离开西雅图的人，请关灯好吗？’”

至少在理论上，阿尔伯克基在1979年是一个更有前途的地方。受过大学教育的人口比例仅比西雅图低5%，平均工资也差不多。西雅图的人均抢劫案实际上比阿尔伯克基多50%。凭借其优越的天气和著名的桑迪亚国家实验室，阿尔伯克基更有潜力成为一个新的技术中心。

家的召唤胜过了这些因素。微软向西北方向移动，西雅图的高科技热潮随之而来。微软的存在和快速增长使西雅图对其他高科技公司更具吸引力。

1994年，亚马逊的创始人杰夫·贝佐斯坐进一辆汽车，从纽约开车一路向西，驶向他作为互联网零售商的新生活。他选择的目的地不是他的家乡阿尔伯克基，而是一个与他没有个人关系的地方：西雅图。此时，西雅图是高科技活动的磁石，拥有更多有才华的科技员工。它还拥有大量的风投资本，亚马逊的最早融资就是来自西雅图的风投。

尽管最初条件极其相似，但两个城市的发展道路却发生了根本分歧。1980—2016年，西雅图的工人平均收入实际增长了37%，而阿尔伯克基的人均收入仅增长了7%。如今，西雅图受过大学教育的人口比例比阿尔伯克基高45%。阿尔伯克基的犯罪率现在比西雅图高，谋杀率比西雅图高两倍多。[69]不难想象，如果事情不同，《绝命毒师》中的沃尔特·怀特会在西雅图从高中教师成为毒品大王，而不是阿尔伯克基。

州府政策跑向谷底

超级明星城市与全国其他地方之间巨大的地理差异毫不奇怪地引起了当地决策者的注意。他们并没有任凭这些差距自由发展。州和地方都在积极地努力发展，试图扩大本地好工作的份额。各地的决策者非常了解肯德尔广场和西雅图等地的故事。他们希望打造下一个超级明星城市。但是，他们重新分配馅饼的努力往往是杀敌一千，自损八百，最终让公司从纳税人的口袋里掏钱致富。

州和地方在争取经济增长时采用的策略是减免企业税务。衡量这些税收减免的规模是复杂的，但是，作为研究地区经济的主流智库之一，无党派的厄普·约翰研究所的研究人员揭示了这些减税措施，每年加起来超过 450 亿美元。这相当于美国企业利润的 1.42%，或州和地方政府实际征收营业税平均金额的 30%。[70]

好工作优先网站（Goodjobsfirst.org）跟踪这些数据，并报告各州政府对特别大额税收减免的成本。其中包括波音公司在 2003 年减税交易 32 亿美元之后，2013 年留在华盛顿州的 87 亿美元减税交易，以及 2007 年美铝留在纽约州的 56 亿美元减税交易。自 21 世纪初以来，已有 27 笔减税交易，每笔交易额度超过 10 亿美元，而且步伐还在加快。其中有 19 笔是在 2010 年以后。

近期最引人注目的例子是富士康向威斯康星州迁移的安排。这家台湾制造商曾表示，它正考虑在 2017 年 1 月于美国建立一家大型新工厂。其创始人曾表示，“需要激励来实现这一目标”。[71] 据报道，威斯康星州击败了其他 6 个州——印第安纳州、北卡罗来纳州、俄亥俄州、得克萨斯州、宾夕法尼亚州和纽约州——谋求富士康的工厂入驻。[72]

2017 年 7 月，富士康同意在威斯康星州建立一家价值 100 亿美元的工厂，生产消费类电子产品。[73] 奖励是丰厚的赏金，包括 30 亿美元的州府税收减免，外加 7.53 亿美元的税收优惠，包括从建厂的地区购买土地，并免费交给富士康，投入 4 亿美元用于道路改善，并将耗资 1.4 亿美元升级当地的电力系统。[74] 根据威斯康星州自己的估计，该州至少需要到 2043 年才能收回这一巨大的投入。[75]

这些税收减免对威斯康星州的公民来说是一个不错的交易吗？这取决于问题的两个答案。第一，即使没有减税，这些公司因为什么原因会到此地入驻？毕竟，如果一家公司无论如何都要来到一个城市，而这个城市给了这家公司减税，那么税收减免并没有创造就业，只是降低了税收。如果富士康已经决定来到威斯康星州，那么州政府所做的只是将大量应该交给公民的税收转赠了。第二，如果减税政策真的吸引企业到一个地方，那是否真的能导致经济发展显著增加？

一方面，企业对此类税收减免并不十分敏感，至少与决定企业所在地决策的所有其他因素相比是如此。例如，最近一项有关得克萨斯州税收减免的研究发现，大约 85%~90% 的重大税收减免项目无论如何都会建在该州。[76]

另一方面，当企业在一个地区定居时，它们确实提供了强大的经济效益。一项特别有趣的研究比较了那些赢得竞争的城市，引进了新的制造工厂。与其他入围后落选的城市相比，他们发现，获胜的城市通过赢得竞争，增长更快，也提高了现有公司的生产率。换句话说，有了新公司，原有的公司也在提高生产效率。这是我们前面讨论的集约效应令人信服的证据：在一个地区开展更具生产率的项目会促进周围的企业更高效。[77]

因此，各州面临着权衡。新企业带来的就业机会和更高的生产率将提高州税基础，这样即使税率较低，州政府也能获得等量的财政收入。但是，如果税收减免过大，损失将超过引进新企业的利益。各州最终是站在了权衡哪一方是正确的，哪一方是错误的问题之上，这是一个有争议的问题，而且没有明确的答案。

但显而易见的是，虽然从具体领域来看，这些减税措施可能是或可能不是一笔好交易，但从整个美国的角度来看，这些减税措施是一个可怕的交易。这是因为，不管怎样，各州争夺的那些工厂终归都会落户美国。因此，当一家工厂选择一个城市而不是另一个城市时，美国不会获得额外的就业机会，不管怎样，这些都将是美国的工作。富士康计划在美国建厂，它只是必须选择在那里行动。亚马逊的 20 名入围者中有 19 个在美国，因此，无论向该公司提供的税收减免规模如何，这些工作最终都将落在美国。

从国家的角度来看，税收政策之争是一场零和博弈。有一组企业正在选择位置，如果这些企业选择一个位置，它们就不会选择另一个位置。一路走来，这场竞赛已经把大量的资源从州和地方纳税人的口袋里转移到能够赢得竞争的公司和股东的手中。

我们为什么要关心呢？因为州和地方税收是资助其居民公共支出需求所必需的。[78] 当然，当新企业入驻时，这些支出需求不会减少。事实上，随着更多的人口和新企业的入驻，需要更多的学校、更好的道路和更好的治安，所有这些资金都是州和地方各级政府的财政负担，这些财政负担有可能会增大。

当一个城市赢得与另一个城市的竞争时，美国的州和地方税收总额就会下降。州政府的政策在为该州带来净收益方面可能有得有失，但是国家显然有损失。

当然，一个地点可能比其他位置更适合新公司运营。换句话说，新项目、办公室和制造厂的集约效益因地而异。随机选择新工厂或企业的地点从来都是毫无经济意义的。从理论上讲，州竞争可以揭示工厂的最佳地点定位。从工厂获得最大收益的州可能会提供最好的减税交易。作为回报，工厂将选择在最好的地方。这就是竞争的魔力。

另外，这种破坏性的税收竞争也造成巨大损失。当地社区或许获得了更大的纳税人基数，但整个国家却因将税收转移给富有的公司而蒙受损失。我们需要利用州一级竞争的促进方式，但是也要以富有成效的、正数的方式去推进。这样，我们就可以在联邦政府实施的以地区为政策基础的丰富的美国传统上再接再厉。

美国以地区为政策基础的历史

哪些城市可以成为超级明星城市不是先天注定的。一个多世纪以来，一些最繁荣和最具活力的城市，如纽约，一直是领先的区域。而另一些城市，如西雅图，在 40 年前则默默无闻。

不同的是，今天表现最好的新城市似乎没有像美国早期历史上那样有机地出现。正如本章的证据讨论所表明的，我们不再是一个趋同的国家，表现自然良好的地区会倒退，新地域会出现。相反，我们已成为一个分化的国家，一些大城市做得更好，也比所有其他地方都好。集约的吸引力、知识经济、人才聚集形成了向心力，推动经济活动向现有的超级明星城市发展。

扭转美国各地的巨大分化需要积极的联邦政策。这既不是一个激进的概念，也不是一个新概念。联邦政策几百年来一直偏袒或嫌弃某些地区，深刻地影响了我们国家的形态。再来看看我们国家首都选址的决定。[79] 到 18 世纪 80 年代后期，费城似乎注定要成为我们国家的首都。但 1790 年的妥协反而将首都迁至欠发达的波托马克盆地的哥伦比亚特区，以换取来自南方的代表默许联邦政府承担一些州债的责任。今天，华盛顿特区的平均收入在美国所有城市中排名第四，在很大程度上得益于政府高薪的工作，而费城排名第十六。这只是联邦政府的许多决定中的一个。我们在这里只概述其中的几项决定，但这些决定对美国的区域增长模式产生了深远的影响。

赠地大学：建设美国的高等教育

1862 年的《莫里尔法案》授予每个州一块联邦土地，以建立一所大学。这些赠地大学要成为农业和机械技术的教学中心。[80] 法律没有具体说明如何分配这些土地，这由州立法机构确定。因此，每个州的赠地大学都受到当地政治气候的严重影响。

例如，缅因州对《莫里尔法案》反应迅速，州议会于 1863 年初首次讨论该法案的条款。州长阿布纳·柯本支持将补助金发放给一个现有的学院，因此任命了一个委员会来审议这些选择。作为回应，鲍登学院的校长申请成为缅因州的赠地大学，并以财政方面的理由提交给州政府，承诺鲍登学院接受土地补助后，不需要州财政的任何额外支出。鲍登学院的提议得到了委员会的支持，但遭到农民的反对，他们赞成建立一个独立的学院机构。《缅因农民报》（*Maine Farmer*）的编辑埃泽吉尔·福尔摩斯呼吁人们保持农村社区的人才，并保持农业科学的重要性。于是，鲍登学院的计划被否决，取而代之的是缅因农业和机械技术学院，现为缅因大学，成立于 1865 年。[81]

这成为州立法机构的一个共同主题：来自农村地区的代表赞成建立独立的学院机构，而来自城区的代表则赞成与现有的教育机构建立伙伴关系。这些政治决定虽然在当时似乎过于武断，但对赠地大学周边地区产生了长期的经济影响。一项研究发现，80 年后，赠地大学的决定使当地人口密度增加了 45%，在赠地大学周边地区，每个工人的制造产能增加了 57%。[82] 另一项研究发现，在 1990 年，拥有赠地大学的地方拥有更多的高学历人口。所有工人的工资都更高，而不仅仅是大学毕业生。[83]

田纳西河谷管理局：建设南方能源基础设施

也许20世纪联邦政府明确的以地区为政策基础促进区域发展的最佳例子是成立于1933年的田纳西河谷管理局。作为新政的一部分，田纳西河谷管理局的成立是为了使美国遭受大萧条打击特别严重的地区实现现代化和工业化。事实上，在1930年，在田纳西河谷管理局的控制之前，该地区平均制造业工资比全国其他地区低33%，平均的农业价值低33%，房屋均值比全国其他地区低27%。田纳西河谷管理局成立的使命是改善该地区的航行、泄洪和发电，其间接作用是振兴当地经济，成为示范的发展项目。[84] 1950—1955年，达到顶峰时，该地区每年获得巨额补贴，相当于当地经济总量的1/10。但到1960年，补贴已经不复存在。整个期间，该项目的总支出，约为300亿美元（以今天的美元计算）。[85]

这项支出的结果是对田纳西河谷的辐射范围内进行了彻底改造，包括田纳西州的大部分地区和附近许多州。在支出期间，这一区域的各类工业增长比全国同类行业增长快得多。即使在支出结束数年后，这一区域的制造业增长也远高于可比的地区。这个大推动创造了一个持续集约的经济体，使这个以前落后的地区取得了长期的经济成功。[86]如今，田纳西河谷管理局每年创造119亿美元的经济影响，并支持13万个就业机会。[87]

田纳西河谷管理局的政治成功是持久的。巴里·戈德沃特在接受

《星期六晚报》采访时，曾提出过臭名昭著的建议：出售田纳西河谷管理局。时任总统林登·约翰逊在1964年竞选连任时在电视广告中用这一条来批评戈德沃特。[88] 2013年，奥巴马总统提议将田纳西河谷管理局私有化，但同时遭到来自两边的政治反对。[89]

尽管田纳西河谷管理局在经济上和政治上都取得了成功，但它仍然地位独特，没有任何其他联邦权威正在控制水资源如此广泛的区域。早期的支持者认为田纳西河谷管理局只是美国多个河谷管理局中的一个。1937年提出的一项法案是拟在全国不同地区增设7个河谷管理局，到1945年国会提出设立新的河谷管理局之前，还有10项相关的法案。但这些法案都没有通过。部分原因是第二次世界大战后，国内的发展重点从民用项目转移到了军用项目。[90] 艾森豪威尔总统注意到了田纳西河谷管理局的成功以及其他地方缺乏可比的投资资金的问题。他在1954年写给田纳西州州长的一封信中指出，“现在是其他地区获得同样机会的时候了”。[91]

与那些没有获得更多河谷管理局的地区相比，田纳西河谷管理局对当地经济具有变革性。1940—2000年，与提议建立类似机构但从未建立的地区相比，田纳西河谷地区制造业就业的长期增长率估计为5.3%，其家庭收入均值则高出其他地区2.5%。[92]

军事基地：扩散战后的财富

战后，美国各地区就业和收入增长的一个重要驱动因素是军事基地的设置。国家立法机构最近审查了大量研究，这些研究表明，拥有军事基地给社区带来了经济利益。[93] 例如，2015 年，北卡罗来纳州的军事设施提供了 57.8 万个就业机会、340 亿美元的个人收入和 660 亿美元的州生产总值。这大约相当于该州整体经济的 10%。据估计，特定军事基地拥有较广的本地足迹。例如，2013 年在加利福尼亚州棕榈谷 29 号海军陆战队空降兵作战中心进行的一项研究表明，该中心是莫隆戈盆地的主要经济驱动力，也是该地区最大的雇主之一，每年大约贡献了 17 亿美元给当地经济。该军事基地为盆地提供了 2.43 万个工作岗位，占该地区所有就业人数的近 77%，估计占该地区经济活动的 62%。

尽管这些地点的经济影响过大，但其实最初选择军事基地的决策往往是基于政治宣传，而不是经济影响。但不可否认的是，联邦政府长期以来一直在做出推动经济增长的决策，[94] 而军事基地对当地经济的巨大推动，属于"并不意外"的"副产品"。

例如，位于蒙大拿州大瀑布的马尔姆斯特伦空军基地的存在归功于当地的宣传。为了应对第二次世界大战在欧洲的爆发，大瀑布商会于 1939 年联系了蒙大拿州的两位参议员，要求考虑在大瀑布附近建立一个军事基地。[95] 同样，在 1939 年，大瀑布机场委员会呼吁战时部长哈里·伍德林在现有的大瀑布市机场驻扎一个空军单位。[96] 新基地的建造始于 1942 年，大瀑布军事基地，现为马尔姆斯特伦空军基地，于当年晚些时候启用。基地的建设为当地人带来了回报：每年对经济的效益影响估计为 3.6 亿美元。[97]

总之，联邦政府实施以地区为政策基础的想法既不是新的，也不是激进的。两个多世纪以来，有利于地方的联邦政策对美国各地的经济增长模式产生了巨大影响。

然而，最近的一项审查显示，并非所有以地区为政策基础的联邦政策都得到了回报，[98]特别是阿巴拉契亚地区委员会1965年制定的一个再分配项目，旨在为美国欠发达地区铺设公路。20世纪70年代这些地区的短暂增长与这个项目有关，但这种情况并未持续很久。这方面的国际证据也是好坏参半。[99]项目审查的结论是，简单地花钱，而不是采取专注于特定地方的具有高回报的干预措施，是一种无效的战略。

你要去的地方

经济活动集中在美国的一些有限的地方不是注定的。许多地域拥有受过良好教育的人口、强大的教育机构以及充满活力的本地经济潜力，都有可能成为以技术为基础的经济增长战略的新中心。[100]此外，这些城市居民的生活质量也很高，与当今的超级明星城市相比，通勤时间更短，住房价格更实惠。为了说明这一点，我们收集了美国主要都市区各种生活指标的数据（对于主要都市区的定义是至少有5万居民的城市及相邻的通勤区）。

根据定义，美国有378个毗连的主要都市统计区。[101]对于其中每一个都市统计区，我们采集了亚马逊等公司或政府可能用来确定未来技术中心位置的三类标准信息。

一是有足够的工人来填补未来的工作。留住和吸引工人并非易事，它需要多样化的工作机会，大量单身人士的约会平台，以及足够的人口来支持餐饮业和文化活动设施。都市区的规模不必像纽约或波士顿那么大，但是，如果没有至少数以万计的当地居民，新地区就不可能吸引和留住所需的劳动力。

二是技能和创业精神的高质量基础。这是结合教育成效来创造当今技术中心的要素，通常以拥有大学学位的人口比例和人均专利数量来衡量。但历史告诉我们，一个成功的技术中心也需要高质量的大学基础。大学是第二次世界大战后美国创新增长的中心。我们需要保持在大学教育中的领导地位，并更有效地将大学融入商界。斯坦福大学和硅谷的关系，或麻省理工学院和肯德尔广场生物技术中心之间的关系，已成为典范。当然，一流大学可以创建，我们已经看到好多美国教育机构的理工教育在过去 30 年的显著改进。[102] 话虽如此，在评价城市作为潜在技术中心方面，一个自然的起点是它们现有的大学的理工教育质量。

三是生活质量。现有超级明星城市面临的第一个问题是房地产限制，这些限制使房价飞涨。第二个问题是工人上班需要很长时间，通勤时长使人很不快乐。[103] 第三个问题是生活质量的一个关键决定性因素——安全，因为无须赘说，犯罪活动频繁的地区不是理想的栖居地。

综上所述，鉴于当今美国超级明星城市的集中，我们得出了一个或许令人惊讶的结论：有庞大的城市规模，拥有高学历的创业人口，拥有实力雄厚的教育机构和良好的生活质量——具备这些条件的都市统计区或组合将有可能成为重启美国经济的新引擎。

宾夕法尼亚州的匹兹堡就是一个很好的例子。在这个拥有 230 万

25~64 岁人口的城市：25 岁以上的人中有 35% 受过大学教育，拥有高学历；有创业精神，平均每个工人拥有 0.4 项专利，是全国的 2 倍多；有优秀的学校，有 14 个排名前二十的学科，每年平均有 100 多名本科生参加顶尖的博士课程；低房价，平均 18.3 万美元，低于典型的都市统计区；犯罪率低，每 1 万人有 29 起暴力犯罪，比全国均值低 10% 左右。然而，匹兹堡的一个缺点是许多人不得不忍受长途通勤，只有 60% 的人上下班耗时不到半小时，而全国均值为 72%。

为了更系统地比较美国的各区域，此处，我们利用数据描述法来创建一个技术中心索引系统（THIS）。本书末尾的附录更详细地描述了技术中心索引系统、数据源和数据构成，并介绍了关键数据。我们通过三个步骤创建了这个索引。

首先，我们列出了美国的经济区，其中包括通常的都市统计区，以及各个都市统计区的组合，可以合理地集中力量构建一个技术中心。为此，我们汇集了都市统计区内的一小时车程圈，（a）每个区域本身太小，但是组合起来就是一个相当大的枢纽，或者（b）这些区域是互补的，例如，因为一个区域人口众多，而另一个区域有一所优秀的大学。

其次，从这份美国单个的 / 合并的都市统计区的全部列表中，我们只选择了那些符合以下三个标准的经济领域：足够多的工作年龄人口，至少 10 万人年龄在 25~64 岁之间；受过足够良好的教育，至少有 25% 的大学毕业生数量；相对温和的房价，平均房价低于 26.5 万美元。最后，我们对这些地方进行排序，对三类标准分别给予 1/3 的权重。

A. 地方规模：25~64 岁的人口统计。

B. 教育 / 创新，以下各占此类的 1/4 权重：1. 大学毕业生百分比；2. 顶尖理科研究生学科数量；3. 继续攻读顶尖理科研究生课程的本科生人数；4. 每个工人的平均专利数。

C. 生活方式，以下各占此类的 1/3 权重：1. 房价；2. 犯罪率；3. 通勤时间。[104]

这样做产生了遍布美国的 102 个潜在的技术中心，因为有些中心区是由都市统计区合并而成的，所以包括了 130 个城市。这些技术中心分布在 36 个不同的州，分布于全国所有地区：[105]

- 新英格兰：马萨诸塞州；
- 大西洋中部：新泽西州、纽约州和宾夕法尼亚州；
- 南大西洋：佛罗里达州、佐治亚州、北卡罗来纳州、南卡罗来纳州、弗吉尼亚州和西弗吉尼亚州；
- 中东部：伊利诺伊州、印第安纳州、密歇根州、俄亥俄州和威斯康星州；
- 中西部：艾奥瓦州、堪萨斯州、明尼苏达州、密苏里州、内布拉斯加州、北达科他州和南达科他州；
- 中东部：亚拉巴马州、肯塔基州、密西西比州和田纳西州；
- 中西部：阿肯色州、路易斯安那州、俄克拉何马州和得克萨斯州；
- 山区：亚利桑那州、爱达荷州、新墨西哥州和犹他州；
- 太平洋：俄勒冈州和华盛顿州。

我们名单上唯一没有的州要么人口相对较少，要么受教育程度较低，要么住房价格高，要么不止一个要素不符合准入门槛。包括在内的 36 个州中，21 个州中至少有 3 个潜在的研究中心全部或部分位于其州：佛罗里达州、密歇根州和俄亥俄州有 7 个；亚拉巴马州和印第安纳州有 6 个；佐治亚州、密苏里州、纽约州、北卡罗来纳州、宾夕法尼亚州、田纳西州和得克萨斯州有 5 个。

名列榜首的是纽约州的罗切斯特。在几乎所有的标准上，它都位于或接近城市排名的前 1/4，包括平均每个工人拥有的专利数全国排名第三，参加顶级科学课程的本科生全国排名第十二，经济适用房全国排名第十九。排名前十的地方大多位于东北部和中西部的工业区。特别是纽约州，罗切斯特排在第一位，锡拉丘兹 / 乌蒂卡 – 罗马排在第三位，宾汉姆顿 / 伊萨卡排在第八位。俄亥俄州的哥伦布排在第四位，克利夫兰 – 埃利亚排在第六位，辛辛那提排在第九位。宾夕法尼亚州的匹兹堡排在第二位。伊利诺伊州的布卢明顿 / 香槟 – 厄巴纳排在第五位。印第安纳州的印第安纳波利斯 – 卡梅尔 – 安德森 / 拉斐特 – 西拉斐特排在第十位。艾奥瓦州的艾梅斯 / 德斯・梅因 – 西德斯・梅因排在第七位。接下来的十个排名，扩大了地理范围，包括佐治亚州的亚特兰大 – 桑迪斯普林斯 – 罗斯韦尔排在第十三位。密歇根州的大急流城 – 怀俄明排在第十一位，密苏里州的圣路易斯排在第十二位。得克萨斯州的达拉斯 – 沃斯堡 – 阿灵顿排在第十七位。威斯康星州的阿普尔顿 / 绿湾 / 奥什科什 – 尼娜排在第十八位。然后，该列表进一步扩展，以包括上面列出的所有区域。

验证我们评估的效度是将其与其他评估者对这些领域的商务增长

潜力的看法进行比较。我们研究了两个不同组织的数据，它们通过都市统计区跟踪经济发展。尽管二者都没有关注在哪里可以建立技术中心的确切问题。考夫曼企业家成长指数为美国四十大都市统计区提供了一系列关于创业环境的指标，如创业增长率和小企业活动。[106]《选址》（*Site Selection*）杂志报道了“企业设施投资项目”数量前十的城市的三级规模：人口超过 100 万；20 万到 100 万人；居民少于 20 万。[107]

我们的列表与考夫曼基金会或《选址》的列表不完全匹配，但重叠性很强。我们的前 25 名中有 10 个也位列考夫曼基金会企业增长点排名的前四十名中。我们的前 25 名中有 10 个也出现在《选址》认可的 32 个城市中，被认定为 2017 年新项目最多的城市。

需要说明的是，这只是处理数据的一种方式。我们绝不是说从这个名单上消失的城市不能成为技术中心，或者这个名单上的城市会自动成为好的技术中心。该指数的每个要素都随时间、适当的政府政策和适当的投资而改变。

例如，在我们的完整清单中，分布在山区或太平洋地区的技术中心相对较少，反映出这些地区缺乏传统上被高度评价的科学教育和人口分布。但之前讨论的美国历史表明，这些地方也可以建立高质量的教育机构。斯坦福大学，如今科学和创新的“配电室”，长期以来被认为是一个不那么令人印象深刻的机构。[108]圣何塞地区的战后科技热潮帮助了这所大学，拥有大片的土地，并为它的校友创造了巨大的机会。慈善事业和精明的招聘帮助斯坦福大学达到其卓越地位。今天，美国许多学校都渴望步其后尘。

我们的技术中心索引系统清单旨在说明大力推进科学的地理可能

性。这 130 个城市拥有超过 8 000 万美国人居住。固定和注定的超级明星城市的想法不符合美国历史，也不符合今天的数据。

是时候给一些超级新星加冕

美国与许多国际竞争对手相比的主要优势之一是美国的规模。我们拥有数十个人才集中的地方，可以转变为研发中心。然而，我们最终将私营和公共研发集中在少数失衡的城市，让我们这个幅员辽阔的国家很大部分无人代表。

在美国现有的超级城市之外，有许多地方可以培育以研究为主导的经济增长中心。对亚马逊的竞标是本地明智之选，但是却造成全国的浪费。各州对现有公司的税收减免竞争表明，很多地方都准备采取下一步行动。但是，虽然技术经济的集约力量继续青睐富裕的沿海特大城市，但将它们自然地推入超级巨星等级的融合力量根本不存在。把成功推广到美国更广大地区是完全可行的，但还需要一个快速的启动时机。

第七章

创新支持增长

美国人通常认为，发明是他们国家的竞争优势之一。他们明白发明是经济增长的强大引擎。然而，令人惊讶的是，发明很少得到产品制造商、大学或政府的直接关注或资助。

——内森·迈尔沃尔德，美国专利的五大所有者之一，智力风险投资公司联合创始人[1]

美国科学研究、技术发展和经济增长的历史给了我们三条重要经验。首先，由政府资助的项目，例如曼哈顿项目、原子能委员会、美国国立卫生研究院、国家科学基金会、国防部高级研究计划局和阿波罗计划，承担了私营企业不愿解决或不能解决的任务。

其次，这些项目创新了技术，促进了增长，并为数百万美国人创造了良好的就业机会。美国之所以成为世界上无可争议的创新领导者，很大程度上是由于这些努力。过去半个世纪或更长时间，我们获得的几乎所有的重大技术突破，包括计算机、医疗保健或交通领域的私营企业，都源于这些公共投资。

最后，公共研发的戏剧化和高影响力的激增，在大多数情况下是无法持续的。这些计划的经济基础是令人信服的，但政治支持会迅速减少。科学经费一再被视为过高并主要偏向于相对少数受过高等教育的人。

美国现在面临的问题与1941年或1957年的问题大不相同。当时，德国的原子弹和苏联的导弹相关的研发工作构成了非常现实的生存威胁。在这两种情况下，美国人的恐惧可能被夸大了。但鉴于掌握的信息，以及当时美国敌人的强大的科学基础设施，决策者有充分的理由感到恐惧。德国研制了能够发射致命炸药的远程火箭，苏联发射了第一颗人造卫星。大量投资于美国技术，以及相应扩大教育的机会，作为当时的国家安全对策而言，具有重大意义。具有讽刺意味的是，其对整体经济的强劲推动只是副产品。

今天，我们再次面临严重的外部竞争。欧洲、日本，特别是中国在科技领域的投资不断增加。因此，世界其他国家正在"威胁"要抹去我们在技术创造方面70余年的领先优势。而且在某些情况下已经这样做了。然而，我们更严重的问题是内部问题。我们过去几十年的增长一直非常缓慢，经济带来的收益集中在收入最高的群体和几个超级明星城市里。我们需要为更多的人和整个国家，而不仅仅是繁荣的沿海地区，创造优良的工作和体面的工资，来提高经济的整体增长率。

1940年春天，范内瓦·布什走进椭圆形总统办公室，提出一张半页纸的提案，实际上是说：相信科学家，我们将制定细节。这种做法今天行不通。科学家和决策者之间的关系已经发生了不可挽回的变化。我们生活在一个预算紧张的时代，特别是在科研拨款方面。政治家和公众非常合理地希望得到更大的保证，让他们花的钱物有所值，并广泛地分享利益。

以经济上合理和政治上可持续的方式重建美国经济的增长和就业机器的启动需要整合三个要素：对基础科学和相关商业发展的更多支持；强调发展新技术中心的国家战略及其成本效益，利用地方研究的溢出效应和集约效应；资助机制能为所有美国人带来直接和透明的回报。

为了证明这种策略可以奏效，我们接下来以佛罗里达州的奥兰多为例。

不是关于米老鼠的故事

奥兰多有许多耳熟能详值得注意的事情：游乐设施、童话城堡和“巨型老鼠”。这其中，计算机仿真游戏的产值被大大忽视了。其实奥兰多不仅仅是家庭娱乐的目的地，它已成为全球价值 50 亿美元的建模、仿真和培训（MS&T）行业的中心。这个产业集群由美国最大的大学之一——佛罗里达中部大学和佛罗里达中部研究园组成，那里拥有 130 家私营公司和 1 万名员工。[2]

奥兰多一开始并不是这样的。大学和研究园所在的东奥兰治曾经是奥兰多的一个昏昏欲睡的地区，主打迪士尼乐园。[3] 1980 年，东奥兰治的居民不到 4 万人，员工不到 1.7 万人。三十年后，它增长了 6 倍，拥有 22 万多的居民和 10.7 万名员工。这种增长并不来自于迪士尼多大的帮助。奥兰治其余地区也有增长，但速度要慢得多。结果显示，东奥兰治的就业机会增加了 2 倍多，从 8% 到近 25%。

这里的创新推动是曾经使美国成为地球上最繁荣国家的现代版本。联邦政府、地方大学和私营企业共同创造了一个充满活力的就业引擎。

故事开始于第二次世界大战期间建立的奥兰多空军基地的关闭。每当军事基地计划关闭时，都会有大量的游说，请求保留该基地，但通常失败。故事的结局对奥兰多来说不同，这多亏了一位有着重要人脉的有影响力的居民。

《奥兰多哨兵报》的出版商马丁·安德森通过一位共同的导师认识了一位名叫林登·约翰逊的年轻政治家。安德森的报纸支持约翰逊在 1956 年和 1960 年竞选民主党总统候选人。在约翰逊 1964 年竞选连任时，安德森为约翰逊对奥兰多的访问组织了一支车队。据说，当约翰逊提出要以礼物酬谢时，安德森回答说："总统先生，我真正想要的是保留军事基地。"访问结束后，据报道，约翰逊打电话给安德森说："我送你一个海军基地。"[4]

不久之后，奥兰多收到了这份很棒的礼物。即将撤离的空军基地并没有关闭，而是被一个新的海军基地所取代。新海军基地的一部分是海军训练设备中心（NTDC），其任务是开发作战仿真设备。[5]

巧合的是，佛罗里达中部大学于 1968 年作为佛罗里达理工大学开学，其使命是支持肯尼迪航天中心和为卡纳维拉尔角空军基地不断增长的太空计划提供技术人员。1978 年，该大学发展起来，更名为佛罗里达中部大学。1980 年，该校校长特雷弗·科尔博恩决定建立一个与大学相连的研究园。当时，由于利率过高，很难将大学附近的土地出售用于居住。因此，佛罗里达中部研究园成立，它以每英亩

2 500 美元的价格买下了校园以南一千多英亩的土地。佛罗里达中部研究园是作为独立法人而设立的机构，通过发行机场使用的那种特殊用途债券来为其发展提供资金。[6]

佛罗里达中部研究园的下一步是找到园区可以构建的入驻单位。海军仿真训练中心被锁定为完美的入驻单位。在20世纪80年代早期，该中心需要一座新建筑。[7]科尔博恩和其他商业领袖说服了海军仿真训练中心将基地从几英里外转移到新的佛罗里达中部研究园，到新址来建造新大楼。

海军基地的入驻成为其他公司在佛罗里达中部研究园落脚的动力。早期入园者有从事仿真培训的视觉检测公司（Perceptronics），它于 1987 年入园。如今，该园区拥有 1 万名员工，并以每年新添员工约 500 名的速度在递增。[8]

园区与大学有共生关系，因为新思想从大学流向园区，园区充当测试这些想法的“现实世界实验室”。这种关系为大学和当地经济带来了回报。从 1979—2015 年，联邦政府拨款从 250 万美元增加到了 8 200 万美元。国家、私营企业和从其他大学而来的承诺资金也逐步到位。佛罗里达中部大学的研究和发展资金总额从 1979 年的 340 万美元增加到 2016 年的 1.88 亿美元。1978 年，佛罗里达中部大学招收了 1 万名学生；今天，它是美国最大的大学之一，有 6 万多名学生。[9] 1982 年，佛罗里达中部大学没有排名靠前的科学院系；到 2005 年，其电气工程专业排名全国前二十名。

与此同时，入驻研究园的实体获得了超过 14 亿美元的联邦资金资助，其中大部分来自军方，但是，也有来自美国地质调查局、美国陆军工程兵团等机构的资金。[10] 尽管政府起了巨大的催化剂作用，园区在很大程度上得益于私人风险投资和国家计算机仿真产业的核心效益。此外，大约60%的园区工作人员参与了大学擅长的其他研究活动，从激光、光学、医疗设备再到计算机技术。[11] 佛罗里达中部研究园不仅创造了就业机会，而且创造了土地价值。佛罗里达中部研究园的土地现在每英亩价值约35万美元。[12] 有关联邦政府的投资，有一所崭露头角的大学，加上一个私营的创业园区，它们协同创造了成千上万个就业机会和数十亿美元的经济价值。而此地却以柑橘和迪士尼闻名。

佛罗里达中部大学和佛罗里达中部研究园的关系是发展、变化和促进当地经济增长的成功案例，但有三个重要的局限。首先，这个中心的起源是政治上的恩惠，而不是源自分配联邦资金的最有效方法。为了制定一项全国初创项目，我们建议以更客观的方式分配研发资金给可以有所建树的地方。

其次，研究经费的增加并没有导致大型本土技术公司的发展，部分原因是这一领域缺乏资金，无法跨越死亡谷的过渡。国家风险投资协会的一份报告发现，奥兰多在全美排名第四十六位，其公司的数量是依靠金融支持来维持交易的。[13]

佛罗里达中部研究园中的公司一直在努力扩大其规模和客户群。结果，佛罗里达中部研究园的成功仍然与军事预算有过分的联系。例如，2013年9月，总部位于圣迭戈的Cubic公司以美国削减开支为由，在奥兰多350名员工中解雇了未公布数量的若干员工。两个月后，该公司签订了一份价值高达1.12亿美元的巨额新合同，为一艘高级海军战舰提供仿真训练系统，这导致奥兰多的招聘人数增加。[14]

最后一点，奥兰多地区缺乏支持技术部门发展所需的技工。佛罗里达州的小学和中学教育仍然相当薄弱。《美国新闻》将佛罗里达州的K前至K12的基础教育排名在第四十位。佛罗里达州高中毕业率排名在第四十三位，数学成绩排名在第四十二位，阅读成绩排名在第三十二位。[15] 各个公司都会告诉佛罗里达中部研究园的经理乔·华莱士，他们每聘请一名博士，就需要10名技工，但该地区没有这样的人才库。[16]

奥兰多的例子并不是孤立的。研究促进转型的典型例子是北卡罗来纳州的研究三角园区，它建于20世纪50年代，现在是美国最大的研究园。最近的例子还有佐治亚研究联盟（GRA）。该联盟计划将国家和私人资源用于为佐治亚州的各家大学招聘顶尖研究人才，并利用这些研究人才撬动研究资金增长和经济发展的杠杆。佐治亚研究联盟的"杰出学者计划"招募了数十名美国顶尖科学家进入佐治亚州的各家大学，给佐治亚州增加了40亿美元的联邦和私人投资。佐治亚研究联盟的项目已启动180家公司，营收超过6.6亿美元，专业雇员超过1 300人。[17]

在国家层面上，我们应该以奥兰多和已成为强大枢纽的其他地方为榜样，同时审视其缺点。目标是建立一套持久成功的技术中心体系，在全国广泛推广。

为科学的发展提供资金

我们提案的核心是联邦在研发方面投入大量的资金去启动美国。

如果我们将 GDP 的 0.5 个百分点用于研究经费，大约每年为 1 000 亿美元，这将使公共科研资金恢复到 20 世纪 80 年代的水平。根据历史和现有的证据，这项投资将因更多的发明和更快的生产率增长而带来显著的经济推动。[18]

第五章回顾的证据表明，过去公共研发的扩张是增加就业的高效方法。一方面，我们对大学投入更多研发资金对就业影响的回归评估表明，大学研究每支出 28 000 美元就增加一份工作。而据统计，新西兰公共研发项目每支出 2.9 万美元就增加一份工作。[19] 另一方面，对芬兰泰克斯计划的研究意味着每个工作来源的投入成本为 8 100 美元。而对欧洲军事研发的研究表明，每份工作的成本仅为 2 100 美元。相对于在其他背景中创造就业机会的成本而言，这个成本范围相当低。相反，在大萧条中刺激支出创造就业的机会，按照今天的比价估计，创造每份工作的成本约为 5 万美元。[20]

如果我们保守地认为，每扩张研发 2.5 万美元支出就可额外创造一个就业机会，那么每年投资 1 000 亿美元将创造 400 万个新的好工作。这将是解决美国优质就业机会短缺问题的重要一步。

换个算法计算，会产生类似的数字。奥兰多获得 14 亿美元的政府资金，用于其计算机仿真行业。自 1980 年以来，如果东奥兰治区域与其他地区增长速度相同，它将有 3.8 万个新的就业机会。然而，它实际增加了 91 万个新的就业机会。如果我们拿政府资金除以东奥兰治与其他地区增加就业对比之后额外的数字，我们得到的估计是每 26 770 美元可增加一份工作。

这只是冰山一角。真正巨大的收益潜伏于下一波全球超级科技浪潮的前沿。没有人知道究竟哪种技术将是下一部大片，但是有很多候选项目。作为第一个开发雷达、喷气式发动机和互联网的国家，美国在创造优良就业和更强大的国家安全方面价值巨大。

我们需要的是一个高风险和密集型的研发投资组合，通过创造高薪中产阶级的就业机会，能够带来基础广泛的经济增长。我们应该专注于资助科学。这些科学在创造未来可持续增长的方面可能获得强劲回报。可能性确实无穷无尽。在第八章中，我们会强调合成生物学、替代能源和海洋勘探等领域潜藏着的发展希望，但切记，这只是近期可能实现的几个例子而已。

正如我们在人类基因组计划中指出的，相对较小的30亿美元的联邦投资催生了一个行业，为数十万人提供了就业良机。但是，正如我们将在下一章中讨论的那样，其他国家已经在利用这些机会采取行动。如果我们希望让这些新工作留在美国，就需要我们带头开发技术。

不仅要正义的研究，而且要产品的发展：跨越死亡谷

军方和美国国立卫生研究院等组织利用政府拨款资助从雷达到人类基因组的研究，有着成功的历史。然而，我们倡议的不仅是创造知识，而且是促进经济增长和增加好的工作数量。这些额外的步骤需要将研究人员的科研发现转化为有经济价值的产品。

我们回顾了将研究转化为产品的问题，特别是从实验室到产品原

型的新想法所面临的死亡谷。我们讨论了创新型公司面临的障碍，从制造业的规模经济到规避大规模和长期投资风险的风投惯例。

第二次世界大战期间，美国通过让联邦政府为研发支付费用来解决这个问题。像辐射实验室和曼哈顿项目这样的项目不仅关系着基础科学，而且能把这些想法直接供给军方，让军方能够迅速应用于产品。这种方法于今天没有意义，因为目标不再是发展武器。

今天的重点必须是与私营企业建立伙伴关系，而不是取代私营企业。回想一下我们对美国风投部门局限性的讨论：有限的资金促使他们回避死亡谷。但是，当政府试图填补这些缺失的领域时，潜在的问题是，它最终可能会与私营的投行竞争。在找到最好的投融资方面，政府注定会输掉该竞争。私营投资者拥有挑选最佳项目的投资专业知识和激励机制，因此，私营企业所放弃的项目可能效率低下，除非政府官员开始大力武装员工或发放更特定的企业补贴。

创业专家乔什·勒纳证实了一些公共举措在促进研发方面所发挥的宝贵作用，但他也讨论了一些令人信服的政府举措失败的例子：马来西亚投资了一个庞大的生物科学综合体，现在被称为“生物幽灵谷”，挪威“在二十世纪七八十年代挥霍了大部分石油财富，支持了失败的企业，资助了议员和官僚亲属们考虑不周的新企业”。[21]

勒纳建议，更好的解决方案是，通过与私人投资者合作，找到最佳机会，以可能产生收益的方式填补死亡谷，从而迎头解决用于投资初创公司资金有限的问题，且能获得长期回报。公共伙伴关系可以放宽现有风投资本家压缩时间周期的框架，以免他们不愿意博弈长线投资。我们对风投行业的审查表明，当资本更容易流动时，风投公司愿意为长期的、风险较高的项目提供资金，从而带来更多的创新。政府可以与风投合作，从战略上运作，以放松这些资本限制。

有经验的风投资本家也可以在初创项目中发挥重要的领导作用。美国风投资本部门令世界羡慕——我们应该利用其优势。

最有效地穿越死亡谷意味着科学家、制造商和金融家之间的协调。尽管过去三十年来通信技术取得了进步，但是面对面仍然是最佳的合作时机。例如，研发能获得最高的回报、也是最容易获得风投资本的领域。然而，风投资本家自然更愿意将创业和潜在交易放在已经有很多初创企业和潜在交易的地方，这导致风投资本过度集中在目前仅有的几个城市。这就是为什么我们需要以地理为重点，通过创建新的技术中心来吸引新的投资。

扩散财富

私人技术开发和公共研发支出的长期特征是专注于几个杰出地点。波士顿和旧金山等城市拥有所有科学成功需要的先决条件，从世界领先的大学到充满活力的风投资本区。当然，这些地方已经成为美国创新的中心，也是联邦政府资金关注的焦点。这种模式没有放缓的迹象，它让顶级的地铁区域离美国其他地区越走越远。

这种集中化趋势有很强的经济论据。公共研究经费如果提供给有最佳想法的科学家，将最为有效。这表明，研究经费应该在全国分配，让最优秀的科学家在竞争中获胜。如果这些科学家集中在少数几个城市，那就去集中吧。

另外，由于某些领域的研究经费较少，因此，全国其他地区可能有许多高质量的研究想法被忽视。由于这些地方的私人投资范围有限，因此把现有的好想法孵化做大的机遇会受到限制。在建立创新就业增长的新温床方面，我们面临着一个“鸡和蛋”的问题：风投资本投资者不愿意将注意力放在缺少大量现存技术的地方；但是如果没有愿意为新企业提供资金的风投公司，就很难在当今的经济中建立这样的技术存在。

同时，在现有的少数沿海地点进行研发显然比在美国其他低成本的地点进行研发要昂贵得多。本地房地产法规对房地产开发的限制增加了研发成本，因为项目执行成本越来越高，而且很难为员工找到负担得起的居住场所，也很难找到各级教育水平的人才，而教育是研发基础设施的重要组成部分。

我们提案的中心内容就是将公共研究经费更广泛地推广到美国各地。根据关于私人和公共研究之间互补性的现有证据，如果我们在新的地方扩大公共资助的研究，私人研发资金将应声而至。像奥兰多这样的地方，就技术潜力而言，遍布美国，完全有能力成为下一个突破性技术的东道主。优秀的大学、有才华的居民和富有成效的商业环境与全国合理的住房成本及高质量的生活同时存在。在第六章中，我们回顾了美国满足这些条件的各种场所。

虽然将公共研发转向新地点的经济成本可能或有或无，但政治收益却是明确的。更多的政府资金流向一小部分已经成功的地方，将大大低于确保整个国家参与新研究计划的受欢迎程度。如果额外的公共研发支出只是遵循现有的模式，那么美国大部分地区将被甩到后面，很难显示出规模扩张效应。

参议员哈利·基尔戈在20世纪40年代后期就有过这种见解，但被范内瓦·布什顶了回去，那时他们认为最有可能做出贡献的模式是建立规模较小的联邦研究企业，而不是相反。今天，忽视科学和经济机会的区域政治是不明智的。

我们前面讨论的集约效应不会消失。为了获取集约的好处，地方必须为技工、研究人员和投资者创造令人信服的入驻理由。对一个地区研发基础设施的增量投资不太可能产生这种效果，现在需要的是一个大推动，一个大飞跃，向世界宣告这些新地点已经准备就绪，有资格成为技术中心。这意味着挑选赢家，而不是简单地屈服于政治压力。要把钱给到合格的城市。为此，我们需要吸取亚马逊和其他美国公司择址的教训。

通过竞争创造新的创新中心

尽管政治优势明显，但是，国会和白宫选择下一个研发中心的决策仍会存在巨大风险。奥兰多技术和研究中心从时任总统林登·约翰逊的政治恩惠开始，虽然这一领域进展顺利，但更普遍地依靠政治冲动和偏袒是不明智的。虽然在美国促进新地方成为技术研发的前沿是可取的，但只有这些地方都准备好了，才有意义。否则，这只会成为联邦政府向其政治青睐的地区输送利益的计划，并不能最大限度地发挥我们国家经济增长的潜力。

我们建议将相关的研究资金分摊到比它们目前流向的超级明星城市更广泛的范围内。与此同时，我们希望把资金投在能够卓有成效地促进就业的领域，而不仅仅是位高权重者称之为家乡的地方。我们希望在各地区进行足够的投资，以便它们能够克服集约经济体的驼峰效应，成为未来技术的理想目的地。我们建议完全按照私营公司的行事方式，通过竞争程序，解决这种紧张关系。

在竞争催化中，地区将申请成为新中心。评估标准应基于可衡量的维度，与该地区可能成为创新发现和就业增长新中心的想法一致。第六章对此进行了更长时间的讨论，我们的技术中心索引系统提供了如何实现目标的一个示例，尽管此方法可能会产生许多变量。

此外，地方必须达成和展示多维度大体量的本地共识。一是制定有利于经济增长的区域法规。如果技术中心成功，它们的都市规模和人口密度将越来越大，对企业和个人都具有吸引力。这增加了新中心重蹈超级明星城市限制性监管模式旧辙的风险。该模式导致了高房价和低于预期的就业增长。预防期间，各地区必须有一个长期计划，以促进合理的增长，在新研发中心合理的通勤距离内供给足够多的负担得起的房地产。

最近一连串的自然灾害，如休斯敦的哈维飓风，凸显了区域法规过于宽松的危险。显然，地方发展需要合理的限制。过于严格的区域限制使得湾区和波士顿无法负担过大的人居需求，反之，过于宽松的区域规则导致休斯敦的环境灾难。两极之间存在着巨大的中间地带。竞争枢纽的好处是，我们鼓励地区在城市规划中寻找最佳位置，否则他们就会放弃为本地增长提供新机会。

二是制订成功的基础设施计划，以建设一个集促进基础研究和开发商业产品为一体的枢纽。这意味着在该地区拥有强大的运输网络，以便于互动，并且连接该地区到可能销售商业化产品的关键市场。

三是建立和维持教育基地的计划，以支持新技术中心的发展。各地区的需求表明，它们不仅要能够支持对技术工作日益增长的需求，而且还要能确保有足够的劳动力来从事这些工作。在一定程度上，这将是以大学为基础的人才供应链。全国有许多优秀的大学可以借鉴这一努力。但是，这还需要高质量的中学、职业教育和地方大学来培训工人，以支持科研人员创造未来的产品。我们稍后再讨论这种方法。在竞争成为技术中心时，各地区必须给出多维度的承诺，以提高本地的技工供给。

地区之间招商的竞争并不新鲜。大公司也经常依托地方相互竞争。亚马逊在确定其第二总部的位置时使用了这一策略过程。问题在于，各州之间现有的竞争是一个零和游戏，结果将大部分收益转移到大公司股东的手中。各州各城每年已经耗费近500亿美元作为税务减免。这些税收减免可能对其局部位置有意义，但是会降低整个国家的富裕程度。相反，我们建议创造正数博弈，各地区从中获得更好的就业机会和更高的生产力，从而让整个国家从增加创新中获益。

联邦政府已经使用了这个策略，尽管规模不大。例如，美国陆军最近选择奥斯汀作为其高科技未来司令部，结果就是经历了我们推崇的一个遴选过程。该过程从150个候选城市开始，然后，按照非常类似亚马逊公司的定位流程缩小到5个。主要选择标准包括与数理专业人才的距离，以及私营企业和学术单位的研发史。当然，军队也考虑了生活质量，包括生活费用，以及当地政府能提供何种支持。据报道，得克萨斯大学在市中心的一栋办公楼中提供了空间，使得陆军未来司令部更容易与当地科技公司互动。[22]

启用独立委员会

这个大规模的新承诺伴随的主要问题是治理水平。我们如何确保项目不会变成国会或行政部门的恩惠，资金不会作为政治补贴发放，而是奖励最有价值的研究项目？

我们同意这是一个严重的问题。至关重要的是，需要通过一个新的独立实体来管理这一新计划，而且该实体不是政府或国会的一部分。它参照基地调整和关闭委员会（BRAC）的机制——于近几十年来成功地减少了军事基地的数量。

基地调整和关闭委员会是一个被低估的机制。它做了一些艰难的决定，似乎不断地困扰我们瘫痪的和两极分化的国会。冷战结束后，美国意识到它拥有大量过剩的军事房地产，但缺乏关闭过剩基地的能力。因为当选的政治家有很强的狭隘动机来保持当地基地的活跃。1988 年政府启用了基地调整和关闭委员会的程序来解决这一问题。四年一届，最近一次换届是在 2005 年。

基地调整和关闭委员会由总统任命的九名成员组成。国防部向该委员会提交一份即将关闭的基地清单。该委员会在将这份名单提交给总统之前，会对名单进行审查和修改。过程中，公众参与这一进程的空间很大。2005 年委员会听取了数百名公职人员的意见，并收到了大约 20 万封来自公民的私人邮件。所有非机密信息和诉讼都向公众提供。名单上的每个基地都必须有至少两名委员会成员访问。如果总统批准，整套修改将生效，除非整个名单被国会否决。

在利益根深蒂固到难以承载的世界里，基地调整和关闭委员会取得了绝对的成功。许多回合之后的结果是关闭了 350 多个不再需要的军事驻地。

基地调整和关闭委员会是我们设立创新委员会借鉴的模式。该委员会将就获得资金建立新中心的候选地区向国会提出建议。假定接受了建议，国会针对委员会提出的建议投票赞成或否决。该委员会的所有工作都将完全透明。委员的任期为一届，负责为整个社会带来经济回报。回报的形式是创新红利，稍后再讨论。这种金融回报将明确衡量委员会工作的成效。

为了保持政治的可行性和经济的生产力，创新委员会必须处理所面对的失败问题。正如我们已经表明的，科学投资的回报很高，但也存在高风险。真正的收益来自少数投资产生的非凡回报。从第四章开始回想一下，即使对于风投行业的投资者来说，他们目前也是选择最佳押注。他们投资的少数项目（8%）赚得了投资总体回报的绝大部分。其他 3/5 的项目甚至没能收回投资成本。

如果我们真正致力于改善我们现有的制度，想把好想法转化为生产力更高的经济，我们也必须认识到，许多项目可能会失败，而那些成功的项目可能需要一段时间才能成功。不幸的是，正如索林德拉的例子所表明的，我们的政治制度有太多的激励，以至于对失败有太多的责备，却不认可通往成功之路的大方向。

承担长期风险与问责制之间实现平衡的适当手段是把项目纳入有效的评价中。虽然我们将投资于那些成功不能期之以骤的长期项目，但不断的评估和调整是可行的。创新委员会必须对绩效进行仔细和客观地评估，以调整公共资源的分配方式。

钱到底花在哪里?

技术中心最终将提出最有效的混合支出方案，以实现该地区回报率的最大化。支出将大致聚焦在以下几个类别。

第一，基础研究。美国有高质量的同行评审机制，通过美国国立卫生研究院和国防部高级研究计划局等机构来评估和支持科学研究，通过本书中的故事和证据，从救生药物到互联网，来证明他们的成功。正在进行的同行评审将是分配新资金的核心组成部分。

第二，发展。主要包括提供制造的基础设施，以便于将想法从实验室推向市场。美国不应因为缺乏开发这些产品的能力而丧失向其他国家开发创新和创造就业的技术的能力。规模扩大的研究中心提供了一个完美的机制，可以协调相关项目的制造需求，以克服规模经济问题，以及将开发创新的新型通用研发资产的溢出效应国际化，从而使该地区的所有生产者受益。例如，公共资助的用于开发创新药物的制造资源，有助于解决我们强调的细胞和基因疗法的发展不足的问题。

下一章将着重介绍其他示例。

第三，融资。如第五章所示，小企业创新研究等项目在帮助企业跨越死亡谷方面取得了相当规模的成功。政府可以大幅增加类似小企业创新研究的项目规模，同时与私营企业合作，确保我们是补充而不是取代私营企业对创新的支持。

第四，在发展技术中心的早期阶段，支出将集中在基础设施上。新研发中心需要适当的基础设施来进行基础研究，并将研究转化为新产品。在竞争建议阶段，中心需要提出在建设研发基础设施、学校、商业园区和其他设施方面将承担哪些内容，以促进该地区的发展。除了建设强大的基础设施外，这个阶段的优势是雇用一些工人，而对工人进行技术技能再培训很难显示成本效益。

最后，支出的一个主要目标将是完善与研发中心相关的教育机构，改善其科技领域的教育。

供给满足需求

正如第二章所述，第二次世界大战后的二十年是黄金发展时期，技能需求和供给的增加导致整个收入分配中的工资上涨。大力推动公共资助的研究和相关开发推动了对技工的需求。同时，美国中小学科学教育的扩大，以及通过《退伍军人法》提供的低成本高等教育，增加了技工的供给。将这些发展放在一起，你就会在技术进步的基础上创造出高薪的中产阶级。然而，在过去的几十年中，对技工需求的迅速增长并没有通过增加供给而得到满足，从而导致供需差距加大。

到目前为止，我们计划创造出一些对技工的需求。但是，如果没有充分地增加供给，该计划将只能提高现有熟练技工的工资，导致不平等的加剧。为了创造真正共享的繁荣，我们也需要增加技工的供给。与公共研发的失败相比，技工这个领域受到更大的关注，更有来自布鲁金斯学会、麦肯锡公司和特朗普政府等不同团体差异迥然的建议。[23] 几个关键思想十分突出，高度实际，政治上可行，经济上重要。

增加技工的供给始于大学前的投资。1958 年的《国防教育法》导致美国中学的科学教育大幅度增加。我们需要对中学生的技能培训进行再投资，使他们能够通过各种渠道取得成功，从技校、社区学院，到四年制大学。如前所述，作为创新中心竞争的一部分，各地区必须表明从中学开始对技能培训的承诺。

增加技工供给的第二步是让中产阶级负担得起大学教育。面对极端的财政压力，各州正在提高州立大学的学费。这些大学是美国高等教育的主要渠道。虽然私立的精英大学正在通过提供更加慷慨的金融援助来为某些学生消除金融障碍，但随着来自全国和世界各地学生寻求进入这些大学，他们的入学门槛呈指数级增高。

这对于许多大学生而言，意味着将要承担大量的学生贷款债务来完成他们的教育。如今，美国一个大四毕业的普通学生，其债务负担约为 3 万美元。[24] 美国的学生债务负担总量超过 1.4 万亿美元。每年，大学总费用超过 5 000 亿美元。[25] 许多人使用贷款上学，却误入了不能提供产业技能和就业机会的学校，最近一些营利性大学的丑闻就见证了这一点。还有许多人用了大笔贷款来支付大学学费，但从未完成学业，未能获得进入技工市场的资质。[26]

增加技工供给的一个选择是资助学生到与新中心相关的大学学习。这将包括扩大获得学生贷款的机会，以及向这些大学的理工生提供定向奖学金，因为理工专业毕业生能为今后在高技能的经济工作中提供培训。[27]重要的是，这应该与学生入学后得到强力持续的支持相结合，不仅能提高大学入学率，也能提高学业完成率。

职业培训也有必要纳入日程。认为通过类似的举措创造的每一项工作都是一项高附加值的研究工作是不现实的。需要更大的框架促使研究项目成功，而更大的框架将需要各工种合作，他们包括实验室技工一类的中等技术工作到维修人员一类的初级技术工作。该地区的教育计划还应该纳入培训能力，为这些职业提供所需要的培训。

最后，企业必须共同努力，提供有利于整个行业的，而不仅仅是特定企业的通行技能培训。企业在培训方面的投资也遭遇了我们在讨论研发时遇到的相同类型的溢出问题：当企业培训员工时，他们提供的技能不仅对本企业有价值，而且对其他企业也都具有价值。因此，企业在培训方面可能投资不足，以避免工人带着新学的技能跳槽而白白为其培训付费。

同样，细胞和基因治疗的制造需求突显了人才障碍。对于可能在不久的将来大量开放的职位类型，据一位专家称，大学毕业生“资历过高，但技能不足”，这表明企业可能会转向学徒培训。然而，单靠一家公司的需求并不值得建立一个大型培训中心。相反，“有必要将整个细胞治疗行业的雇主们对学徒培训的需求汇总在一起，以便使受训人数超过培训提供者值得提供培训所需的最低数量要求，以降低培训提供者所面对的潜在投资风险”。[28]

公共部门的参与也有助于解决这个投资不足的问题。参与形式是资助为工人提供中期职业技能发展的机构。正如经济顾问委员会最近的一份报告所强调的，公共教育支出在15岁达到顶峰，在30岁以后基本缺失。有许多公私合营的伙伴关系致力于促进工人技能的发展，看起来很成功，可以大力拓展。[29] 争取成为创新中心的地区可以提出跨企业和教育机构的协同战略，以便为成功地实现技能升级提供所需的持续培训。

请记住，这不仅仅是未来发现新技术的教育。几十年来，高等教育部门一直是美国就业增长的引擎，我们应该在这一成功的基础上再接再厉。[30]

如何筹到钱?

现实的计划必须包括规定资金的使用条件，而且还包括如何筹集资金。特别是，这样的初创项目不仅需要政治上独立的资金分配，而且需要独立筹资。如果这项初创项目的筹资受到年度政治辩论的影响，就会造成困难。

风险在于，融资可能会成为政治讨价还价的筹码，从而干扰创新委员会的独立性。例如，政治家可以规定为创新选择特定地点的拨款，这将干扰为项目选择最有生产力的站点。

此外，该项目代表了在美国特定地区的长期投资。作为这种融资的回报，这些中心正致力于重大的结构变革，从区域法修改到基础设施发展。如果拟议的资金多年来得不到充分保障，城市将不愿意做出这样的承诺和担当。

因此，成功实施这个项目将需要一次性的长时间授权，为该初创项目提供独立性和融资确定性。每一轮科创中心竞标都需要国会批准，就像基地调整和关闭委员会建议的每一轮基地关闭那样。但是，一旦一轮科创中心被授权，就不存在猜测或被国会再敲边鼓。

退出年度拨款审批进程将具有挑战性，但确实存在先例。例如，多年批款规定，承付资金在今后的某年某月某日之前可用。例子包括用于军事建设的拨款，通常持续大约五年。还有一些无年度拨款的例子，在"用完之前"可用，包括联邦航空管理局用于购买飞机的拨款，或者面向机场改善计划的拨款，用于资助从事公共用途机场建设项目的公共机构或私人实体。[31] 我们的提案提出了超出这些例子的更大尺度，但其实是已有结构性的先例作为依据。

建立创新红利

美国人民从过去对研发的公共投资中获益匪浅，但远没有他们所能得到的那么多。联邦政府在研发上投入了数十亿美元，直接导致了从处方药到手机使用 GPS 的应用程序商业化。生产这些商品的公司雇用了数百万工人，并缴纳了数十亿美元的税款，使美国更加富有。

但是，继续依赖这种间接回报来做公共投资是有问题的。原因有二。首先，回报越来越集中在越来越少的富裕企业家手中。从第二次世界大战结束到 1970 年，GDP 中作为工资补偿的部分占 GDP 的比重从 54% 上升到 58% 以上。此后却一直在稳步下降，现在又回到了第二次世界大战前的水平。这意味着，在创新回报中，越来越大的份额将转移到资本家所占的份额中。如果“劳动力份额”维持在 1970 年的水平，那么今天的工资补偿将高出 8 000 亿美元，等于能给今天美国的劳动力人均补偿 5 000 美元。

其次，从美国国民收入中分得越来越大份额的资本家为其收入缴纳的税款越来越少。过去几十年，企业为其在美国赚得的利润支付的有效税率大幅度下降。[32] 最近通过的 2017 年特朗普减税政策将进一步延续这一趋势，大幅削减企业利润税，并且至少暂时削减高收入群体的个税。[33]

若让我们的提案成功，关键因素是让美国公民直接看到对科学投资的回报。美国纳税人是这项新举措的投资者，他们应该定期看到这项投资带来的红利。因此，我们建议，通过分享创新红利，让这个庞大的新公共投资的回报更直接地惠及美国公民。

为创新红利投资：
不是为了地主，而是为了让纳税人致富

我们提出的创新中心模式将给全国带来令人兴奋的新超级明星城市。个人和公司都将希望搬到这些城市，并住在新的研发中心附近。因此，这些中心周围的土地价格将会上涨。如前所述，要让创新中心

的提案成功，其特点是区域规则，准许负担得起的开发。但是，即使有这样的规定，入驻研发中心的企业和迁居附近的居民都将承担房地产的升值。我们建议政府拥有中心周围的一些土地，用这块土地上涨的租金为创新红利提供支撑。

麻省理工学院附近的肯德尔广场是体现技术中心地区房地产价值的完美案例。波士顿是人口密集的城区，有各种各样的场地供公司入驻。然而，在肯德尔广场的公司需要始终支付比附近地区高出数倍的租金。肯德尔广场最近超过曼哈顿城中心，成为美国最昂贵的商用房地产市场。[34] 关于科研在当地的溢出效应，其证据在前面章节已经有所评论，所以不足为奇。

但是，正如我们在第六章中讨论的那样，这里的房地产并不总是那么有价值。该地区租金的迅速上涨使亚历山大房地产股票公司董事长兼联合创始人乔尔·马库斯等房地产开发商受益匪浅。亚历山大公司在坎布里奇拥有的 35 栋建筑，2017 年的租金收入为 3.18 亿美元，是 10 年前的三倍多。[35]

换言之，公共和私人融资研究带来的很多好处都累积给了当地的土地所有者。我们建议，在未来可能的那些新建研发中心，这类好处通过研发中心周围的土地公有制分享给纳税人。

研发中心周围的土地公有制可以通过多种方式实现。首先，依靠现有的，而且往往没有充分利用的政府拥有的房地产。美国联邦政府是全美最大的房地产管理单位，拥有或租赁超过 30 亿平方英尺的建筑，以及 3 400 万英亩的土地。此外，联邦建筑中仍有大量未使用的容量，只有 79% 的联邦建筑在用容量为 75%~100%。[36] 例如，匹兹堡拥有 820 万平方英尺的联邦财产，其中 66.5 万平方英尺未充分利用或未被使用，还有 1 300 多英亩联邦土地。

我们不打算使用美国西部未开发的公共土地。作为技术中心，荒野或国家森林没有意义！我们建议，要充分利用已经开发、无可争议的可用于商业目的的房地产，例如办公室或实验室。那些研发中心的许多潜在地点都有大量未使用的联邦房地产。

当然，现有的联邦房地产持有量可能不够集中，不足以帮助创造活力四射的地区来招商引资和吸引工人。地方政府如果想申请科创中心，可能需要使用自己的房地产或通过规范的交易在公开市场购买土地。还应该考虑联邦政府、地方政府，甚至大学之间的土地置换。[37] 一个突出的例子就是美国交通部和麻省理工学院最近就肯德尔广场附近一块 14 英亩的价值地块进行了土地置换。麻省理工学院向联邦政府支付了 7.5 亿美元，并同意创建一个“充满活力的综合园区，既有利于麻省理工学院的使命，又服务于坎布里奇社区”，还包括联邦机构的一个新单位。

然而，一旦联邦基金开始流入一个地区，该地区的吸引力将受到自然市场反应的压力。以研发基础设施和商业发展为目标的土地业主会意识到，虽然今天这块土地可能价值不大，但将来可能相当有价值。因此，理性的投资者将把这些预期纳入价格。根据公告的时间，政府最终可能会为研发中心所用的任何地块支付更高的价格。因此，分配给纳税人的收益将降低。在最坏的情况下，政府资金将更多地养肥了当地房地产的所有者，而不是所有美国人。事实上，房地产投资者购买了被认为可能是亚马逊第二总部竞赛赢家的城市土地和建筑物，而其他人据报道也在筹集资金，以便一旦获胜者揭晓，他们就开始购买房产。[38]

因此，社区在宣布科创中心的竞标之前就获得土地是至关重要的。这就是亚马逊在2018年所做的，在透露其第二总部选址之前，它就购买了所需的房地产。更广泛地说，在申请竞争时，应鼓励各地区展示为研究、开发和商业化提供公有土地的政治和法律的可行性。

政府还应探索与绩效相关的创新租赁结构。与持有股权相比，试图通过固定支付机制，例如租赁，来获取回报的一个缺点是，它不像持有股权那样灵活，对公司业绩反应迟钝。对一家非常成功的公司来说，五年的租约仍将以初始租赁率支付，而公司所持股份的价值将迅速上升。

相反，政府可以提供最初与公司业绩挂钩的较低的租赁费率。然后，政府分担企业的风险和回报。这使得政府能够分享这些中心带来的一些利好，同时为在创业初期可能无法支付高额租金的公司提供一些保险。

这不是一个特别新颖或激进的想法。事实上，这种租赁结构长期以来一直是零售租赁的一个特点。[39]新颖的是，将这种租赁从零售行业功能扩展到公司增长的租赁，也就是说，租金率可以与成功率挂钩，例如衡量其销售、就业、盈利能力或市场价值。

此外，通过将政府回报率与本地公司的成功率联系起来，它提供了一种进步机制，确保政府不搞任人唯亲，为那些没有生产力的企业站台，或与该地现有的公司协同套利。这样做可能会降低该地区的收益，导致为创新红利融资而财政收入明显减少。但随着时间的推移，红利承诺为政府渎职提供了天然的制衡。

分配红利

政府持有土地的回报将投入国家捐赠基金。该基金的资源将立即通过创新红利分配支票给所有美国人，每人每年获得等量美元。[40]这种创新红利理念直接借鉴了美国最成功的再分配项目之一，阿拉斯加永久基金。

在阿拉斯加，石油勘探的租赁和特许权使用费以及大规模跨阿拉斯加管道系统的建立，在20世纪70年代初加起来有将近10亿美元。[41]1976年，阿拉斯加人以2–1票的微弱优势通过了宪法修正案，将至少25%的石油收入投入一个叫作阿拉斯加永久基金的专用基金。[42]

阿拉斯加永久基金公司（APFC）由董事会管理，目前管理着约600亿美元的资产。其成功的关键因素之一是每年向居住在阿拉斯加的成人男女和儿童支付年度红利，居民必须每年重新申请以证明其居民身份。欺诈很少，只有0.03%的申请被视为不合格。每年的分红大约是阿拉斯加永久基金公司当年净收入的10%。[43]自1982年以来，该基金已经向该州每个居民支付了4万美元。2016年的分红为1 022美元；2015年达到峰值2 072美元。[44]

这笔款项提供了一种确保所有阿拉斯加人平等受益于石油收入的方法，具有让州居民摆脱贫困的优势。2016年的一项研究发现，每年的分红使 1.5 万 ~2.5 万名阿拉斯加人摆脱贫困。[45] 事实上，分红可能使阿拉斯加在收入分配方面成为最平等的州。[46]

阿拉斯加是美国共和党最强势的州之一。他们州的国会代表团一贯高度保守，投票反对许多政府开支计划，但政府支付却很受欢迎。此外，这种模式已经蔓延到美国最自由的州之一：加利福尼亚。加利福尼亚的《全球变暖解决方案法案》，又称《32 号议会法案》，要求所有排放温室气体的发电厂、天然气分销商和其他大型工业根据污染量付费。然后，这些费用作为水电费账单的"信用金"重新分配给该州的个人。任何电力或天然气账单客户都可以获得这种"信用金"，这实质上降低了水电费。信用金的配额因供电方的不同而略有不同，但每个电力用户通常都会得到数量类似的额度。[47]

在阿拉斯加和加利福尼亚等不同的州的类似项目的成功，表明类似的结构在分配政府的科研投资回报时，可能会获得两党的支持。

行动时机

第二次世界大战期间和战后，公共研发经费的大幅增加改变了我们的国家，创造了我们现代经济所创造的新产品，并创造了所有人的经济机会。随后公共资金的减少导致生产率增长放缓和大多数美国人就业机会的减少。考虑到研发的经济性，这并不奇怪。私营企业不太可能通过自己追求利润的行为来资助足够的研究，以捕捉新想法和争取更广泛的社会效益，特别是那些创造新行业和提供就业机会的投资大、风险高的企业。

为了启动美国，我们需要回到战后时期在研发领域发挥公共部门领导作用的模式。书中提供了这个做法的计划大纲。显然，将这个大纲转化为实际立法将引发各种更具体的障碍。但我们认为，这是一个可行的计划路线图，能使美国政府恢复其在促进技术主导型增长方面的领导作用。

佛罗里达州中部研究园说明了我们的建议所铭记的一些原则，但也看到了一些局限性。佛罗里达中部研究园的公司缺乏风投资本，导致大型本土雇主减少。而且，技能短缺使得公司无法找到成长所需的熟练技工。这就是为什么我们需要建立和改进奥兰多模式，结合创新的研发基础设施和充足的资金，并提供熟练的技工来填补未来的就业机会。我们需要尽快做到这一点，因为其他国家已经到位了。

第八章

大科学和未来工业：如果不是我们，还会是谁？

大科学是科学发展的必然阶段，无论好坏，它都存在于此。

——阿尔文·M. 文伯格，1961 年[1]

1929 年春天，物理学教授欧内斯特·劳伦斯有一个想法。[2] 他推断，如果粒子能充满足够的能量，它们就可以用来分解原子，揭示出物质的本质。然而，在一次击发中产生高达 1 000 万伏特的能量是很困难的。劳伦斯推测，当粒子围绕圆形仪器（即回旋加速器）以受控方式加速时，能量会在一系列累积步骤中得到应用。

劳伦斯的这一简单而辉煌的想法，为许多突破提供了基础，包括为原子弹的发展做出了贡献。10 年内，劳伦斯成为美国科学界公认的领袖和诺贝尔奖获得者。然而最初，他的回旋加速器研发很难得到资金。

并非所有专家都相信劳伦斯的想法会奏效，而他的早期结果充其量是不确定的。为了证明自己的想法，劳伦斯需要建造一台更大的机器，使用更强力的磁铁。这些必要的硬件要求超出了他的雇主——加州大学伯克利分校的预算。但劳伦斯的名声越来越大，很多学校都在试图雇用他，所以加州大学伯克利分校不顾一些教师的反对，全校共同努力，向劳伦斯提供了 700 美元来支持他的实验室（今天价值约 1 万美元）。但这远远不够。

劳伦斯成了一位科学企业家，从这个意义上说，他把仪器的价值投向了任何可能成为潜在资金来源的人。当时是 20 世纪 30 年代，政府资助的情况很少，大学的资金相对较少，无法投资于这样的企业。当然，公司也根本没有兴趣支持一个似乎远离潜在商业应用的项目。

幸运的是，私人基金会愿意拿出一些资金。一个由加州大学伯克利分校前校友为促进科学发展而成立的当地基金会提供了早期支持，洛克菲勒基金会也慷慨解囊。[3] 劳伦斯的成功实验不仅改变了物理学家对原子组成的看法，而且证明了大科学时代已经到来。

以前，经验物理学的重大突破是在资源相对较少时得以实现的。玛丽·居里在巴黎市中心的一家小工作室里获得了两项诺贝尔奖。欧内斯特·卢瑟福在一个只有两名助手的简陋实验室里彻底改变了物理学，并获得了诺贝尔奖。就连劳伦斯自己也只有一个帮手。

然而，当劳伦斯达到巅峰时，有数百人参与了他的科学事业。曼哈顿项目在许多方面得益于劳伦斯的灵感，而且是劳伦斯工作的延续，以各种岗位雇用了十多万人。正如我们在第四章中讨论的那样，今天推动科学前沿的发展变得越来越昂贵，而对经济增长和良好就业来说仍然是必不可少的。

现在的问题是：我们究竟应该将公共资金投向何处，才能产生创造就业良机的新技术？美国是一个大国，常规经验是如果能够用庞大的、多样化的投资组合支持尽可能多的科学，我们就有可能产生更多的赢家。尽管如此，可用的美元总是有限的，需要做出选择。

欧内斯特·劳伦斯对科学和随后的科技发展产生了巨大影响，原因有三。他所有未尽的工作都被他的朋友范内瓦·布什在随后的战时推动下捡起来了。

首先，要研究这个领域中正在变化的想法，20 世纪 20 年代的物理学充满了关于原子结构的争论。

其次，把钱放在可以有所作为的地方，比如支持那些对重要问题具有决定性并能打开通往未来研究工作大门的实验。1940 年，英国在雷达方面的研究创造了这一机会，共振磁控管打开了这扇研发大门，美国人跨过了这一门槛，并取得了巨大的成果。

最后，注意其他国家在支持什么项目，特别是当其他国家的政府认为自己在军事上或经济上与美国竞争时。担心其他国家的努力是推动曼哈顿项目的首要原因，然后在苏联卫星后开展全面超越式的努力。

今天，我们在哪里可以找到这些发展机会，以及这种竞争压力？在我们的评估中，有许多可能的途径可以促进生产力的发展。我们专门写了这本书，以鼓励进一步辩论究竟应该把我们希望扩大的科学资金投在哪里。

为了促进这种讨论，以下是三个值得进一步思考的领域。这不是一个详尽的，或者很长的清单，而是一些暗示性的列举，说明科学可能走向何方。我们特意挑选了一些例子。这些例子比较明确，尽管它们也许不乏争议，用来测量美国与其他同样寻求技术发展前沿的国家的对比表现。我们想说的是，如果美国在诸如此类的创新领域退却，我们可能会输给其他国家。我们希望能通过这一章的探讨来唤醒公众的注意，并进一步找准未来努力的方向。

合成生物学

疟疾是世界上最致命的传染病之一。2016 年，全球疟疾病例有 2.16 亿例，导致 44 万人死亡，其中 2/3 是 5 岁以下的儿童。[4] 疾病控制和预防中心（CDC）估计，疟疾每年的经济代价至少为 120 亿美元。一些经济学家认为，疟疾是经济增长的克星。在一些非洲国家，每年的经济增长率被疟疾拉低大约 1.3%。[5]

幸运的是，药物青蒿素对疟疾有较好的疗效。青蒿素口服数天就可杀死导致疟疾的疟原虫。[6] 这种药物大大提高了受顽固的病菌株影响者的生存概率，这也是过去 10 年中与疟疾有关的死亡人数下降一半以上的主要原因。[7]

青蒿素主要可从一种产自中国的叫作黄花蒿的植物中提取，不幸的是这种植物数量很少，预计产期至少为 18 个月，因此农民必须提前一年以上预测其需求量进行种植，于是，供给不稳定会导致这种关键药物的价格波动幅度很大，例如，从 2003—2005 年，其价格翻了三倍。[8]

拯救生命有一个潜在的重要科学新前沿，即合成生物学。在私人慈善家的资助下，科学家们从这种稀有植物中分离出复杂的代谢途径，并将其复制成酵母，以便根据指令生产这种药物。这一途径由加州大学伯克利分校和加州定量生物医学研究所的一组研究人员向制药商赛诺菲（Sanofi）授权，后者同意以成本价格为发展中国家的疟疾患者生产和供应这种药物，从而稳定了这种救命药的市场。[9] 截至2015年5月，它向受到疟疾疫情严重挑战的非洲国家提供了1 500万例治疗所需的药物。[10]

这个救命的例子说明了合成生物学潜在的前沿，可以被广义地定义为“使用工程设计原理设计、建造和特制改进了的、新创的生物系统”。[11] 单单在医学领域，类似的延展就有可能包括进行新的癌症微创检测。例如，使用纳米粒子与癌细胞相互作用并释放容易检测的合成生物标志物的尿液测试；通过非侵入性方法刺激大脑回路，治疗创伤性脑损伤；通过修改细胞的活动来启动或停止蛋白质的生产来抗感染。[12] 此处所列举的还不包括健康领域之外的各种应用领域。

合成生物学有望以可持续的方式养活世界人口。[13] 例如，动物食品可以在没有动物参与的情况下生产。目前的项目包括制造一种与牛奶具有相同分子特性但不涉及奶牛的物质。[14] 根据一项评估，细胞农业还可以使食品专门针对人类需求，例如，保质期更长的营养包装食品、肉类与低饱和脂肪、无乳糖牛奶、无胆固醇鸡蛋。[15] 一些细菌可以被用以提高用水效率来保护作物免受干旱，还能帮助作物减少对化肥的需求。[16]

另一个优先领域是能源生产。2015年4月，加州大学伯克利分校劳伦斯伯克利国家实验室的科学家发明了人工光合作用的系统。该系统可以在化石燃料释放到大气中之前捕获二氧化碳的排放，并将其转化为燃料、药品、塑料和其他有价值的产品。[17]

合成生物学技术也可以改变我们创造重要材料的方式。合成生物学已经实现了一个基因的构建，该基因编码与橡胶植物酶有相同的氨基酸序列，从而允许橡胶的可再生开发。[18] 其他公司正在开发可再生生物基丙烯酸。这种基丙烯酸可以生产与石油基丙烯酸相当的产品，但使温室气体排放量减少了 75%。[19] 最近对生物塑料的研究侧重于利用藻类和（基因工程）改造过的甲烷细菌来制造与石油基塑料具有类似特性的材料。[20] 一个石油基塑料瓶可能需要 1 000 年才能生物降解，美国每年可能向垃圾填埋场添加多达 38 万吨的塑料瓶。[21] 然而藻类瓶的试验原型在排空并留在露天后，大约经过一周时间就能收缩降解。[22]

根据美国农业部最近的一项研究，目前市场上已有 2 250 种经过认证的生物基产品。这个领域的经济机会是巨大的。美国农业部估计，生物经济机会可能创造价值 3 690 亿美元的经济活动，400 万个新的就业机会，以及每年减少约 3 亿加仑的石油需求。[23]

合成生物学起源于 20 世纪 60 年代初。最初是研究通过将分子成分组装的新系统来调节身体功能。[24] 但是，该领域真正的增长始于 21 世纪，标志是其在医学和其他领域的实际应用。[25]

美国政府一直是合成生物学进步的主要投资方，从 2008—2014 年在合成生物学研究方面投入了 8.2 亿美元。[26] 例如，该领域的主要研究资助者是美国国家科学基金会，通过其合成生物学工程研发中心开展研究。合成生物学工程研发中心是一个多机构研发中心，其主要成员包括来自主要学术机构的教师以及该领域的工业领导者。该组织的使命是发展生物解决方案的基础知识和技术，培训一支专门从事合成生物学的新工程师队伍，并让决策者和公众了解合成生物学的进步。2006—2016 年，国家基金为这项初创项目提供了近 1.38 亿美元的支持。[27]

这个计划似乎取得了巨大的成功。截至 2015 年 4 月，合成生物学工程研发中心已在同行评审期刊上发表论文 364 篇，提交 88 项专利申请，其中 9 项授予专利、5 项颁发了许可证、71 项授予博士学位，还促成了 8 家初创公司以及产生了 8 860 万美元的直接关联项目资金。[28] 合成生物学工程研发中心还是国际基因工程机器大赛的主要支持者之一，该竞赛是面向本科生的全球合成生物学教育项目。合成生物学工程研发中心与私营企业合作共生，其工业顾问委员会包括 29 家知名企业和初创公司。[29]

然而，合成生物学工程研发中心只是一个 10 年期计划项目。2013 年，其资金开始减少。国家科学基金会与私立的阿尔弗雷德·斯隆基金会合作，聘请了一家生物技术公司评估其计划，该公司得出结论，该计划的资金不仅必须继续投入，而且应该有所增加。[30] 国会没有遵循这一建议，合成生物学工程研发中心被改组取代，经费也被降低了很多。新的工程生物学研究联合会在 3 年内仅仅获得 100 万美元的资金资助。[31]

正当美国退缩时，其他国家却在大步向前推进。自 2005 年以来，英国政府专门资助了近 1.65 亿美元用于合成生物学研究。日本也非常活跃，有大量的公司、研发中心和大学活跃在这一领域。[32]

然后是中国。2007 年，北京大学在合成生物学工程研发中心竞赛中取得首场胜利，推动了政府成立合成生物学重点实验室。自2008年成立以来，该实验室已拥有60多名科研人员和70多名研究生。目前中国已有13家研究合成生物学的研究机构。[33] 2008—2016年，政府用于合成生物学项目的资金超过2.5亿元人民币。科技部的一位代表说："合成生物学已成为科技部在中国持续投资的一个领域。在未来几年，每年将有2~3个大项目启动……这证明合成生物学已经被视为国家战略。"

因此，当美国开始在合成生物学方面处于领先地位时，其他国家也在迎头赶上。2006年，当国家科学基金会首次举办合成生物学工程研发中心的比赛时，共有37支代表队参赛，其中19支来自美国；到2018年，共有343支队伍参赛，其中美国79支、日本6支、英国14支、德国16支、法国10支、加拿大18支、中国台湾9支、中国内地103支。[34]

最近的一份报告得出结论，全球其他国家，尤其是亚洲国家的支出，可能会削弱美国在全球医疗研发方面的领导地位。[35] "2004年，美国医疗研发支出占全球总支出的57%；到2014年，这一份额已降至44%，其中亚洲每年增加9.4%的投资。" 2015年，《美国医学会杂志》写道：如果目前的趋势继续下去，中国将在未来10年内超过美国，成为全球医疗研发的领头羊。中国在全球科技劳动力和专利中已经占有比美国更大的份额。正当我们需要更多的医学研发资金时，美国对医疗研发的投入却在下降。正如第五章所述，2017年美国国立卫生研究院的研究支出占GDP的比例较2010年下降了15%。

例如我们前面多次强调的一个案例：细胞和基因治疗。在第四章中，我们讨论了私营企业推动这一领域发展所需的制造资源不足的问题。在第五章中，我们讨论了该行业需要创造高薪工作的问题。目前美国在先进医疗制造方面缺乏组织和协作，而其他国家却已形成制造规模。[36] 美国私营企业正在这一领域取得快速进展，但因遇到制造瓶颈而速度正在放缓。

相比之下，加拿大的再生医学商业化中心（CCRM）旨在尽快将细胞和基因疗法推向市场。自 2011 年成立以来，再生医学商业化中心已经获得了超过 9 000 万加元（约合 6 900 万美元）的资金。[37] 例如，再生医学商业化中心最近与总部位于圣路易斯的阿菲根（Affigen）合作，协助其开发淋巴瘤和白血病医疗制造平台。再生医学商业化中心还计划在 2018 年开设细胞和基因医疗材料制造厂。[39] 类似的项目还有英国的细胞与基因疗法弹射中心，它是由政府资助的联营公司，成立于 2012 年，耗资 9 000 万英镑（约合 1.4 亿美元）。细胞与基因疗法弹射中心已经建成了一个耗资 6 000 万英镑（约合 9 500 万美元）的制造中心，以加速英国该产业的发展，并计划扩能，借此为英国招商引资。[40]

氢能源

陆路运输是美国的主要运输方式，每天消耗的 1 970 万桶石油中的大部分是来自其他国家。2017 年进口的石油约 29 亿桶，价值 1 419 亿美元，占 GDP 的 0.7%。[41] 所有的运输方式对环境均有一定的影响。

在美国，交通工具排放的尾气占人为二氧化碳排放量的28%。[42]

从理论上讲，石油作为“能源载体”的角色可以由我们环境中其他丰富的物质扮演，如氢、甲烷、甲醇，甚至氨。[44]例如，我们已经知道氢燃料电池汽车（FCEV）与使用现有技术的燃油车相比，可以轻松减少30%的碳排放。[45]

氢燃料电池汽车不是一个新想法，第一款氢燃料电池汽车于1991年被成功开发，之后许多汽车制造商开始投资该领域的研究。[46]鉴于当时燃料电池的制造成本高，以及电动汽车的迅速发展，氢燃料电池汽车被抛在后面。[47]但近年来，由于氢燃料电池比电动汽车具有更强的续航能力、更快的加油速度以及更好的性能，并且其生产成本逐渐降低，使得氢燃料电池卷土重来。[48]本田（三大汽车制造商之一）高级副总裁迈克·阿卡维蒂在2013年说道，“创新已经达到了新起点，允许更商业可行的燃料电池汽车大规模生产”。[49]

这种车辆的未来面临两个关键障碍。首先，要使用氢作为燃料，必须从水和甲烷等化合物中提取氢。当然，任何萃取过程都要使用能源。蒸汽改造是目前最常用的提取氢气的方法。它将高温蒸汽与天然气结合，以提取氢气。但真正的收益可能来自一个事实，即氢可以通过无碳来源产生，这将开启无碳旅行。使用风能、太阳能或核能等低碳能源生产的氢气，可减少高达90%的碳排放量。

其次，是我们之前遇到的搭便车问题：要使氢燃料电池汽车具有吸引力，必须有足够的加氢站。如果不能保证加氢站得到广泛利用，就没有公司愿意投资建站。如果没有办法加氢，就没有人愿意驾驶氢燃料电池汽车。[50]

这里有巨大的利害关系。如果美国处于发展这项技术的前沿，对我们经济来说将是变革性的。美国能源部 2008 年的一份报告指出，到 2050 年，氢能发电领域可创造 67.5 万个新的就业机会，每年减少石油进口 3 700 亿美元，预计占 GDP 的 1%。[51] 即使在这个早期阶段，仅在美国东北部，氢气和燃料电池的供应链也贡献了 6 550 多个工作岗位和约 6.2 亿美元的劳动收入。[52]

美国政府认识到氢的重要性，并在这方面进行了重大的公共研究投资。美国能源部在这方面的资助从 2004 年的 1.47 亿美元增加到 2008 年的 2.67 亿美元，但此后则是在稳步下降，2017 财年融资仅为 1.01 亿美元。[53]

美国的投资正在下降，而其他国家则在上升。英国宣布投资 3 500 万英镑（约合 4 500 万美元），鼓励居民使用超低排放汽车和摩托车。欧盟于 2016 年启动了一个为期 6 年、耗资 1 亿欧元（1.06 亿美元）的项目，为欧洲公路网增加 1 230 辆氢燃料电池汽车和 20 个加氢站。[54]2014 年，日本环境省启动了一个价值 30 亿日元（2 700 万美元）的电燃料项目，将过多的可再生能源转化为氢气，用作以后运输的动力。[55]

美国有一些改善氢能源经济基础设施的努力，但目前仍处在很低的水平。比如加州在为氢燃料电池汽车提供资金、建设加氢站方面处于全国领先地位，并提议到 2025 年建成 100 个加氢站。[56]

与其他国家的情况相比，这显得有些微不足道。到 2030 年，德国预计将建成多达 1 000 个加氢站，满足 180 万辆氢燃料电池汽车的约 21.6 万吨的加氢需求。法国也有一个实质相同的项目。[57]

日本正在大规模补贴氢燃料电池汽车和加氢站，特别是在2020年奥运会举办地东京。2016年春天，时任东京都知事的舛添要一宣布："1964年东京奥运会留下了新干线高速列车系统作为奥运遗产。即将到来的2020年东京奥运会将留下一个'氢能社会'作为其遗产。"[58]

当然，还有中国。2001—2005年，中国投入4 000万美元用于燃料电池技术的研究。2004年，北京氢能示范园由中央政府和北京市政府推广和资助。[59] 2006年，中国建立了第一个加氢站，以示范氢燃料电池客车的商业化。北京中海泰克、英国石油和北京同方是该项目的利益相关方。园区有一个研发中心、一个加氢站、一个氢燃料电池汽车车库和一个维修车间。

中国目前拥有400多项与氢燃料电池相关的专利，从催化剂到系统集成。截至2010年，有60多家机构和公司从事氢燃料电池技术研究。[60] 2017年10月，中国首辆商用氢能电车建成。它不排尾气只排水，可以在15分钟内重新加氢，并且每充能一次可以沿着一条关键的通勤线路进行3次15公里的往返，最高时速为70公里。[61] 2017年12月，另一个氢燃料电池产业园宣告成立。它在武汉建设，由一家深圳科技公司投资115亿元人民币（约合17亿美元）。[62]

增强氢能环境效益的一种方法是大规模扩大无碳电力供应，另一种方法是让核能卷土重来，这是由于高温气冷反应堆（HTGR）在安全方面的显著创新，该反应堆使用惰性氦气冷却液，所以绝不会像水、蒸汽和氢气那样产生腐蚀或爆炸，氢燃料比传统核燃料更能承受高温，一个大型反应堆容器在事故中可以被动地将热量从核心传导出去，所谓"被动安全"就是该设计的依据。[63]

2005年《能源政策法》包括授权在美国开展一项雄心勃勃的研究项目，开发高温气冷反应堆。爱达荷州国家实验室的研究人员完成了一系列关于高温气冷反应堆热驱动的不同化学品和燃料生产工艺的研究，确定了许多有发展前景的选择。[64]然而，美国能源部在2011年大幅缩减了该计划的范围和资金。[65]

与此同时，中国正在迅速提高其建造、运行和出口核反应堆的工业潜能。其研究项目正在测试所有前景乐观的新反应堆技术选择。2011年，在美国缩减高温气冷反应堆项目的同时，中国正在推进清华大学小型实验性高温气冷反应堆的建设，并准备在山东省建造一个更大的双反应器高温气冷反应堆。建设在山东省的双反应器高温气冷反应堆示范工程已于2020年7月全面进入调试状态。[66]

2015年，中国还与比尔·盖茨于2006年创立的美国公司泰拉能源签署了一项协议，该协议计划到2025年建造一座快速中子反应堆。快速中子反应堆最初由美国原子能委员会从20世纪50年代开始开发，在运行时会产生大量的钚，这有可能大大增加世界核燃料的总供应量。[67]

深海资源

世界经济增长的很大一部分有其基础，即发现新的领域。这些发现是戏剧性的，并覆盖了许多已知的世界。但是，在未知世界中还有一个巨大的未开发部分——深海。

截至2014年，美国在探索空间上的投资是探索海洋的160倍。[68]

专家认为，这种差距是不合理的，因为“海洋已经为我们提供了大约一半的氧气，是我们最大的蛋白质来源，拥有丰富的矿产资源，并为药品提供关键成分”。[69]进一步勘探海洋，既可增加我们获得重要自然资源的机会，又可产生生物多样性的开创性发现。然而，在成为探索海洋的早期领导者之后，我们就落后了。

达到 5 000 英尺水深以及更深水域被认为是世界上最后剩下的有待发现和开采的石油和天然气资源的区域之一。[70]然而，深海勘探的另一个更重要潜在的好处是深海采矿。它可以从海底提取有价值的资源。钴是其中一个有价值的元素。它在化学和高科技工业中的应用范围很广，适用于锂离子电池、电动汽车、光伏电池、超导体和先进的激光系统等产品。刚果民主共和国对钴的供应占全球总量的 2/3 以上。[71]由于人类对钴的需求增长迅速，而刚果民主共和国的局势不稳，仅在 2017 年，钴的价格就翻了一倍多。

深海勘探合同已经批准可以勘探钴以及其他越来越昂贵的，应用于高科技和工业方面的元素，如镍、铜和锰。[72]所有这些元素都可能在散落海底的结节中找到；克拉里昂－克利珀顿断裂带是相当于欧洲面积的太平洋海域，其结节中蕴藏了足够的镍和钴，与现有的陆基储量相比或有过之而无不及。[73]

此外，深海结节中可能发现稀土元素。[74]稀土元素是一些在现代技术中有许多重要应用的元素，并且没有相等的替代品。它们在可充电电池、计算机、手机显示屏、风力涡轮机和混合动力汽车的生产中至关重要。这些元素一般并非罕见，但使用目前的采矿技术找不到大储量。对这些元素日益增长的需求正在使供给越来越紧张。[75]

中国目前供给了全球 80% 的稀土元素需求量，这给了中国巨大的议价能力。这种力量在市场上显而易见。2011 年，当中国政府决定限制这些元素的出口时，价格飙升。[77] 包括耳机和混合动力汽车在内的一系列产品所需的稀土元素，价格从 42 美元 / 千克涨到 283 美元 / 千克；对制造导弹至关重要的钐从一年前的 18.50 美元 / 千克攀升至 146 美元 / 千克以上。[78]

深海开采是获取大量稀土元素的有效途径。在海底的一些特定部位，每平方公里可以满足世界稀有金属年消费量的 1/5。[79]

这些矿物可能只是冰山一角。下探 6 000 ~ 11 000 米的洋底，被称为哈达尔区，是地球上被探索得最少的地区之一。这些区域是微生物活动频繁的地点，因为在那里它们能得到异常高的有机物流量，由动物尸体或周围较浅海床下沉的藻类组成。[80] 例如，在深海海绵分离中发现的化合物在对抗肺癌和乳腺癌方面显示出潜力。[81] 国家海洋和大气管理局 2000 年的一份报告解释说，对深海的新勘探发现了数百种新的海洋物种和全新的生态系统，这些进步带来的好处是巨大的。例如，一个新的产业，即海洋生物技术，已经显示出可观的回报。了解海洋的生物多样性对于维持其巨大的全球经济价值至关重要。[82]

与大多数现代技术一样，深海勘探最初由美国主导，是由政府资金和学术科学驱动的。勘探是由遥控潜水器（带仪器的无人驾驶潜水器，通过电缆连接，可以收集标本）和载人潜水器两种方式进行的。[83] 这一领域的许多创新都发生在马萨诸塞州科德角的伍兹·霍尔海洋研究所。该研究所是在第二次世界大战前由洛克菲勒基金会资助成立的。但自 20 世纪 50 年代以来一直严重依赖政府资金。[84]

多亏这笔资金，多年来，美国在深海探测方面一直处于领先地位。艾尔文号载人潜水器在1964年下潜到4 500米的深度，到2013年已下潜到6 500米。2009年5月31日，内雷乌斯号遥控潜水器在西太平洋下潜到10 902米，探索了马里亚纳海沟，使其成为迄今世界上下潜最深的潜水器。[85]

2014年5月，由于极端压力，内雷乌斯号发生爆炸，成为历史转向的信号。研究人员希望伍兹·霍尔研究所能够建造一艘替代潜水器，继续探索哈达尔区，但该研究所决定，该项目的保险资金将更好地用于风险较低的项目。[86]

相反，中国已经率先采取行动。中国第一个遥控潜水器建于1994年，下潜深度只有1 000米，但到2016年，海斗1号遥控潜水器的潜深达到10 767米。2003年，一艘名为“蛟龙号”的载人深海潜水器开发项目正式启动，主要资金来自私营企业。[87] 2012年6月27日，“蛟龙号”与两名远洋潜水员在西太平洋的马里亚纳海沟下潜到7 062米深，比任何现有的美国载人潜水器都深。

中国计划扩大深水勘探，为“蛟龙号”建造一艘新的母船，以提高其深海测量和研究能力。新母船“深海一号”已于2018年底下水，“蛟龙号”载人深海潜水器计划于2020年开始进行新的全球深海科学考察任务。[88] 在未来5年内，中国还计划建造一艘载人潜水器和一艘无人潜水器，每艘潜水器的下潜深度可达11 000米，这将创下新的纪录。中国还计划发射三颗海事卫星，以改善海洋研究现状。[89]

2017年，中国最大的矿业公司获得了西南印度洋矿藏的勘探许可证。中国大洋矿产资源研究开发协会将在几年内部署一个试验性采矿系统，以在中国南海探测结核。海底爬行器目前也正在建造中，而“蛟龙号”是建造大型船只的开始，这些船只需要处理大量的样品。[90]

美国领先的滑落

合成生物学、氢能和深海勘探的故事折射出更广泛的趋势：几十年来，美国在科学创新方面处于世界领先地位，但在一个又一个领域，在科学发现方面落后的可能性也逐渐增大。

尽管研发支出从 20 世纪 60 年代末开始急剧下降，但在 20 世纪 80 年代初，美国仍然处于世界领先地位。当时我们开始获得具有国际可比性的研发支出数据。[91] 1981 年，美国公共研发支出仍占 GDP 的 1% 以上，研发总支出占 GDP 的 2.3%。这两者的比例都是世界上最高的，甚至很少有国家能接近。[92] 美国已经远远领先于世界，即使大幅度下降，其仍然是世界领导者。

在接下来的 35 年里，情况发生了巨大的变化。今天，有 9 个国家在公共研发方面的 GDP 支出比例更高。7 个国家在公共和私营的研发总额所占的份额高于美国。国家优先级的这些变化导致了实际后果。

例如，奥地利研发总额占 GDP 的 3%，其中政府研发支出占 GDP 的 1%；丹麦研发总额占 GDP 的 3%，其中政府研发支出占 GDP 的 0.87%；芬兰研发总额占 GDP 的 2.9%，其中政府研发支出占 GDP 的 0.84%；韩国研发总额占 GDP 的 4.2%，其中政府研发支出占 GDP 的 1%；以及瑞士研发总额占 GDP 的 3.4%，其中政府研发支出占 GDP 的 0.83%——都超过了我们的总研发支出及政府的研发支出。虽然看起来这些国家比美国小，或许它们的研发创新不太可能挑战美国的领导地位。但要值得注意的是，中国是一个大国，它已经有意识地把越来越多的资源用于支撑科学创新的发展了。

1966—1976 年，中国高等教育遭受重创。但在 20 世纪 90 年代和 21 世纪第一个 10 年，中国在理工方面以扩大大学教育为主要催化剂，迈出了一大步。[93]1990—2010 年，中国高等教育入学人数增长了 8 倍，对全世界高等教育总入学率的占比从 6% 上升到 17%，大学毕业生人数从 30 万人增加到近 300 万人。

相比之下，在苏联卫星时代引起美国极大关注的苏联高等教育增长，从 1940 年的 80 万毕业生增加到 1959 年的 220 万毕业生。[94]最终，苏联的经济威胁被夸大了，主要是因为这个国家集中力量生产武器，而且从来没有真正拥有市场经济。中国却不同，尽管政府起着很大的作用，但它是一个市场经济国家。随着时间的推移，更多的科学家和工程师将结合更多的创新，包括在直接相关的领域与美国竞争。

中国高等教育的兴起多少有些两极分化。一方面，近半数的中国本科生报考了两年制到三年制偏重职业培训的课程，其学术内容比传统学士学位课程少。另一方面，1990—2010 年，中国的硕士和博士的数量增加了近 15 倍。1990 年，中国理工博士的毕业生人数仅为美国的 5.7%，而到 2010 年，中国的 2.8 万名博士数量已超过美国的 2.45 万名。中国的大学教育质量仍然低于美国大学，但这一差距也正在缩小：2003 年，中国只有 10 所大学跻身世界大学前 500 名，而今天已经有 32 所。[95]

中国不光加大对教育基础设施建设的投入，还努力从国外招聘人才。中国的“千人计划”旨在从国外著名院校招聘55岁以下的教授。来到中国后，获奖者将获得中国大学或研发机构的领导职位、大量的研究方面的支持、高工资和福利，以及获得关于子女进入顶尖学校的保证，甚至为其配偶提供工作。[96]

目前，该项目已进入第10个年头，在医学、计算机科学、应用工业技术等领域招聘了2 600多人。据一位负责军事问题的美国国家情报官员称，“中国还雇用了受过西方培训的归国人员参与对其科学、工程和数学课程进行的重大变革，以培养中国顶级大学的人才创造力和应用技能”。[97]

经济合作与发展组织报告称，仅在过去10年中，中国的研发投入就从占GDP的1.3%上升到2.1%。报告指出，中国政府研发支出从占GDP的0.34%增长到0.44%。几乎可以肯定，这一报告低估了政府对中国研发的贡献度，因为政府和私企（及控股公司）的投入相互交织。[98]

还有一些切实的措施表明，这项投资在科学进步方面正在取得成效。1990年，中国产生的科研论文数量仅占世界的1.2%，而美国的科研论文产量占32.5%。到2016年，中国已经超过美国，发表了超过42.6万项研究，而美国只有40.9万项研究。在此期间，这些研究的平均质量（通过其他科学家的引用率来衡量）在中国翻了两番，而美国则略有下降。[99]

此外，中国正在公开承诺建设未来的蓝图。2016年3月5日，中国国务院总理李克强在全国人民代表大会开幕式上发表讲话，全面介绍了中国“十三五”时期（2016—2020年）中央经济发展规划纲要草案。主要内容包括增加科学支出，计划当年将增长9.1%，达到2 710亿元人民币（约合410亿美元），减少科学家领域的官僚壁垒，改善环境，同时控制碳排放和其他污染物的排放。该计划是到2020年将研发支出增加到GDP的2.5%，与今天的美国大致相同。[100]

技术领先促进经济增长

我们为什么要关心哪个国家有新发现？毕竟，技术发展能使整个世界受益。谁在乎中国人是否做出新发现呢？原因很明显。

我们已经广泛论述了两个原因：经济增长和良好的就业机会。一个国家的经济增长越来越有助于产生新发明。这些新发明可以转化为消费者青睐的产品。美国曾经是世界生产和转型的领导者，过去是，但不能保证一直都是，各个国家都在奋起直追。

先行意味着设定标准，而设定标准可能意味着创造附带的工作岗位。蜂窝通信标准的演变就说明了这一点。在每一代无线通信中，经济利益都流向了全球领导者。

现代无线通信行业始于1991年芬兰推出的2G（第2代移动通信技术）标准。这种新系统允许把数字加密，以及从SMS消息开始使用数据服务。芬兰是如何在新兴技术中发展这种领导力的？综上所述，这是由于公共部门的研发领先导致的。

如第五章所述，芬兰的泰克斯计划以竞争方式为研发项目提供补贴，其成功是有据可查的。事实上，许多人将发展归功于泰克斯，它领导了芬兰经济从以自然资源出口为基础向以技术为基础的转型，特别是以电信技术为基础的转型。

泰克斯于1983年一经成立，立即开始支持半导体和IT公司的发展。这些公司的产品有助于电信行业的发展。泰克斯的资金有助于芬兰电信公司实现从模拟技术向数字技术的转变。其领先方向是与诺基亚的合作。诺基亚始建于1865年，最初是一家纸浆厂，最终也扩展到橡胶和电缆领域。它在20世纪70年代末进入电信业，到20世纪80年代末，芬兰电信业的大部分已经并入诺基亚。

泰克斯大约1/3的资金投向了信息和通信行业公司。在20世纪80年代早期，泰克斯为诺基亚的研发总支出提供了15%的资金。在1990年经济衰退期间，泰克斯对诺基亚研发中心的资助仍在继续，使其即使在经济低迷时期，也能继续进行研究。[101]

结果非常惊人。芬兰经济研究所估计，1998—2007年，诺基亚为芬兰经济增长贡献了25%，芬兰财政部长称之为“经济奇迹”。[102]在2000年，诺基亚的出口额占芬兰总出口额的21%，占其公司税收的20%。[103]

与此同时，美国公司也遭受了损失。从20世纪90年代末到21世纪初，电信领导者朗讯和阿尔卡特都遭遇了就业率的迅速下滑。一份专家报告将下滑归咎于这些公司无法进入2G市场。如果美国成为2G的领导者，这种情况本来是可以避免的。[104]

但标准在继续更新。芬兰以及更大范围的欧洲逐渐失去了领导地位。新的3G（第3代移动通信技术）标准由日本主导。欧洲如果无法足够快地采用3G，估计将造成数十万个工作岗位的丢失。[105]美国在4G（第4代移动通信技术）标准方面发挥了更大的领导作用。到4G推出时，欧洲几乎失去了手机行业的全部市场份额。[106]事实上，在3G领域取得巨大市场份额的日本，随着4G的推出而再次回落。大多数日本企业退出了手机业务，其在移动互联网服务方面的领先优势逐渐消失。

2018年发布的一份报告估计，美国领导的4G为美国公司创造了1 250亿美元的收入。如果美国不掌握4G的领导地位，这些公司就可能流向别处。这1 250亿美元由用户终端向设备制造商和经销商、应用和内容服务商以及设备配件供应商付款所构成的国际收入组成。[107]

下一波5G（第5代移动通信技术）标准即将到来，这里有来自中国的新竞争。第一批开发5G的公司很可能将知识产权写入标准，这具有明显的货币效益。此外，对于第一批开发公司来说将具有安全优势，因为他们将更好地了解系统的潜在漏洞。[108]中国没有参与到2G和3G，在4G市场也只占了7%的份额。相比之下，自2009年以来，中国在5G研究方面投入了大量资源，预估，中国可能会占领5G市场的很大份额。[109]

知识产权、环境和道德

随着技术的发展，除了衡量经济的增长之外，还有一些问题应该引起我们的关注。比如前面的例子就提出了一些有争议的问题。20

世纪六七十年代的一个教训是，忽视这些问题可能就会失去公众对技术进步的支持。同时，简单地把边界让给其他国家就意味着让他们以不符合我国公民利益或偏好的方式发挥带头作用。

2018 年 3 月 24 日，特朗普总统宣布对中国实施一系列贸易制裁，此举受到两党公共政策专家的指责，认为对当前问题反应不力，会对世界经济造成负面影响。[110] 与此同时，我们有理由对于美国公司向中国转让技术的压力感到担忧。

更有效的对策是确保美国不仅在创新思维方面，而且在商业化方面处于世界的领先地位。正如我们初期在平板屏幕面板的发展中所展示的那样，日本买走了美国的专利似乎是个小问题，然而，利用侵权的技术提升他们的技术基础设施来反制美国就是一个严重问题。我们不仅要开发新技术，而且要在引领世界商业化方面，为保护我们的知识产权尽最大的努力。这才符合美国一贯的做法，不论是科学家，还是务实的工程师，都要把好想法转化为让美国拥有领先世界的企业。

另一个重要的问题是技术进步对环境的影响。这种担忧最初导致许多美国人反对公共科学。尽管技术进步的衡量从《寂静的春天》时代开始发生了变化，但这些问题至今仍然至关重要。这是核电作为能源重新出现的明显关切。但它远不止于此。

请思考深海采矿对环境的严重影响。深海采矿可能产生的巨大羽流沉积物可能会暂时切断大面积的氧气供应，减少光合作用的可用阳光，对生物繁衍力造成长期影响。[111] 此外，深海在应对气候变化方面通过储存人类活动产生的碳排放而发挥着核心作用。深海已经吸收了人类活动释放的 1/4 的碳。如果为了从深海获得稀土元素来支持电池充电，最终可能会导致气候变化，对于人类来说，那将是一个讽刺，也是一场灾难。[112]

原则上，此类采矿活动由国际海底管理局（ISA）监管，但其监管范围距离每个国家的海岸只有两百海里。[113] 国际海底海洋和开发系统为潜在采矿工程必须沿海床收集的生态数据提供了严格的准则，目前正在进行关于矿产资源开发条例的制定工作。然而，个别国家仍然可以自由选择自己对海底采矿的监管办法。[114] 强大的跨国集团可能利用太平洋许多岛屿小国松懈的审查或不存在监管执行能力而获利，而这些地方正是被认为海底矿藏高度集中的区域。

因此，要由这些公司所在的国家帮助实施限制，允许以平衡经济收益和环境损害的方式进行勘探。如果美国确实想在可持续开采自然资源方面起带头作用，至关重要的是成为开采技术的领导者，在可持续性和潜在风险方面提供强有力的保障措施。

同样，随着合成生物学解决方案的推进，世界粮食短缺问题亟待解决，我们面临着公众对转基因生物的日益关切。根据 2016 年皮尤研究中心的调查，39% 的美国成年人认为转基因食品危害健康，10% 的人认为转基因食品有利于健康，48% 的人对转基因食品不置可否。[115] 然而，2015 年皮尤研究中心的一项研究发现，88% 的美国科学促进协会的科学家证明转基因食品可以安全食用。世界上最大的科学和公共卫生组织，包括世界卫生组织、美国医学协会、国家科学院和皇家学会，都公开表示，食用含有转基因作物成分的食物，与食用传统农作物的食物无异。[116]

为保护公共利益，同时使美国在这一科学前沿起带头作用，并抓住相关的经济机会，解决这些分歧需要进行严格和公开的辩论。但是，如果我们坐享其成，让其他国家在这些技术领域起带头作用，富有意义的辩论和富有成效的解决方案就会从身边溜走。

伦理学是一个更受广泛关切的领域。这种关切在合成生物学中自然而然地产生。未来几年，处于技术发展前沿的国家及其专家将制定新兴合成生物学研究路线规则，并规定合成生物学的治理方式。因为正式的法规或标准通常远远落后于新技术的开发。

合成生物学如果发展不当，可能会产生重大的负面影响。例如，科学家提议改变蚊子的DNA，使其对疟原虫产生抗体，从而减少这种致命疾病的威胁。但他们也需要考虑，如果该基因传播到其他物种或引起其他意外效应时，这项技术是否会被误用或导致间接事故。[117]

合成生物学另一个需要仔细规划安全标准的应用领域是有争议的人类生殖系基因编辑。其中对精子或卵子DNA的修改将不仅关系到个人，而且关系到其后代。中国的一个研究小组报告说，他们利用基因技术改造了人类胚胎，由此引起的可接受限度的紧张已经浮出水面。据了解，中国至少有4个研究小组正在人类胚胎中进行基因编辑。[118]

一波未平一波又起。如果美国希望在谈判桌上占有一席之地，就需要成为科学领袖，而不是追随者。如果想要成为领导者，首先需要吸取其他国家已经学到的经验。

其他国家和地区如何前进：研究型园区战略

随着亚洲经济体技术部门的发展，他们把美国硅谷和128号公路等地的成功视为典范。其结论是，成功的关键是研究型园区战略，特别是让制造与研究共存。

在过去的几十年里，这些园区有助于推动一些亚洲经济体的技术进步和经济增长。具有讽刺意味的是，我们一直在考虑如何更新我们的技术领先地位，发现整整转了一圈之后，也许应该从重新审视我们的研究型园区模式入手。在本节中，在升级本国的研究型园区战略版本之际，我们将回顾美国可以借鉴学习的一些世界其他国家及地区的突出案例。[119]

中国台湾地区

我们两人中恰好有一位在麻省理工学院的莫里斯和苏菲·张大楼教书。这栋大楼是由麻省理工学院毕业生张忠谋捐资兴建的，他被视为台湾地区半导体产业之父。如果张忠谋是产业之父，那么新竹科技园区就是产业诞生地。

新竹科技园区成立于 1980 年，是台湾地区第一个由当局赞助的科学园区。它由经济事务主管部门的台湾地区科学委员会管理，大学、工业企业和当局之间合作。它与台湾地区两所领先的研究型大学——台湾清华大学和台湾交通大学相邻。当局购买了园区土地，并投资了 20 亿美元用于软硬件设施布局。此外，新竹科技园区的投资还可获得大量企业税收减免优惠、当局共同投资机会以及当局赠款。

结果令人印象深刻。1983 年，园区有 37 家公司；到 2016 年，共有 487 家企业，总销售额相当于整个台湾地区经济总额的 6%。园区就业人数仅占台湾地区就业人数的 2.3%，但该园区产值几乎占台湾地区 GDP 的 15%。2010 年新竹科技园区专利占台湾地区专利总数的 2/5 以上。新竹科技园区 2/3 的员工拥有大学或更高学历，而泛化到制造业，比例仅为 7%。产学研互助为新竹科技园区提供技术，为大学生提供在职培训和实习机会。

园区明显的领导者是半导体行业，占园区企业销售额的 75% 左右。事实上，半导体产业推动了台湾地区作为出口导向型经济的增长。半导体行业 2017 年销售额超过 700 亿美元，约占出口额的 40%。[120] 台湾地区官员认为，尽管有来自大陆和其他地方的竞争，但估计半导体行业仍将保持台湾地区 1 310 亿美元的高科技产业实力。[121]

新竹科技园区的发展提供了两点重要的启示。第一，产学研结合。新竹科技园区最初构思时，原本是一个专注于研发工作的高科技园区，但园区的大部分成功是通过相关的制造实现的。正如一位消息人士表示，“如果不是制造活动，新竹科技园区不可能实现集约过程和规模经济”。[122] 研发和技术开发占园区就业人数的 40%，生产、制造、广告和其他就业占 60%。

第二，这个园区逐渐聚焦于半导体行业并不是注定的。新竹科技园区成立之初专注于六大高科技产业：半导体、计算机加外围设备、通信、光电、精密机械和生物技术。初建时，各类公司活动范畴分布广泛，但赢家很快就突显出来。这可能反映出电子行业比新竹科技园区中的其他行业与国际关联更紧密，包括张忠谋回到台湾，把美国电子业的领先技术带回来。[123]

这一点很重要，因为它强调了一个事实，即并不是每投一注都能赢。1990—2016 年，园区的非半导体行业销售额增长了 5 倍多，令人印象深刻。但对GDP总体增长（380%）没有特别贡献。与此同时，半导体销售额增长了52倍，令人吃惊。研发有风险，许多赌注行不通，但那些可行的投注可以擎起天。

新加坡

新加坡这个岛国并不总是生物技术的领头羊。1985年，当新加坡制定国家技术规划时，在57页的文件中只用了半页的篇幅来阐述“医疗和保健产业”。在1993年，新加坡的一份高级白皮书就指出，医疗领域的研究“一般不会产生任何经济回报，即使从长期来看也是如此”。

然而，在1997—1998年亚洲金融危机中，传统上光顾新加坡私立医院的外国患者，主要是马来西亚和印尼的华人，人数突然大量减少。医院行业决定，医疗研究对他们的生存至关重要。新的重点是培养医生研究员，用75%的时间“坐堂问诊”，其余时间在住院处将研究成果转化为实验过程。[124]

新加坡在2003年对非典型肺炎（SARS）流行病的反应证实了这一领域的重要性。新加坡总医院病毒学实验室进行组织取样和初步分析，新加坡基因组研究所于2003年开始对非典基因组进行测序。[125]媒体和公众密切关注科学发展，正如一则报道指出：到最后，新加坡没有人怀疑尖端医学研究与当地健康的相关性。除了经济上的迫切性，这种研究现在看来对国家生存，包括经济发展，是必要的保险。虽然“非典”危机只持续了两个月，但它永久地提高了公众的公共卫生意识和研究体现。[126]

这个时机至关重要，因为它与新加坡科技城的启奥生物医药园（Biopolis）的早期阶段相对应。该园区的设想是鼓励大型生物技术公司与公共研究机构之间构建合作中心。启奥生物医药园的一期集资为5亿新元，相当于3.64亿美元，建筑面积18.5万平方米，7个建筑群。在过去10年中，后几期的规模几乎翻了一番。生物城现在由政府生物医学研究委员会下属的5个研究所组成，专注于生物信息学、生物处理技术、基因组学、生物工程和纳米技术以及分子和细胞生物学的相关研究。

该园区与新加坡国立大学近在咫尺。新加坡国立大学是新加坡历史最悠久、规模最大的公立大学，每年的招生人数约为3.6万。2003—2007年，新加坡国立大学的研发预算增加了2倍多，因为启奥生物医药园正在增长。新加坡国立大学约占全国科学研究家、工程师培训以及同行评审科技出版物发表量的一半。

园区自建立以来，出现了爆炸式的增长。2002—2011年，启奥生物医药园的科研人员人数增加了250%，超过5 000人。[127]近40家企业研究实验室入驻启奥生物医药园，许多领先的生物制药公司在研究园区内建立公私合作伙伴关系。该园区是生物医学（BMS）产业发展的中心，成为该国经济的主要贡献者。生物医学的制造业产值从2000年的60亿新元（44亿美元）增加到2012年的294亿新元（约合214亿美元），增长近5倍。在同一时期，就业人数增加了2倍多，从6 000人增至15 700人。目前，该行业对新加坡整体制造业的增值贡献率约为25%。[128]

启奥生物医药园在科学方面取得的成功是不可否认的。《科学美国人》发布了“世界生物技术指南”，提供了全球生物技术视角，并根据具体指标对每个国家进行排名。该排名始于 2009 年。[129] 自 2009 年以来，新加坡每年都位居前 10 名，除 2011 年外，每年都位居前 5 名。新加坡从 2015 年的第 5 名上升到 2016 年的第 2 名，仅次于美国这个人口比新加坡多 60 倍的国家。[130]

从美国的角度来看，直接衡量成功的标准是，启奥生物医药园的主要投资者是一家标志性的美国公司——宝洁。宝洁在家庭和个人护理领域家喻户晓，2011 年它投资 2.5 亿新元（约合 1.8 亿美元），在启奥生物医药园建立了一个大型创新中心。[131] 宝洁注意到启奥生物医药园靠近亚洲市场，这成为推动宝洁这一举措的一个动机。但他们也强调，给新加坡的研究经费，重点是要特别地通过科技研究机构（A+STAR），促进以使命为导向的研究，推进科学发现和技术创新。

宝洁的新加坡创新中心主任詹姆斯·考强调了启奥生物医药园的集约优势，强调在启奥生物医药园工作使他和他的同事能够很容易与科技研究机构的关键经理及其科学领导层进行协作理念讨论。“我们喜欢靠近不同实验室的执行董事，”考先生说，“我们可以迅速地去实验室与他们交谈。”[132]

新加坡计划进一步推行这一方针。2016 年初，研究、创新和企业理事会主席、新加坡总理李显龙宣布，2016—2020 年新加坡国家研究预算比前 5 年预算增加 18%，达到 GDP 的 1%，与其他工业化国家持平。135 亿新元（约合 97 亿美元）的资金包括为新兴研究、创新和企业活动增加 50% 以上的预算。此外，新加坡国立大学于 2015 年 9 月 30 日开设了一个价值 2 500 万新元的合成生物学中心，洛克菲勒大学植物分子生物学家蔡南海宣布，他计划到新加坡淡马锡生命科学实验室推进他的研究，探索植物 RNA 对耐旱能力的影响。[133]

中　国

以人口或 GDP 相对于美国（或占世界经济的份额）来衡量，中国台湾和新加坡都不大。然而要看到，这种做法在一个更大的国家足可奏效，无须远望，只看中国。虽然研究型园区的定义并不完全一致，但估计目前中国有 54 个科技工业园，共有 6 万家企业，员工 800 万人。这些园区年产值占中国年 GDP 的 7%，获得了中国研发支出的 50%，[134] 中国的国家研发战略是围绕这些园区构建的。[135]

研究型园区战略在中国从北京的中关村开始。这个园区是中国科学院前科学家陈春先的创意。1978 年改革开放开始后不久，陈春先和 10 位中科院研究员就到美国进行了学术考察。之后，他在 1980 年 10 月 23 日的北京等离子体协会会议上总结了他对波士顿郊外的 128 号公路和硅谷的访问。他推断，"中关村的专业人才密度不亚于波士顿和硅谷"。[136] 事实上，在 20 世纪 80 年代初，北京大约有 60 所重点大学、学院，200 个科研院所。

园区起步缓慢，但 1984 年，陈春先在中科院的研究园区创办了联想公司，并取得了初步的成功。中科院为他们提供了 2.4 万美元的初始资本，公司在中关村正式成立。[137] 如今，该公司拥有 5.5 万名员工，总收入达 430 亿美元。[138]

到 1986 年，中关村已有数百家初创企业。政府批准将中关村建设成为高新技术发展试验区。之后的增长是呈指数级的。如今，园区占地 100 多平方公里，约有 2 万家企业和 25 万名员工。[139] 在纳斯达克上市的中国企业中，有近一半位于中关村。商业资源公司（Expert Market）于 2017 年将北京的中关村评为“世界头号科技中心”，称其得益于有利的早期融资环境和相对较低的生活成本。[140, 141]

中关村的成功使国家科委（1998 年改名为科学技术部）于 1988 年提出了“国家火炬计划”，其目的是建设科技产业园，特别是在中关村，继而面向全中国孵化新的初创企业。国家希望通过建设研究型园区，促进研发机构、大学和初创企业密切合作，将国家科技项目带来的创新商业化。这个项目已经带动了中国各地 54 个研究型园区的建设和发展。

这些园区不仅仅建设在中国的一线城市，当中国科技大学将校园从北京迁至合肥时，这个历史悠久的农业地区发生了转变。中国科技大学是内地唯一拥有两个国家实验室的大学。其指定“重点实验室”的数量与北京大学和清华大学一样多（尽管学生人数只有北京大学和清华大学的一半），而且校友入选中国科学院和中国工程院的比例最高。[142]

合肥研究园始建于 20 世纪 90 年代初，发展迅速。1997—2015 年，合肥工业区包括园区的企业数量从 100 多家增加到 1 000 多家，合肥市区员工人数从 1998 年的 227 万人增至 2016 年的 530 万人，翻了一番多。[143]

以这个研究园区为中心，合肥的发展令人印象深刻。1990—2000 年，合肥人口翻了一番，2000—2010 年又翻了一番，成为中国发展最快的大都市之一。2006—2017 年，人均 GDP 增长了 4 倍，而同期北京增长了不到 2 倍。[144]

加拿大

其他国家也把研究工作的重点放在集中的研究型园区里。再回到亚马逊的例子，入围名单中的一个显眼的名字值得我们反思——多伦多。多伦多在安大略省政府的大力支持下作为一个技术中心有了巨大增长。

其主要支持来源是医学和相关科学发明园区。在该地区主要支持医学和相关科学发明的是一家非营利性公司，它为初创企业提供研究和实验室设施，以及风投资本，为创新商业化提供资金。[145] 这个占地 150 万平方英尺的项目分两期开发。第一阶段于 2000 年开始，包括建造三座新的办公空间和实验室大楼，以及将多伦多总医院改建为医学和相关科学发明园区的中心。[146] 加拿大联邦政府为该项目提供了数额不详的贷款，安大略省贷款 5 500 万加元（约合 3 700 万美元），用于帮助土地征用、建设和经营。第一阶段于 2005 年完成，在决定启动第二阶段时，第一阶段工程已经在满负荷工作，并从租金收入中获利。第二阶段包括一个新的西塔，将完全由私人出资建设，但政府同意容纳两个省级机构。

二期工程于 2008 年动工，但 9 000 万加元（约合 6 000 万美元）支出后，私人机构因金融危机而资金枯竭。于是安大略省政府开始采取行动，到 2015 年，已提供了 3.95 亿加元（约合 2.65 亿美元）贷款。

政府得到了回报。该园区本应在 2019 年偿还 2.9 亿加元（约合 1.95 亿美元），但实际上在 2017 年就偿还了 2.9 亿加元。[147] 由于脸书、爱彼迎、IBM 等主要公司以及 28 家加拿大初创企业的到来，这座建筑现已全部租赁出去。根据医学和相关科学发明园区的数据，该建筑群每年产生 2 000 万加元（约合 1 300 万美元）的租金收入。空间经济中心对医学和相关科学发明园区的经济影响进行了评估，该中心估计，发现该园区共创造了 6 662 个就业机会。[148]

外国城市甚至被列入美国最有价值的公司考虑的名单，这一点值得我们注意。按照客观标准，多伦多将可能成为亚马逊一个了不起的选择，这一事实令人担忧。

谁赢得了好工作？

美国是大科学的早期投资者，既是战略使然，也是吉星高照。实验物理学的发展恰逢外国人才的涌入，这主要是由于希特勒在德国的崛起。当美国政府决定支持以范内瓦·布什为首的科学家时，目标是紧急的国防。

这些投资带来了巨大的经济红利，整个企业界有效地扩大规模，以应对苏联的威胁。加上第二次世界大战后有更多的受教育的机会，这对美国中产阶级的影响是积极和持久的。

然而，自 20 世纪 70 年代以来，美国对支持科学的兴趣已经不及从前了。向私营企业研发的转变充其量只能填补部分的亏空。私营企业通常对有利于其他企业发展的创意提供融资不感兴趣。在一般情况下，这些企业没有资源满足尖端研究所需的大规模投资。

风投资本融资体系令人印象深刻，但其主要侧重于支持易于商业化且资本需求相对较少的点子。在美国，靠这种方法创造的好工作数量相对较少。

这种从科学前沿的撤退只会继续，因为目前的财政压力对联邦政府可自由支配的预算以及美国科学界都造成了影响。人口老龄化和医疗费用不断上涨意味着对医疗保险和社会保障等强制性社会保险计划的承诺不断增加，而政治家们提出增税的意愿仍然相当有限。最后一个是可以自由裁量的项目，例如研究经费，在20世纪后期短暂增长之后又稳步下降就见证了这一点。

同时，技术发展的总体趋势仍在继续。包括中国在内的其他国家已经注意到美国因为犹豫而造成的缺口，他们正在填补创新的缺口。这些国家将越来越多地获得与技术创造相关的好工作，而且他们也更有可能为新生的技术制定关键的监管和伦理规则。

现在扭转这一趋势还为时不晚，对科学公共资金的大力推动，可能会打破多个领域的平衡，并创造数百万个就业良机。

出于许多原因，美国处于再创伟业的绝佳地位，从数量充足、实力雄厚的长期投资者到迄今为止世界上最好的高等教育体系，也许最重要的是，我们拥有巨大的地理多样性，可以充分地利用这一优势。

上一节描述了其他国家的研究型园区。但其实我们可以更进一步进行深入研究，下一个阶段也许不是研究型园区，而是更广泛的研发中心，覆盖更大面积，鼓励更新的超级明星城市的出现。在一个像美国这样庞大、多样的国家，没有必要强迫每个人留在同一个建筑或园区内，只要他们足够接近知识经济带来的集约，并能从中获益就好。

美国联邦政府创新角色需要重大的财政承诺，但回报可能也很惊人。我们已建议每年财政承担 1 000 亿美元的支出：相对于我们的经济规模，这还不到公共研发支出历史峰值的一半，但足以推动美国重回世界领导地位。

这种支出应该能创造大约 400 万个就业良机，并共享整个国家的增长机会。增加或减少这一支出就会相应增加或降低效果。但是，如果我们不够努力，则不足以从成功的研发中心中获得经济效益。

当外界看美国仍然是世界上最富有的国家之一时，其实我们却在挣扎，这似乎很奇怪。但是，公众舆论和政治表达清楚地表明，许多美国人对自己的前景并不满意，这是有充分理由的。我们需要对基础广泛的增长做出重大承诺，这将创造美国的新未来，我们需要重新启动美国的发展。

附　录

美国科研力量的具体分布情况

美国有许多有才华的人，分布在一个很大的地理区域。在本附录中，我们将描述衡量不同地区成为技术中心的潜力对比法。书中提出的远非衡量特定地点优缺点的唯一方法，这只是一个建议性的工作，旨在说明我们国家各个角落已经存在的巨大机会，我们想帮助开启关于是否、何地以及如何开始创造更多就业良机的更详细的讨论。

我们使用毗连 48 个州的 378 个都市统计区（代表城市和相关通勤社区）的数据。[1]

美国社区调查由人口普查局进行。它开展美国最大的家庭年度调查，收集了丰富的人口和经济信息。人口普查局通过国家历史地理信息系统提供不同地理层级的数据。[2] 我们通过该系统下载都市统计区层级的数据。美国社区调查提供人口普查样本时，是每 10 年一次。在非 10 年档期没有房价数据时，我们使用 2010 年的最新综合值。[3] 关于通勤时长，我们统计上班路上少于半小时的员工人数，再统计他们在通勤员工总数中的占比。

有关研究生和本科生的大学质量信息，我们使用 2005 年由国家科学院进行的大学评估。[4] 该评估使用一系列广泛的衡量标准来对美国大学研究生课程的质量进行排名。我们使用这些排名是为每个学科的前 20 名创建一个指标，然后我们计算每个都市统计区中每所大学有多少门此类课程。[5] 统计结果显示在附录表 A1 中。

附录表 A1

指标	出处	指标注释
人口年龄 25~64 岁	美国社区调查，2016 年数据	直接引自出处
大学份额	美国社区调查，2016 年数据	人口份额，25 岁以上，学士或研究生程度
科学系前 20 名学科毕业生	国家科学院，2005 年调查	科学和社会科学学科 2005 年评估前 20 排名数量
本科生在前 20 门学科的数量	国家科学基金会博士评估，2005—2015 年	本科生之后从前 20 名博士学科毕业，2005—2015 年总人数
平均每个工人拥有的专利数	福曼、古德法勃和格林斯坦（2016 年授予），实际为 2010 年申请	每个员工专利数量
房价	美国社区调查，2010 年数据	平均房价
犯罪率	联邦调查局，统一犯罪报告，2016 年	每 1 万人暴力犯罪案发数
通勤时间	美国社区调查，2016 年数据	通勤者出行上班路上平均时间少于 30 分钟的比例

为了衡量本科教育的质量，我们参照了国家科学基金会国家理工统计中心（NCSES）每年对博士毕业生的调查。这项博士调查（SDR）自1973年开始，用以评估博士毕业生的各种信息，包括其本科毕业学校。我们向国家科学基金会的一位官员提供了一份文件，其中包含每个学科前20名的研究生学位点信息（如前段所述），该官员将文件与他们官方的调查进行了对比，[6]确认了2005—2015年学科排名前20个学位点的博士，以及他们的本科学校来源。我们计算了这些学生占美国每个地区的生源数。我们将这些数据聚合到都市统计区的相对应级别里。[7]

我们使用了夏恩·格林斯坦提供的专利数据，正如他和克里斯·福曼、阿维·古德法勃在合作的论文中所使用的一样。[8]他们收集了美国专利和商标局（USPTO）授予的专利数量。从这套数据中他们测得每年新专利的数量，由于专利授权的延迟，此处的年份定义为申请年。我们使用了2010年的数值，因为这是他们论文提供的年份的最新数值。我们对专利数与每个都市统计区中的员工数进行量化统计，这里使用了2010年美国社区调查的数据，因为这将衡量劳动力的创业性质。

犯罪数据来自美国联邦调查局的统一犯罪报告（UCR）系统。[9]我们在2016年收集了每个都市统计区的暴力犯罪数据，然后按人口进行量化分析。暴力犯罪包括谋杀、强奸、抢劫和严重斗殴。

组合都市统计区是为了便于统计。在遴选有潜质的技术中心时，将相邻的都市统计区合并起来可能更有意义。例如，艾奥瓦州的得梅因和艾梅斯相隔50分钟。得梅因人口规模要大得多，但艾梅斯拥有更高的教育程度、高质量的教育机构和较高的专利拥有率。若它们合并到数据中，我们就创建了一个既人口庞大又具有强大教育成就的技术中心。利用这个逻辑，我们组合了24对姐妹城和两个“三角区”，每个“三角区”容纳了3个合适的都市统计区。[10]

我们并不声称已经考虑过所有组合的可能性。许多都市统计区相互间距在一小时车程之内，可以有不同于我们设想的各种组合方式。我们还仅仅是在都市统计区的级别进行搭配工作。很可能存在一些小城市或者相邻的非都市统计区的组合，它们也人口充足，也有优质的教育基础设施和良好的生活质量，也能创造经济开发区。我们期待从读者那里听到更多关于这方面的建议。

如本文所述，我们创建了技术中心索引系统。首先我们根据“三高”的定义选择美国地点，即人口数量足够高、教育程度足够高、生活质量足够高。关于人口，我们选择年龄在25~64岁之间、有10万以上员工的都市统计区。关于教育程度，我们选择25岁以上至老年人口中大学教育程度比例大于25%的地区，这比全国平均27.9%的比例低2.9%。我们截取的平均房价低于26.5万美元，比2010年的23.2万美元均价高出约14%。

统计结果显示在附录表A2中，表中按技术中心索引系统的总体排序列出。该表具有以下各列：

- 都市统计区名称；
- 技术中心索引系统整体排名；
- 总人口规模排名（在技术中心索引系统中占1/3的权重）；

- 四个教育指标中的各项排名（整体教育排名在技术中心索引系统中占 1/3 的权重）；
- 大学毕业生占比（在整体教育排名中占 1/4 权重）；
- 前 20 名研究生学科数量（在整体教育排名中占 1/4 权重）；
- 进入前 20 名博士学科的本科生人数（在整体教育排名中占 1/4 权重）；
- 每个工人的专利数（在整体教育排名中占 1/4 权重）；
- 3 个关于生活方式的指标排名（整体生活方式排名在技术中心索引系统中占 1/3 的权重）；
- 平均房价（在整体生活方式排名中占 1/3 权重）；
- 暴力犯罪率（在整体生活方式排名中占 1/3 权重）；
- 通勤时间少于 30 分钟的员工比例（在整体生活方式排名中占 1/3 权重）。

附录表 A2 中的名单来自 36 个州的大都市地区。根据我们的标准，被排除在外的州主要是由于高房价（加利福尼亚州、康涅狄格州、科罗拉多州、马里兰州、新罕布什尔州和罗得岛州），或者其最大城市人口不足（德拉瓦州、缅因州、蒙大拿州、佛蒙特州和怀俄明州），或者教育程度不足（内华达州）。当然，从长远看，只要有足够的本地政治意愿，这些变量都可以改变。

附录表　A2

位置名称	整体排名	按人口规模排名	按教育程度排名				按生活方式排名			组合都市统计区
		25~64 岁的人口数	大学学历百分比	前 20 名学科研究生学位点	考入前 20 名博士学科的本科生人数	人均专利数	平均房价	人均暴力犯罪率	通勤少于 30 分钟	
罗切斯特，纽约州	1	26	30	24	12	3	19	28	35	否
匹兹堡，宾夕法尼亚州	2	10	23	7	5	30	35	37	93	否
锡拉丘兹 / 乌蒂卡 – 罗马，纽约州	3	29	64	24	22	44	9	33	27	是
哥伦布，俄亥俄州	4	15	18	7	11	48	71	34	74	否
布卢明顿 / 香槟 – 厄巴纳，伊利诺伊州	5	73	2	3	4	19	24	22	6	是
克利夫兰 – 埃利利亚，俄亥俄州	6	16	53	18	10	25	33	49	83	否
艾斯 / 得梅因 – 西得梅因，艾奥瓦州	7	44	7	18	19	21	61	35	18	是
宾汉姆顿 / 伊萨卡，纽约州	8	80	22	4	1	7	10	13	7	是

续表

位置名称	整体排名	按人口规模排名	按教育程度排名				按生活方式排名			组合都市统计区
		25~64岁的人口数	大学学历百分比	前20名学科研究生学位点	考入前20名博士学科的本科生人数	人均专利数	平均房价	人均暴力犯罪率	通勤少于30分钟	
辛辛那提，俄亥俄州－肯塔基州－印第安纳州	9	13	33	46	26	22	56	26	80	否
印第安纳波利斯－卡梅尔－安德森/拉斐特－西拉斐特，印第安纳州	10	11	29	5	8	27	46	90	76	是
大急流城－怀明，密歇根州	11	27	40	46	32	31	47	41	33	否
圣路易斯，密苏里州－伊利诺伊州	12	6	26	14	14	45	66	68	89	否
亚特兰大－桑迪斯普林斯－罗斯韦尔，佐治亚州	13	3	9	6	6	37	98	65	102	否
阿克伦/坎顿－马西隆，俄亥俄州	14	25	75	46	50	17	16	29	57	是

续表

位置名称	整体排名	按人口规模排名	按教育程度排名				按生活方式排名			组合都市统计区
		25~64 岁的人口数	大学学历百分比	前 20 名学科研究生学位点	考入前 20 名博士学科的本科生人数	人均专利数	平均房价	人均暴力犯罪率	通勤少于 30 分钟	
布法罗－切克托瓦加－尼亚加拉瀑布，纽约州	15	24	41	30	36	53	20	69	38	
奥尔巴尼－切尼卡迪－特罗伊，纽约州	16	33	11	22	20	5	82	30	70	否
达拉斯－沃斯堡－阿灵顿，得克萨斯州	17	1	28	30	34	28	95	45	99	否
阿普尔顿 / 绿湾 / 奥什科什－尼纳，威斯康星州	18	42	82	46	47	46	37	4	15	是
代顿，俄亥俄州	19	40	83	46	51	35	5	31	34	否
雪松急流 / 伊奥瓦市，艾奥瓦州	20	70	8	24	24	15	65	12	17	是

续表

位置名称	整体排名	按人口规模排名	按教育程度排名				按生活方式排名			组合都市统计区
		25~64岁的人口数	大学学历百分比	前20名学科研究生学位点	考入前20名博士学科的本科生人数	人均专利数	平均房价	人均暴力犯罪率	通勤少于30分钟	
休斯敦 – 伍德兰 – 苏加兰，得克萨斯州	21	2	37	15	16	24	96	89	101	否
简斯维尔 – 贝洛特 / 麦迪逊，威斯康星州	22	38	3	1	2	12	99	96	40	是
图森，亚利桑那州	23	31	38	12	18	9	68	70	77	否
底特律 – 沃伦 – 迪尔伯恩，密歇根州	24	4	52	46	60	6	48	86	97	否
奥马哈 – 康西勒·布卢夫斯，内布拉斯加州 – 艾奥瓦州	25	30	20	46	69	78	54	55	20	否
堪萨斯城，密苏里州 – 堪萨斯州	26	14	16	40	73	34	70	76	73	否

续表

位置名称	整体排名	按人口规模排名	按教育程度排名				按生活方式排名			组合都市统计区
		25~64 岁的人口数	大学学历百分比	前 20 名学科研究生学位点	考入前 20 名博士学科的本科生人数	人均专利数	平均房价	人均暴力犯罪率	通勤少于 30 分钟	
密尔沃基 – 沃克萨 – 西艾里斯 / 拉辛，威斯康星州	27	17	31	30	38	26	81	94	64	是
列克星敦 – 费耶特，肯塔基州	28	58	12	16	28	32	79	25	42	否
百斗溪 / 卡拉马祖 – 波特奇，密歇根州	29	68	59	40	40	52	13	6	23	是
安阿伯 / 杰克逊，密歇根州	30	60	1	1	3	2	94	47	67	是
兰辛 – 东兰辛，密歇根州	31	67	27	10	17	69	12	67	24	否
夏洛特 – 康科德 – 加斯顿尼亚，北卡罗来纳州 – 南卡罗来纳州	32	7	24	46	42	62	93	59	94	否

续表

位置名称	整体排名	按人口规模排名	按教育程度排名				按生活方式排名			组合都市统计区
		25~64岁的人口数	大学学历百分比	前20名学科研究生学位点	考入前20名博士学科的本科生人数	人均专利数	平均房价	人均暴力犯罪率	通勤少于30分钟	
俄克拉何马城，俄克拉何马州	33=	19	58	46	45	85	43	71	56	否
洛根/奥格登－克利菲尔德，犹他州－爱达荷州	33=	45	42	30	52	42	101	1	41	是
坦帕－圣彼得堡－克里尔沃特，佛罗里达州	35	5	66	40	47	64	75	56	95	否
艾伦敦－伯利恒－伊斯顿，宾夕法尼亚州－新泽西州	36	36	70	46	29	20	78	7	88	否
格林维尔－安德森－毛尔丁，南卡罗来纳州	37	34	69	30	30	11	50	83	65	否
布卢明顿/哥伦布，印第安纳州	38	97	13	12	23	10	51	11	10	是

续表

位置名称	整体排名	按人口规模排名	按教育程度排名				按生活方式排名			组合都市统计区
		25~64岁的人口数	大学学历百分比	前20名学科研究生学位点	考入前20名博士学科的本科生人数	人均专利数	平均房价	人均暴力犯罪率	通勤少于30分钟	
格林斯伯勒高点，北卡罗来纳州	39	41	72	46	54	57	29	43	45	否
劳伦斯/曼哈顿/托皮卡，堪萨斯州	40	72	15	18	21	76	42	40	21	是
博伊西市，爱达荷州	41=	46	43	46	81	4	88	14	47	否
圣安东尼奥－新布劳恩费尔斯，得克萨斯州	41=	9	77	46	44	71	58	62	92	否
哈里斯堡－卡利斯勒，宾夕法尼亚州	43	53	36	46	53	36	63	20	50	否
诺克斯维尔，田纳西州	44=	35	63	30	39	40	64	58	68	否
尼罗斯－本顿港/南本德－米沙瓦卡，印第安纳州－密歇根州	44=	64	88	40	25	23	18	52	30	是

续表

位置名称	整体排名	按人口规模排名	按教育程度排名				按生活方式排名			组合都市统计区
		25~64岁的人口数	大学学历百分比	前20名学科研究生学位点	考入前20名博士学科的本科生人数	人均专利数	平均房价	人均暴力犯罪率	通勤少于30分钟	
威奇托，堪萨斯州	46	48	48	46	89	60	8	84	11	否
塔尔萨，俄克拉何马州	47	28	84	46	83	66	27	72	39	否
林肯，内布拉斯加州	48	83	4	22	33	56	60	38	9	否
布莱克斯堡－克里斯蒂安斯堡－拉德福德／罗阿诺克，弗吉尼亚州	49	62	67	11	13	29	73	9	85	是
奥兰多－基西米－桑福德，佛罗里达州	50	8	46	30	57	67	91	79	100	否
路易斯维尔／杰弗森县，肯塔基州－印第安纳州	51	22	73	40	75	70	55	63	75	否

续表

位置名称	整体排名	按人口规模排名	按教育程度排名				按生活方式排名			组合都市统计区
		25~64岁的人口数	大学学历百分比	前20名学科研究生学位点	考入前20名博士学科的本科生人数	人均专利数	平均房价	人均暴力犯罪率	通勤少于30分钟	
哥伦比亚/杰弗森市，密苏里州	52	81	19	24	35	79	40	39	13	是
克拉克斯维尔/纳什维尔戴维森–默弗里斯伯勒–弗兰克林，田纳西州–肯塔基州	53	12	35	24	27	84	102	92	98	是
托莱多，俄亥俄州	54	51	87	46	59	51	6	91	25	否
韦恩堡，印第安纳州	55	71	86	46	96	41	2	15	26	否
孟菲斯，田纳西州–密西西比州–阿肯色州	56	20	81	46	71	59	25	102	81	否
学院站–布赖恩，得克萨斯州	57	98	21	9	15	50	67	32	3	否

续表

位置名称	整体排名	按人口规模排名	按教育程度排名				按生活方式排名			组合都市统计区
		25~64岁的人口数	大学学历百分比	前20名学科研究生学位点	考入前20名博士学科的本科生人数	人均专利数	平均房价	人均暴力犯罪率	通勤少于30分钟	
皮奥里亚，伊利诺伊州	58	77	79	46	73	16	15	44	19	否
费耶特维尔－斯普林代尔－罗杰斯，阿肯色州－密苏里州	59	59	47	46	64	82	57	27	32	否
斯普林菲尔德，马萨诸塞州	60	50	44	18	7	63	92	78	60	否
伯明翰－胡佛，亚拉巴马州	61	23	55	30	61	93	52	88	91	否
阿尔伯克基，新墨西哥州	62	32	39	46	55	33	84	101	69	否
新奥尔良－梅塔伊里，路易斯安那州	63=	21	61	30	31	90	89	82	87	否
温斯顿－塞勒姆，北卡罗来纳州	63=	47	93	40	49	58	38	66	55	否

续表

位置名称	整体排名	按人口规模排名	按教育程度排名				按生活方式排名			组合都市统计区
		25~64岁的人口数	大学学历百分比	前20名学科研究生学位点	考入前20名博士学科的本科生人数	人均专利数	平均房价	人均暴力犯罪率	通勤少于30分钟	
伊利，宾夕法尼亚州	65	87	76	46	68	43	11	18	16	否
哥伦比亚，南卡罗来纳州	66	39	34	46	57	81	32	93	82	否
阿什维尔，北卡罗来纳州	67	65	32	46	82	74	83	8	36	否
盖恩斯维尔，佛罗里达州	68	92	10	16	9	18	53	87	46	否
亨茨维尔，亚拉巴马州	69	63	14	46	78	14	69	73	59	否
法戈，北达科他州－明尼苏达州	70	95	6	46	56	49	80	23	1	否
兰开斯特，宾夕法尼亚州	71	57	102	46	46	47	87	3	66	否

续表

位置名称	整体排名	按人口规模排名	按教育程度排名				按生活方式排名			组合都市统计区
		25~64岁的人口数	大学学历百分比	前20名学科研究生学位点	考入前20名博士学科的本科生人数	人均专利数	平均房价	人均暴力犯罪率	通勤少于30分钟	
达文波特－莫林－洛克岛，艾奥瓦州－伊利诺伊州	72	76	94	46	76	54	14	54	14	否
爱达荷瀑布/波卡泰洛，爱达荷州	73	100	56	46	93	38	30	5	8	是
斯波坎－斯波坎谷，华盛顿州	74=	56	60	46	65	61	86	42	48	否
杰克逊维尔，佛罗里达州	74=	18	50	46	88	80	90	80	96	否
罗切斯特，明尼苏达州	76	99	17	46	101	1	76	2	22	否
巴吞鲁日，路易斯安那州	77	37	89	24	42	89	62	81	86	否
棕榈湾－墨尔本－蒂图斯维尔，佛罗里达州	78=	54	62	30	77	13	72	75	78	否

续表

位置名称	整体排名	按人口规模排名	按教育程度排名				按生活方式排名			组合都市统计区
		25~64 岁的人口数	大学学历百分比	前 20 名学科研究生学位点	考入前 20 名博士学科的本科生人数	人均专利数	平均房价	人均暴力犯罪率	通勤少于 30 分钟	
尤金，俄勒冈州	78=	79	68	46	41	55	100	17	12	否
杰克逊，密西西比州	80	52	57	46	80	99	34	53	79	否
奥本 – 欧佩利卡 / 哥伦布，佐治亚州 – 亚拉巴马州	81	66	65	46	62	88	31	60	49	是
小石城 – 北小石城 – 康威，阿肯色州	82	43	49	46	79	94	45	99	63	否
格林维尔 / 新伯尔尼，北卡罗来纳州	83	86	74	46	84	77	21	21	31	是
迪凯特 / 斯普林菲尔德，伊利诺伊州	84	82	51	46	95	73	3	97	5	是
摩根敦 / 惠林，西弗吉尼亚州 – 俄亥俄州	85	85	96	46	63	83	7	24	53	是

续表

位置名称	整体排名	按人口规模排名	按教育程度排名				按生活方式排名			组合都市统计区
		25~64 岁的人口数	大学学历百分比	前 20 名学科研究生学位点	考入前 20 名博士学科的本科生人数	人均专利数	平均房价	人均暴力犯罪率	通勤少于 30 分钟	
杜卢斯，明尼苏达州 – 威斯康星州	86	88	101	46	67	86	26	16	28	否
卢博克，得克萨斯州	87	84	54	46	66	92	17	100	2	否
塔拉哈西，佛罗里达州	88	78	5	46	36	68	59	98	58	否
米德兰 / 萨吉诺，密歇根州	89	91	95	46	100	8	1	74	37	是
达芙妮 – 费尔霍普 – 福利 / 莫泊尔，亚拉巴马州	90	49	99	46	92	96	36	51	90	是
苏福尔斯，南达科他州	91	93	25	46	97	65	77	46	4	否
斯普林菲尔德，密苏里州	92	69	92	46	72	97	22	85	43	否

续表

位置名称	整体排名	按人口规模排名	按教育程度排名				按生活方式排名			组合都市统计区
		25~64岁的人口数	大学学历百分比	前20名学科研究生学位点	考入前20名博士学科的本科生人数	人均专利数	平均房价	人均暴力犯罪率	通勤少于30分钟	
肯纽维克－里奇兰，华盛顿州	93	89	98	46	101	39	74	10	29	否
蒙哥马利，亚拉巴马州	94	75	71	46	89	100	28	61	61	否
彭萨科拉－费里山口－布伦特，佛罗里达州	95	61	85	46	93	87	44	77	72	否
查塔努加，田纳西州－佐治亚州	96	55	97	46	86	91	41	95	71	否
林奇堡，弗吉尼亚州	97	94	91	46	84	72	49	19	62	否
约翰逊市，田纳西州	98	101	100	46	89	75	23	36	54	否
萨凡纳，佐治亚州	99	74	45	46	98	95	85	50	84	否
塔斯卡卢萨，亚拉巴马州	99	96	78	46	70	98	39	57	51	否

续表

位置名称	整体排名	按人口规模排名	按教育程度排名				按生活方式排名			组合都市统计区
		25~64 岁的人口数	大学学历百分比	前 20 名学科研究生学位点	考入前 20 名博士学科的本科生人数	人均专利数	平均房价	人均暴力犯罪率	通勤少于 30 分钟	
华纳罗宾斯，佐治亚州	101	102	90	46	99	102	4	48	44	否
大西洋城－哈蒙顿，新泽西州	102	90	80	46	87	101	97	64	52	否

表格中数字代表排名序号。

斜杠（/）表示在一行中合并了两个或多个都市统计区。

城市名称之间的连字符表示这些城市属于同一都市统计区。

请注意，某些城市具有管理预算办公室定义的属于多个州的都市统计区。

致 谢

这本书代表了我们与从前研究领域的重大背离。因此，我们比平常更加依赖大批学科专家，正是他们不辞辛苦地投入时间，才使我们能够迅速跟进这些关键问题。感谢同事和朋友们不厌其烦地解答我们提出的问题。

特别感谢麻省理工学院的同事达龙·阿西莫格鲁和大卫·奥特。这个项目源于我们四人在2017年初就美国经济政策的未来方向开展的一系列对话。如果没有他们的见解和激励，没有他们的持续支持，以及不厌其烦的帮助，就不会有本书的问世。

麻省理工学院的其他经济学家在本书中也担任了至关重要的角色。约翰·范·雷宁也许是给我们提供帮助最多的老师，他总是经过深思熟虑之后亲切作答，还和他的合著者克劳迪娅·斯坦温德一起会商，利用他们的军事研发数据帮助我们测算。海蒂·威廉姆斯慷慨地分享了她对医学研发的见解。在麻省理工学院的斯隆商学院，皮埃尔·阿祖莱、丹妮尔·李、安托瓦内特·肖尔和斯科特·斯特恩就研发和创业经济学问题提供了成熟的见解。比尔·惠顿帮助我们了解当地土地的使用限制，以及如何更好地将房地产政策纳入我们的建议参数中。保罗·乔斯科和迪克·施马伦西阅读了整篇初稿，就书稿内容，特别是能源政策方面的内容，提供了宝贵的意见。在劳动力市场的推论方面，大卫·奥特一直是我们论点的信息来源。

本书的基本结构也得益于与其他研究人员进行的一系列激励性的对话。丹尼·魏茨纳告诉我们，美国政府指导创新的起点可以从范内瓦·布什的作用开始讲起，这后来也成为本书的灵魂。安迪·利普曼建议我们查阅一下纽约市塔克西多园区的相关资料。艾德·格莱泽就如何评估当地的经济政策提供了宝贵的见解。亚当·杰夫是我们关于研发经济学见解的来源，他和他的合著者特林·勒使用他们关于测算新西兰数据的方法帮我们测算。恩里科·莫尔蒂帮助我们了解当地的劳动经济学状况，并告诉我们他的研究与我们的研究是如何关联的，他关于美国经济分歧的经典著作是我们这本书的灵感来源。拉里·萨默斯对我们提案中提出的政策问题进行了批判性评估。吴安迪慷慨地分享了他的风险投资经济学知识。菲尔·布登和菲奥娜·默里分享了他们各自从事的相关研究工作的细节。我们还与罗宾·布鲁克斯、埃里克·布林约尔夫松、克劳德·卡尼萨莱斯、马克·西姆罗特、斯特凡诺·德拉维尼亚、加里·根斯勒、艾米·格拉斯迈尔、布朗温·霍尔、鲍勃·霍尔、查德·琼斯、丹尼斯·凯勒赫、詹姆斯·夸克、乔希·勒纳、厄尼·莫尼兹、艾德·罗伯茨、乔纳森·鲁恩和丹尼尔·威尔逊进行了有益的讨论，并从中获取了许多有用的信息。

另外还有其他多位经济学家在整个写作过程的关键时刻为我们提供数据或参考文献。感谢雷纳·孔蒂与我们讨论药物开发经济学的相关知识，感谢加布里埃尔·乔多罗-赖克向我们解释刺激支出与就业之间的联系，感谢戴夫·唐纳森让我们了解贸易如何加剧不平等，感谢夏恩·格林斯坦与我们分享专利数据，感谢迈克尔·格林斯通和理查德·霍恩贝克向我们提供地价房价随时涨落的线索，感谢萨拉·海勒帮助我们找到犯罪数据，感谢马修·卡恩和西奇·肯帮助我们理解中国的研究型园区，感谢杰罗德·凯登向我们解释法律领域的突出案例，感谢乔希·克里格为我们提供了医学研究方面的宝贵例子，感谢弗兰克·利维所提供的地方经济发展政策的回顾，感谢吉姆·波特巴提供的有关资本市场估值的信息，感谢埃利亚斯·埃尼奥提供了小企业创新研究的解释，感谢克里斯蒂娜·帕特森提供了员工参股数据。

身处麻省理工学院的一个奇妙特点是，我们可以借鉴一系列经济学以外的技术专家的研究。他们耐心地向我们解释书中所讨论的科学基本原理及其前沿信息。特别感谢吉吉·赫希、杰奎琳·沃尔夫鲁姆和斯塔西·斯普林斯帮助我们了解生物医学创新和研发过程，并向我们推荐了细胞治疗制造相关的例子。埃里克·兰德也是医学研发的感悟来源。威廉·莱尔从电信业方面为我们提供了有益的背景资料。约翰·海伍德帮助我们更好地了解了氢动力汽车的潜在作用。托马斯·皮考克提供了关于深海勘探的宝贵背景。比尔·邦维利安鼓励我们更加努力地思考科学政策。

经济学以外的其他学科专家也给了我们宝贵的支持。阿尔·林克提供了有关美国和世界各地的研究型园区的见解。阿尔·菲茨帕恩和布鲁斯·里德帮助我们思考了我们提案中固有的政策挑战，特别是在预算方面。乔·华莱士热情地同意与我们会面，并向我们解释了佛罗里达州中部研究型园区的起源，这也成为本书的一个中心案例。我们特别感谢国家科学基金会的达里乌斯·辛普尔瓦拉，他帮助我们构建了研究生和本科科学院系的数据库。我们也感谢罗布·阿特金森、米奇·霍洛维茨、凯伦·米尔斯和史蒂夫·美林的有益对话和见解。

加州历史学会的图书馆员弗朗西斯·卡普兰非常慷慨地向我们提供了旧地图查阅和接触引人入胜的早期斯坦福地区职业出版课程的机会。

我们还与科学领域其他主题的专家多次对话，受益匪浅。这里简要地介绍这些对话。埃里克·阿尔托夫激励我们思考合成生物学，他还和约翰·坎伯斯、丽娜·辛格为我们提供了有用的背景资料。

我们惊喜地收到了关于本书初稿的大量宝贵意见。非常感谢埃里克·阿尔托夫、比尔·邦维利安、约翰·坎伯斯、马克·西姆罗特、格雷格·德雷夫斯、夏恩·格林斯坦、安德里亚·格鲁伯、黄亚生、查德·琼斯、保罗·乔斯科、瓦莱丽·卡普拉斯、罗伯特·兰格、查普·劳森、乔希·勒纳、布鲁斯·莱文、恩里科·莫尔蒂、丹·波默罗伊、拉玛娜·南达、菲利普·赖利、艾德·罗伯茨、乔纳森·鲁恩、大卫·萨尔茨曼、大卫·西格尔、迪克·施马伦西、斯塔西·斯普林斯、让·蒂罗尔、史蒂夫·魏斯曼、丹尼·魏茨纳、比尔·惠顿、大卫·威廉姆斯、海蒂·威廉姆斯、杰奎琳·沃尔夫鲁姆和吴安迪在紧迫的截止日期前审阅了部分或全部手稿！

当然，最重要的是我们的研究助理，他们才华横溢、爱岗敬业，收集的材料占本书的90%。身处麻省理工学院的另一个好处是，我们可以利用勤奋的本科生、MBA和博士生群体。蒂芙尼·李、威廉·克雷奇默、什雷亚斯·马萨和奥利维亚·赵，无论是兼职还是全职，都为我们工作了数月之久，回应我们的每一个要求，无论多么困难、晦涩，甚至可笑。我们还从克里斯·巴拉姆、约翰·比蒂、玛丽亚·博奇科娃、齐夫·科恩、曼努埃尔·法维拉、艾米·金、斯蒂芬妮·李、路易斯·利斯、内哈尔·梅赫塔、巴维克·纳格达、斯宾塞·潘托亚、玛雅·佩尔、西姆兰·韦迪亚和斯蒂芬·杨那里获得了不同的帮助。卡尔蒂·苏布拉马尼安在立项阶段表现突出。林赛·贝内特和约翰·弗里德曼帮助我们思考读者需要看到什么，并把我们从许多失误中拯救出来。最后，我们充分欣赏丹尼尔·柯蒂斯对细节的极大关注。如果本书还有与物理学相关的错误，那是因为我们忽略了对丹尼尔的耐心解释。

当然，我们要感谢我们出色的助手们，尼基尔·巴萨瓦帕，米歇尔·菲奥伦扎和比阿塔·舒斯特，在生活中为我们提供了许多帮助！

将这个想法变为现实还受益于与一个很棒的专业团队的合作。A. J. 威尔逊在立项阶段对我们帮助非常大。雷夫·萨加林为形成本书的观点提供了宝贵的帮助，作为出版合作伙伴，他帮助我们联系公关。约翰·马哈尼是一位耐心而敏锐的编辑，在尊重我们专业知识的同时，也带来了一长串的真知灼见。克莱夫·普里德尔提供了详细的附录部分的内容。我们非常感谢乔西·乌恩温和林赛·弗拉德科夫帮助我们思考本书要呈现的样子，也感谢米歇尔·威尔士－霍斯特和她的同事在编辑过程中的辛勤工作。我们特别感谢琳达·马克和艾米·金在截稿期限前制作完成了地图。

最后，在这一努力中，我们的家庭成员也做出了很大的牺牲，既忍受了我们的分心，又鼓励我们投入于他们已经听烦了的项目！感谢所有家庭成员的包容与支持！

乔纳森·格鲁伯和西蒙·约翰逊
麻省理工学院，2018 年 11 月

注 释

自 序

1. Many of these bids are not fully public. However, from criteria in Amazon's initial requests for proposal and published news reports, it is fair to say that most bids include such elements.

2. "Remarks by President Trump on the Economy," White House, July 27, 2018, https://www.whitehouse.gov/briefings-statements/remarks-president-trump-economy.

3. Amazon also announced that more than five thousand jobs with an average wage of over $150,000 would be created in Nashville, Tennessee, but these will be in an "Operations Center of Excellence" and are not likely to pay as much as the HQ2 jobs going to Northern Virginia and New York. Day One Staff, "Amazon Selects New York City and Northern Virginia for New Headquarters," Day One, November 13, 2018, https://blog.aboutamazon.com/company-news/amazon-selects-new-york-city-and-northern-virginia-for-new-headquarters.

导 言

1. Vannevar Bush, *Science: The Endless Frontier* (Washington, DC: United States Government Printing Office, 1945), p. 19.

2. Details on US army preparation are from Rick Atkinson, *An Army at Dawn* (New York: Henry Holt, 2002), pp. 8–9.

3. Remarkably, these profound problems "did not come to light until the war was well along." These quotes are from Samuel Elliot Morrison, *History of US Naval Operations in World War II, Volume IV, Coral Sea, Midway and Submarine Actions* (Boston: Little, Brown, 1949), pp. 191, 222.

4. Paul Kennedy, *Engineers of Victory: The Problem Solvers Who Turned the Tide in the Second World War* (New York: Random House, 2013).

5. From the *New York Times* obituary for Vannevar Bush: "He directed the work of 30,000 men throughout the country and had over-all responsibility for developing such sophisticated new weapons as radar, the proximity fuze, fire control mechanisms, amphibious vehicles and ultimately the atomic bomb—devices that overnight revolutionized the concept of war." And "The mass production of sulfa drugs and penicillin was achieved by the O.S.R.D." Robert Reinhold, "Dr. Vannevar Bush Is Dead at 84," *New York Times,* June 30, 1974, http://www.nytimes.com/1974/06/30/archives/dr-vannevar-bush-is-dead-at-84-dr-vannevar-bush-who-marshaled.html.

6. Vannevar Bush, *Pieces of the Action* (New York: William Morrow, 1970), pp. 31–32.

7. According to his *New York Times* obituary: "It is estimated that two-thirds of all the physicists in the United States were working for Dr. Bush." Reinhold, "Dr. Vannevar Bush is Dead."

8. These data are from table 1 on p. 80 of Bush, *Science: The Endless Frontier,* calculated by dividing government (federal and state) spending on scientific research (the fifth column) by national income (the second column).

9. Over the years, experts have argued repeatedly about how best to think about and organize the relationship between the development of basic science and applications for commercial use. Bush's own writings suggest that he was a pragmatic inventor who saw pervasive spillover effects from more basic research. This is what we mean by the Bush model described later.

10. "It [the scientific war effort] put penicillin at our service, as could have been done ten years before had there been ample effort, and thus introduced the wide range of antibiotics." Bush, *Pieces of the Action,* p. 8.

11. Terry Sharrer, "The Discovery of Streptomycin," *Scientist,* August 2007, https://www.the-scientist.com/?articles.view/articleNo/25252/title/The-discovery-of-streptomycin/.

12. Bush, *Pieces of the Action,* p. 8.

13. "Out of it [the wartime science effort] came the conquest of malaria, a temporary conquest, it is true, for the lower organisms which prey upon us exhibit agility in evading our chemicals," Bush, *Pieces of the Action,* p. 8. Part of the subsequent resurgence of malaria was due to the development of DDT-resistant mosquitoes. There were also difficulties sustaining anti-mosquito campaigns in some parts of the world.

14. See Bush's *Pieces of the Action,* pp. 43–49, for further discussion on how medical research was brought under his committee's jurisdiction, initially against

his recommendation. Bush was rarely opposed to taking on new tasks but had concerns about the specific politics surrounding medicine.

15. Interestingly, Vannevar Bush's wartime committee did not directly provide the decisive push for computing. Pitched on the idea by a former MIT colleague during the war, Bush felt—most likely correctly—the technology was not at a stage where it could have immediate impact on the war effort.

16. From the National Science Foundation's Science & Engineering Indicators 2018, Chapter 4, figure 4-3, "Ratio of U.S. R&D to gross domestic product, by roles of federal, business, and other nonfederal funding for R&D: 1953–2015," https://nsf.gov/statistics/2018/nsb20181/figures. The peak for federally funded R&D was 1.86 percent of GDP in 1964. The most recent data point in this series, for 2015, is 0.67 percent of GDP.

17. Real GDP was just over $2 trillion in 1947 and $5.7 trillion in 1973, for a compound annual average growth rate of just under 4 percent. Real GDP is from the Bureau of Economic Analysis historical data, accessed through the St. Louis Fed's FRED economic database: for levels, "Real Gross Domestic Product (GDPCA)," FRED Economic Data, updated July 27, 2018, https://fred.stlouisfed.org/series/GDPCA; and for annual growth rates, "Real Gross Domestic Product (A191RL1A225NBEA)," FRED Economic Data, updated July 27, 2018, https://fred.stlouisfed.org/graph/?id=A191RL1A225NBEA,#0.

18. For longer time periods, slightly different starting or ending dates do not change the averages much. Changing the dates can affect averages over shorter periods, but the general conclusion stands: growth in the size of the American economy has slowed down.

19. "An Update to the Economic Outlook: 2018 to 2028," Congressional Budget Office, August 13, 2018, https://www.cbo.gov/publication/54318.

20. From 1920 to 1970, output per hour grew by 2.82 percent per annum on average in the United States. From 1970 to 2014, this measure of productivity growth declined to just 1.62 percent. As Robert Gordon argues in *The Rise and Fall of American Growth* (Princeton, NJ: Princeton University Press, 2016), most of the decline is due to slower growth in total factor productivity, "the best proxy available for the underlying effect of innovation and technological change on economic growth" (p. 16, figure 1-2 and surrounding text). Gordon argues that the 1920–1970 period was special, representing the effects of major technologies that were invented earlier, before World War II, and which took time to have their effects.

21. In one recent estimate, the GDP of Silicon Valley is around $235 billion. This is an impressive number and larger than the economies of some countries, but total GDP of the United States is close to $20 trillion. https://cityscene.org/the-silicon-valley-economy-surpasses-the-gdp-of-many-nations / (website discontinued).

22. This point is made by Mariana Mazzucato in *The Entrepreneurial State,* revised ed. (New York: Public Affairs, 2015).

第一章 为了我们的舒适、安全和繁荣

1. Jennet Conant, *Man of the Hour: James B. Conant, Warrior Scientist* (New York: Simon & Schuster, 2017), p. 221. Conant was president of Harvard, visiting London to assess British technology and to build potential cooperation, on behalf of Bush's OSRD. He went on to be responsible for overseeing the development of the atomic bomb.

2. Bush was vice chairman and then chairman of the National Advisory Committee for Aeronautics, and his fears proved well-founded. "The Lockheed P-38, Bell P-39, Curtiss P-40, Grumman F4F, and Brewster Buffalo were the most modern U.S. Army and Navy fighters in the active inventory when the war started. Yet, with the exception of the P-38—which was available in only very small numbers at the beginning of the war—these fighters were generally outclassed by the leading Japanese and German fighters against which they had to fight. None of these fighters—except for the P-38—remained in production by the later stages of the war." "As a result, the Japanese essentially retained air superiority in most theaters until the P-38 Lightning, F4U Corsair, and F6F Hellcat began entering service in significant numbers in 1943." Mark Lorell, *The US Combat Aircraft Industry, 1909-2000* (Santa Monica, CA: RAND Corporation, 2003), https://www.rand.org/content/dam/rand/pubs/monograph_reports/2005/MR1696.pdf, p. 57.

3. Elting E. Morison, *From Know-How to Nowhere: The Development of American Technology* (New York: Basic Books, 1974).

4. A direct descendant from the steam engines that pumped water out of coal mines and horse-drawn wagons that moved coal along inclined planes.

5. Estimate for Britain is from Dan Bogart, Leigh Shaw-Taylor, and Xuesheng You, "The Development of the Railway Network in Britain 1825–1911," Cambridge Group for the History of Population and Social Structure, https://www.campop.geog.cam.ac.uk/research/projects/transport/onlineatlas/railways.pdf. US numbers are from table 1 in E. R. Wicker, "Railroad Investment before the Civil War," in *Trends in the American Economy in the Nineteenth Century* (Princeton, NJ: Princeton University Press, 1960).

6. "British Railways," *Encyclopedia Britannica,* https://www.britannica.com/topic/British-Railways.

7. Morison, *From Know-How to Nowhere.*

8. "Why the Americans Apply Themselves to the Practice of the Sciences Rather than to the Theory," in *Democracy in America,* vol. 2, trans. and ed. Harvey C. Mansfield and Debra Winthrop (Chicago: University of Chicago, 2000).

9. This paragraph and the next paragraph are based on Morison, *From Know-How to Nowhere.*

10. As reported in Morison, *From Know-How to Nowhere,* p. 108.

11. Details in this paragraph are from Morison, *From Know-How to Nowhere,* pp. 129–131.

12. David F. Noble, *America by Design: Science, Technology, and the Rise of Corporate Capitalism* (Oxford, UK: Oxford University Press, 1979), p. 114.

13. Noble, *America by Design,* p. 121.

14. Noble, *America by Design,* pp. 11–12. The chemical industry, which developed slightly later, followed a similar approach.

15. Noble, *America by Design,* p. 39. The 1930 number of engineers was only 0.5 percent of workers in industry.

16. Vannevar Bush, *Science: The Endless Frontier* (Washington, DC: United States Government Printing Office, 1945), p. 80. The earliest data for government science spending in this source are from 1923, and the university spending series starts in 1930.

17. Noble, *America by Design,* p. 120.

18. On the history and development of US higher education and its relationship to research, see Jonathan R. Cole, *The Great American University* (New York: Public Affairs, 2009).

19. Noble, *America by Design,* p. 22.

20. In the early twentieth century, there were twenty-six members of the Association of American Universities "and perhaps a dozen other aspirants." The primary activity was teaching undergraduates and even the American elite universities were "no match for Cambridge or Berlin." Hugh Davis Graham and Nancy Diamond, *The Rise of American Research Universities: Elites and Challengers in the Postwar Era* (Baltimore: Johns Hopkins University Press, 1997), p. 20.

21. Vannevar Bush, *Pieces of the Action* (New York: William Morrow, 1970), p. 115: "When I was just starting in as an engineer, they [Germany] had led the world."

22. To be clear, prior to World War II, there were some physics prize winners who did their award-winning work abroad but who lived or worked in the United States at some point in their life. Ferdinand Braun, who won in 1909, arrived in the United states during World War I to testify about a patent and was detained due to his German citizenship. He died while detained in 1917. Albert Einstein, who won the physics prize in 1921, came to the United States in the early 1930s in response to the rise of the Nazis. James Franck won his prize in 1925. He came to the United States and worked as a professor from 1935. Franck returned to West Germany at the end of his life. Frenchman Jean Baptiste Perrin won the physics prize in 1926. He came to the United States in 1940 after the Germans invaded France. In 1936, Austrian Victor Hess won the physics prize. He worked in the United States both before and after he won, but his prize-winning work was done in Austria.

23. US-born scientists Clinton Davisson and Ernest Lawrence won in 1937 and 1939, respectively.

24. A. Hunter Dupree, *Science in the Federal Government: A History of Policies and Activities* (Baltimore: Johns Hopkins University Press, 1986).

25. The National Academy of Sciences was established during the Civil War, and the National Research Council was added in 1916. Neither had much immediate effect on the military effort. See Dupree, *Science in the Federal Government.*

26. G. Pascal Zachary, *Endless Frontier* (Cambridge, MA: MIT Press, 1999), pp. 65–66.

27. "In the twelve months from June 1940 to June 1941 our civilian casualties were 43,381 killed and 50,856 seriously injured, a total of 94,237." Winston Churchill, *The Grand Alliance: The Second World War,* vol. 3 (Boston: Houghton Mifflin, 1950), p. 42.

28. American public opinion at the time remained strongly in favor of neutrality. The official State Department history sums up the situation: "Overall, the Neutrality Acts [of 1935, 1937, and 1939] represented a compromise whereby the United States Government accommodated the isolationist sentiment of the American public, but still retained some ability to interact with the world." https://history.state.gov/milestones/1921-1936/neutrality-acts. President Franklin Delano Roosevelt was sympathetic to the British cause, but it had previously proven hard to entice the United States to share technological insights that could assist the war effort. For example, the British wanted access to the Norden bombsight, which they understood would greatly improve the precision of high-altitude bombing. The Americans were concerned that this could fall into the hands of the Germans—for example, if a plane were shot down—and refused to share this technology until much later.

29. Stephen Phelps, "Minutes of the First Meeting of the British Technical Mission to the USA," in *The Tizard Mission* (Yardley, PA: Westholme, 2009), pp. 295–298.

30. With the exception only of the British jet engine program and what the navy had learned about German magnetic mines. Phelps, *The Tizard Mission.*

31. Raymond C. Watson Jr., *Radar Origins Worldwide* (Bloomington, IN: Trafford, 2009). Of these thirteen countries, at least seven were in the running to deploy workable systems, but the British got there first—at least with regard to full-scale deployment for air defense.

32. The essential work on radio was carried out by James Clerk Maxwell (a Scottish scientist at King's College in London) in the 1860s and Heinrich Rudolf Hertz (at the University of Karlsruhe in Germany) in the late 1880s. Major breakthroughs in terms of applications came from Guglielmo Marconi (an Italian who worked initially in the UK) and others.

33. In September 1922, A. Hoyt Taylor and Leo C. Young made some of the earliest discoveries while working at the Naval Aircraft Radio Laboratory in Washington, DC. Samuel E. Morrison, *The Battle of the Atlantic, September 1939–May 1943* (Annapolis, MD: Naval Institute Press, 1947), pp. 8–9, 225.

34. In 1932, the average speed of US civilian planes, operating on long distance routes, was 110 MPH; by 1940, this speed had increased to 155 MPH.

Ronald Miller and David Sawers, *The Technical Development of Modern Aviation* (New York: Praeger, 1970), p. 211.

35. Baldwin was prime minister of Britain both before and after he made this statement.

36. Tizard was head of Imperial College, a leading engineering school. He was actually a chemist, not a physicist, but he knew how to run a committee. It helped that he had previously been an aircraft researcher who had flown military planes. Tizard also knew how to manage the relationship between civilian scientists and military hierarchy—as well as with the civil service.

37. The early inventive work was funded in a rather haphazard way. Winston Churchill's favorite scientist, Frederick Lindemann, also preferred rather more esoteric forms of air defense—including dropping bombs on parachutes in front of oncoming bombers.

38. For attacks during the day, it was sufficient for ground-based controllers to direct interceptor planes close enough to see their targets. Early on, however, Tizard and his colleagues recognized that guiding fighters at night would require much more precision—and almost certainly involve aircraft-mounted radar.

39. Jennet Conant, *Tuxedo Park* (New York: Simon & Schuster, 2002) provides a fascinating biography of Loomis, as well as a history of his involvement with radar.

40. Conant, *Tuxedo Park,* says this meeting was on September 11, but Robert Buderi, *The Invention That Changed the World* (New York: Simon & Schuster, 1996), says September 19.

41. Conant, *Tuxedo Park,* pp. 189–192.

42. It helped that Loomis had direct access to Henry Stimson, the secretary of war. In fact, they were cousins, and Loomis had long advised Stimson on his personal finances, as well as on the future of technology from an investor's perspective. Bush's team had a consistently better relationship with the army, overseen by Stimson, than with the secretary of the navy and some powerful admirals. Bush, *Pieces of the Action,* p. 50.

43. Buderi, *Invention That Changed the World,* p. 45. Jewett was brought on board in a meeting on October 16, 1940, in Bush's office. Compton was persuaded on October 17.

44. Bush, *Pieces of the Action,* p. 45.

45. Reflecting on the wartime radar effort as a whole, according to Bush, "Scientific personnel became so scarce they even took in biologists and made radar experts out of them." Ibid., p. 138.

46. Ibid., p. 38.

47. The key meeting was again at Tuxedo Park on the weekend of October 12–13, 1940, with Ernest Lawrence now in attendance. The following Monday, Loomis invited companies to bid (and build) equipment that was obviously already needed. There were just a handful of suppliers, with the work divided up among

them: Bell (the magnetron), GE (the magnet), RCA (pulse modulator, cathode ray tubes, and power supply), and Sperry (parabolic reflectors and scanning gear). Westinghouse later contracted for antennas and Bendix for the power supply that would run off an aircraft engine. Buderi, *Invention That Changed the World,* p. 44; Conant, *Tuxedo Park,* p. 201.

48. Conant, *Tuxedo Park*, pp. 197–198. The lab space was made available on October 17 (Buderi, *Invention That Changed the World,* p. 45).

49. "MIT Radiation Laboratory," Lincoln Laboratory, https://www.ll.mit.edu/about/History/RadLab.html.

50. By coincidence, at the end of October, MIT hosted a major annual conference on applied nuclear physics, with six hundred people attending. Loomis turned this effectively into a job fair. By the end of the conference, more than two dozen people had been hired. Conant, *Tuxedo Park,* pp. 202–203.

51. Buderi, *Invention That Changed the World,* p. 50, puts employment at the Rad Lab in summer 1945 at 3,897 people and the annual budget at $43.2 million; this was up from first year numbers of 30–40 employees and a budget of $815,000. The entire OSRD budget in fiscal year 1944/45 was $113.5 million; this does not include the Manhattan Project. In his postwar plans for a new agency to support science, Bush proposed to spend $33.5 million initially, rising to $122.5 million after five years (Zachary, *Endless Frontier,* p. 249)—implying a scale roughly similar to the OSRD at its pinnacle.

52. Buderi, *Invention That Changed the World,* pp. 155–165.

53. Buderi, *Invention That Changed the World,* p. 143. King reportedly said this in spring 1941.

54. Bush, *Pieces of the Action,* pp. 99, 104 on tanks and DUKW, respectively.

55. See Investigation of the Pearl Harbor Attack: Report of the Joint Committee on the Investigation of the Pearl Harbor Attack (Washington, DC: Government Printing Office, July 20, 1946), pp. 140–142. "The maximum distance radar could pick up approaching planes was approximately 130 miles" (p. 129). The actual distance of the attacking force when first detected was 132 miles (p. 152). The lack of preparation and integration with radar was profound—it would have taken four hours to prepare the US Army planes properly for the attack (p. 129).

56. Samuel E. Morrison, *The Atlantic Battle Won, May 1943–May 1945* (Annapolis, MD: Naval Institute Press, 1953), pp. 8–9.

57. This shift was not only about technological miracles but also about designing a new system that applied the technology effectively. This system involved creating a new organizational structure, in this case the Tenth Fleet, in which naval officers and civilian engineers could cooperate without the previous constraints. See Ladislas Farago, *The Tenth Fleet* (New York: Drum, 1986).

58. "The tide turned abruptly in 1943. It could have changed much earlier." Bush, *Pieces of the Action,* p. 88.

59. Bush, *Pieces of the Action,* p. 109.

60. The hiring at the Rad Lab was handled by the director Lee DuBridge. Bush felt DuBridge hired too many physicists relative to engineers. DuBridge retorted, after the Rad Lab success had become clear, "You see we did not need the engineers." Bush replied, according to his account, "Hell, any self-respecting physicist can become an engineer in a year or two if he puts his mind to it" (Bush, *Pieces of the Action,* p. 138). Paul Kennedy, *Engineers of Victory: The Problem Solvers Who Turned the Tide in the Second World War* (New York: Random House, 2013) makes the case that engineering work had a major impact on the war outcome.

61. Bush, *Pieces of the Action,* p. 106.

62. The first jet engine with the performance necessary for a potential commercial jet airliner was the British Rolls-Royce Avon available by 1949/1950. The first American commercial jet engine was the Pratt & Whitney J57 available in 1952/1953.

63. The four most important early engines were the Pratt and Whitney J57, the Rolls-Royce Avon, the Rolls-Royce Conway, and the General Electric J79 (Miller and Sawers, *Technical Development of Modern Aviation,* p. 161).

64. Ibid., pp. 156–157.

65. This list is based on Buderi, *Invention That Changed the World,* pp. 15–16.

66. There was a prewar research agenda at Bell Labs (vacuum tubes were major part of phone systems) and the notion of a semiconductor was first demonstrated in 1940 (Michael Riordan and Lillian Hoddeson, *Crystal Fire: The Invention of the Transistor and the Birth of the Information Age* [New York: W. W. Norton, 1997], p. 88). These researchers and related resources were diverted into the war effort, including on radar and to help the navy—William Shockley, for example, became a consultant to various parts of the military. These experiences contributed to how the research team approached what became transistors after the war (Riordan and Hoddeson, *Crystal Fire*). We discuss the development of the transistor further in the next chapter.

67. Evan Ackerman, "When 82 TV Channels Was More Than Enough," IEEE Spectrum, January 29, 2016, https://spectrum.ieee.org/tech-history/cyberspace/when-82-tv-channels-was-more-than-enough.

68. Evan Ackerman, "A Brief History of the Microwave Oven," IEEE Spectrum, September 30, 2016, https://spectrum.ieee.org/tech-history/space-age/a-brief-history-of-the-microwave-oven.

69. Buderi, *Invention That Changed the World,* p. 48. The only person to win a Nobel Prize for work done at the Rad Lab was Edwin McMillan, who won the chemistry prize in 1951. Thomas R. Cech (chemistry, 1989), Sidney Altman (chemistry, 1989), Mario J. Molina (chemistry, 1995), Felix Bloch (physics, 1952), E. M. Purcell (physics, 1952), Charles H. Townes (physics, 1964), Julian Schwinger (physics, 1965), Luis Alvarez (physics, 1968), and Norman Ramsey (physics, 1989) all won for work they did after their time at the Rad Lab. Isidor Isaac Rabi won the physics prize in 1944 for work that he did in 1939.

70. *The First Annual Report of the National Science Foundation, 1950–51* (Washington, DC: US Government Printing Office, n.d.), p. 31, which has data on federal expenditures for research and development from 1940 through 1950. Correcting for inflation during the war is very difficult, as prices were controlled and the availability of some goods was limited. Still, these nominal figures convey the broad picture.

71. The three services had combined R&D budgets of only $26.4 million in fiscal year 1940 (*First Annual Report of the National Science Foundation,* p. 31).

72. One estimate is that radar cost perhaps 50 percent more than the Manhattan Project. Watson, *Radar Origins Worldwide,* p. 3. This seems high, but there is no question that the development of radar was a major research and industrial endeavor, comparable in scale to the Manhattan Project.

73. "Manhattan Project," CTBTO Preparatory Commission, https://www.ctbto.org/nuclear-testing/history-of-nuclear-testing/manhattan-project/.

74. Bush, *Pieces of the Action,* p. 8.

75. Vannevar Bush, *Science: The Endless Frontier* (Washington, DC: United States Government Printing Office, 1945), p. 8.

76. Bush, *Science,* p. 14.

77. Ibid., p. 19.

78. Officially, the development of both nuclear weapons and power generation came under the authority of the Atomic Energy Commission (https://www.energy.gov/sites/prod/files/AEC%20History.pdf). The commission became controversial for the development of the hydrogen bomb, the investigation of Robert Oppenheimer, and perhaps most of all for the way it oversaw the approval and building of nuclear power stations. Daniel Ford's *Cult of the Atom: The Secret Papers of the Atomic Energy Commission* (New York: Simon and Schuster, 1982) is a hard-hitting critique.

79. Bush, *Science,* p. 7.

80. National Center for Education Statistics, *120 Years of American Education: A Statistical Portrait* (Washington, DC: US Department of Education, 1993), https://nces.ed.gov/pubs93/93442.pdf, p. 7.

81. Ibid., table 23.

82. We count US winners as people who were American by birth or were only associated with American universities/organizations at the time of their win. Our source is biographical information published by the Nobel Foundation.

83. There were two individuals who did their work in Germany (the 1933 physics prize winner and 1938 chemistry winner), although they were not German during this period. They are included in the German total here.

84. From 2010 to 2017, the United States won only 47 percent of the scientific Nobel Prizes.

85. In fiction, the first postwar articulation of the dangers posed by automation—in fact, directly from the development of cybernetics during the 1940s—may have been Vonnegut's *Player Piano.* But the dark side of inventions already existed

as a theme, at least since the work of H. G. Wells; a uranium-based hand grenade features in his 1914 novel, *The World Set Free.*

86. Kurt Vonnegut, *Player Piano* (New York: Dial Press, 2006). Consequently, there is a high degree of inequality in the America of Vonnegut's imagination—very different from what transpired in the 1950s, although not so different from what we face today.

87. The impact of new technology on wages depends on the details of exactly what that technology does. In the early years of the nineteenth-century Industrial Revolution, machines replaced the labor of skilled artisans—and tended to lower their wages. From the early twentieth century, however, technological changes, including the use of electricity in factories, became complementary to skilled labor. Now the efforts of unskilled people could be replaced by machines, but this in turn could create jobs managing the machines, the broader business enterprise, and the surrounding social enterprise—hence the expansion of white-collar jobs. For a full historical analysis, see Claudia Goldin and Lawrence F. Katz, *The Race Between Education and Technology* (Cambridge, MA: Harvard University Press, 2008).

88. Seminal contributions were made by Norbert Wiener, whose work on antiaircraft guns led him to invent what became known as cybernetics, a branch of information theory and a forerunner of artificial intelligence. Wiener published a relatively technical volume, *Cybernetics: Or Control and Communication in the Animal and the Machine,* in 1948, and then a more popular book, *The Human Use of Human Beings,* in 1950. Vonnegut refers to this thinking in *Player Piano.* Wiener's wartime work was supported by the NDRC/OSRD.

89. This is the pretax skill premium (i.e., not including the effect of taxation and any redistributive programs).

90. Enrico Moretti makes this important point in his study of city growth, *The New Geography of Jobs* (New York: Mariner Books, 2013).

91. "Education and Training; History and Timeline," US Department of Veterans Affairs, https://www.benefits.va.gov/gibill/history.asp.

92. Thomas K. McCraw, *American Business Since 1920: How It Worked,* 2nd ed. (Hoboken, NJ: Wiley-Blackwell, 2009), p. 89. "The 1944 GI Bill provided returning veterans with money for college, businesses and home mortgages. Suddenly, millions of servicemen were able to afford homes of their own for the first time. As a result, residential construction jumped from 114,000 new homes in 1944 to 1.7 million in 1950. In 1947, William Levitt turned 4,000 acres of Long Island, New York, potato farms into the then largest privately planned housing project in American history. With 30 houses built in assembly-line fashion every day—each with a tree in the front yard—the American subdivision was born." Claire Suddath, "The Middle Class," *Time,* February 27, 2009, http://content.time.com/time/nation/article/0,8599,1882147,00.html.

93. The official title of this legislation was Public Law 346.

94. Alan T. Waterman, introduction to *Science: The Endless Frontier,* by Vannevar Bush (Alexandria, VA: National Science Foundation, 1960), p. xvi. This edition

appeared to mark the tenth anniversary of the NSF—and the fifteenth anniversary of the report. In a foreword, Bush endorses Waterman's "effective summary of the extent to which the recommendations of *Science: The Endless Frontier* have been realized." Waterman goes on to say, "About two million veterans of the Korean conflict received similar educational opportunities under the Veterans Readjustment Assistance Act of 1952. Engineering, medical, dental, and scientific fields attracted about a quarter million of these."

95. Brad Plumer, "Here's Where Wages Have Been Stagnating Since the 1970s," *Washington Post,* March 21, 2013, https://www.washingtonpost.com/news/wonk/wp/2013/03/21/heres-where-wages-have-been-stagnating-since-1970/?utm_term=.f7ed8963af35.

96. "The Postwar Economy: 1945–1960," University of Groningen, http://www.let.rug.nl/usa/outlines/history-1994/postwar-america/the-postwar-economy-1945-1960.php.

97. Ibid.

98. Shmoop Editorial Team, "Society in the 1950s," Shmoop University, last updated November 8, 2011, https://www.shmoop.com/1950s/society.html.

99. McCraw, *American Business Since 1920,* p. 65: "American industrial mobilization as a whole was brilliantly successful. Without question it was the key to victory over Japan, and it was the single most important element in the Allied triumph on the Western Front in Europe."

100. Ibid., p. 75.

101. *Historical Statistics of the United States: Colonial Times to 1970, Bicentennial Edition, Part 1* (Washington, DC: US Bureau of the Census, 1975), https://fraser.stlouisfed.org/files/docs/publications/histstatus/hstat1970_cen_1975_v1.pdf.

102. Some women who entered the workforce during the war were no longer employed and not looking for work in the immediate postwar years. Still, many of them did want to work—and this was part of the labor force expansion.

103. These data are from *Historical Statistics of the United States: Colonial Times to 1970, Bicentennial Edition, Part 2* (Washington, DC: US Bureau of the Census, 1975), "Series D 1–10, Labor Force and its Components: 1900 to 1947"; annual average; data from 1948 are in "Series D 11-25, Labor Force Status of the Population: 1870 to 1970"; the labor force is slightly lower as it is for ages sixteen and higher in this series. Unemployment was 4.4 percent in 1955, reaching 6.8 percent in 1958 ("Series D 85–86")—higher than during the war but much lower than the 20–25 percent rates experienced during the Great Depression. https://fraser.stlouisfed.org/files/docs/publications/histstatus/hstat1970_cen_1975_v2.pdf.

104. Synthetic rubber is a good example. The shift from natural to synthetic rubber (a petroleum by-product) was overseen by Bush's NDRC, and most US rubber products were synthetic by 1945. Before the war, the United States was the largest importer of rubber in the world; after the war, it became a major exporter (McCraw, *American Business Since 1920,* pp. 64–65). James Conant, chemistry professor, Harvard's president, and key confidant of Vannevar Bush, provided scientific oversight.

105. "Since the late nineteenth century, the Democrats had associated high tariffs with monopoly profits for the rich and low tariffs with low prices for goods consumed by the average citizen. Furthermore, they maintained that low US tariffs encouraged low foreign tariffs and thus indirectly stimulated increases in US exports, especially agricultural goods." And "thus, over 80 percent of the Democrats voting in the House of Representatives supported the party's position on extending the trade agreements program during the 1940s and 1950s." Robert Baldwin, "The Changing Nature of US Trade Policy Since World War II," in *The Structure and Evolution of Recent US Trade Policy*, ed. Robert E. Baldwin and Anne O. Krueger (Chicago: University of Chicago Press, 1984), http://www.nber.org/chapters/c5828.pdf.

106. During the interwar years, the US share of world exports fluctuated between 12 and 16 percent; it was 15.3 percent in 1938. In 1948, the situation was transformed: US exports now comprised 30.5 percent of world exports. For manufactured goods, the change was just as dramatic. Among the ten largest industrial countries, in 1928 and 1938, the US share of manufacturing exports was 21 percent. In 1952, the US export share of manufactures was 35 percent. Baldwin, *The Structure and Evolution,* p. 8.

107. The Truman administration launched the Marshall Plan, which provided loans to Europe and oversaw the creation of the International Bank for Reconstruction and Development (the World Bank) and the International Monetary Fund with the same initial primary purpose. Subsequently, "Eisenhower and his main advisors within the administration and in Congress believed—like earlier Democratic administrations—that trade liberalization was an important foreign policy instrument for strengthening the 'free world' against communism" (Ibid., p. 12).

108. Ibid., p. 8.

109. For example, the AFL-CIO changed its view on the desirability of liberal trade policy only in the 1960s, in the face of increasing imports relative to market size in "wool and man-made textiles and apparel, footwear, automobiles, steel, and electrical consumer goods, such as television sets, radios, and phonographs" (Ibid., p. 13).

110. Frank Gollop and Dale Jorgenson, "U.S. Productivity Growth by Industry, 1947–93," in *New Developments in Productivity Measurement,* ed. John W. Kendrick and Beatrice N. Vaccara (Chicago: University of Chicago Press, 1980), pp. 15–136, table 1.29.

第二章 无论需要什么

1. John F. Kennedy, "Science as a Guide of Public Policy," in *The Burden and the Glory,* ed. Allan Nevins (New York: Harper & Row, 1964), p. 264.

2. The launch was on October 5, local time (in Kazakhstan). The news reached Washington, DC, on Friday evening, October 4, 1957.

3. William I. Hitchcock, *The Age of Eisenhower* (New York: Simon & Schuster, 2018), p. 379. The first dog in space died after a few hours; subsequently, the Soviet authorities decided to bring orbiting dogs back home safely—and did: https://www.theguardian.com/artanddesign/2014/sep/02/soviet-space-dogs.

4. Bush insisted that it was essential to have the president of the NRF picked by its board of directors, not by the president. No one in the White House found that idea appealing.

5. G. Pascal Zachary, *Endless Frontier* (Cambridge, MA: MIT Press, 1999), pp. 246–260, 300–309.

6. More generally, Bush saw himself as supporting government funding but resisting government control. Kilgore did not have an issue with government control. Zachary, *Endless Frontier,* pp. 253–254.

7. Item 1858 was a pocket veto of S.526, 79th Cong. (1945), https://www.senate.gov/reference/Legislation/Vetoes/Presidents/TrumanH.pdf.

8. The NSF was established by an act of Congress on May 10, 1950. The director of the NSF was appointed by the president, subject to confirmation by the Senate.

9. These amounts are for the fiscal year indicated. For fiscal year 1960, the NSF's "total adjusted appropriation" was $154.8 million. From Alan T. Waterman, introduction to *Science: The Endless Frontier,* by Vannevar Bush (Alexandria, VA: National Science Foundation, 1960), p. xxiv. Waterman was director of the NSF in 1960.

10. Hitchcock, *Eisenhower,* p. 379. Compounding the pressure was the Gaither report, presented to the National Security Council on November 7, 1957: the United States needed to spend an extra $4 billion per year to defend against surprise attacks, on top of the $38 billion per year already being spent (pp. 379–380).

11. Khrushchev first made this statement in November 1956 at the Polish embassy in Moscow.

12. Johnson was Senate majority leader; he organized these hearings as chairman of the Preparedness Subcommittee of the Senate Armed Services Committee. Teller does not mention this testimony in his memoir, but his general position at this time is clear—the United States needed to do more and to spend more to stay up with the Soviets.

13. Hitchcock, *Eisenhower,* p. 383.

14. Ibid., p. 380, quoting a National Intelligence Estimate that projected Soviet capabilities from 1957 to 1962. The *Gaither Report,* presented to the White House in November 1957, had also expressed concern about the missile gap.

15. Killian had previously chaired a 1955 panel, which found that long-range missiles were now an essential part of American defense. During World War II, Killian had effectively been the chief operating officer of MIT, providing well-received support to the Rad Lab and broader wartime scientific effort. Interestingly, Killian himself was not a scientist; he had previously run *Technology Review,* an MIT publication, but he had earned the confidence of scientists. And as he disarmingly points out in his memoir, President Eisenhower was really bringing on board

the image of MIT—and the wartime achievements of the OSRD and broader scientific community.

16. From a legislative perspective, federal support for education had been proposed previously but without effect. The Sputnik crisis broke the logjam. "Sputnik Spurs Passage of the National Defense Education Act," US Senate, October 4, 1957, https://www.senate.gov/artandhistory/history/minute/Sputnik_Spurs_Passage_of_National_Defense_Education_Act.htm.

17. Cornelia Dean, "When Science Suddenly Mattered, in Space and in Class," *New York Times,* September 25, 2007, https://www.nytimes.com/2007/09/25/science/space/25educ.html.

18. From $254 million to $1.57 billion in nominal dollars. Hugh Davis Graham and Nancy Diamond, *The Rise of American Research Universities: Elites and Challengers in the Postwar Era* (Baltimore: Johns Hopkins University Press, 1997), p. 47. Other details in this paragraph are from pp. 47–48 of this source.

19. "60 Years Ago, Eisenhower Proposes NASA to Congress," April 2, 2018, NASA, https://www.nasa.gov/feature/60-years-ago-eisenhower-proposes-nasa-to-congress.

20. McGeorge Bundy, *Danger and Survival* (New York: Random House, 1988), p. 352: "McNamara discovered within weeks that there was no discernible missile gap," and "the eventual force of 1,000 Minutemen, 656 Polaris missiles on submarines, and some 500 bombers was about the same as what Eisenhower had planned." Bundy was national security advisor from January 1961 to February 1966.

21. Ted Sorensen, *Counselor: A Life at the Edge of History* (New York: Harper, 2008). The quote is from p. 336, and the assessment of the administration's thinking is on pp. 334–336.

22. Annie Jacobsen, *Operation Paperclip: The Secret Intelligence Program that Brought Nazi Scientists to America* (New York: Little, Brown, 2014).

23. Although his culpability in this was always denied by von Braun, V-2 production made use of concentration camp labor. Von Braun's biographical details are drawn from Michael J. Neufeld, *Von Braun: Dreamer of Space, Engineer of War* (New York: Vintage Books, 2007).

24. Wernher von Braun, *The Mars Project* (Champaign: University of Illinois Press, 1991).

25. David Merriman Scott and Richard Jurek, *Marketing the Moon: The Selling of the Apollo Lunar Program* (Cambridge, MA: MIT Press, 2014), chap. 1.

26. "In 2008 dollars, the cumulative cost of the Manhattan project over 5 fiscal years was approximately $22 billion; of the Apollo program over 14 fiscal years, approximately $98 billion; of post-oil shock energy R&D efforts over 35 fiscal years, $118 billion." Deborah D. Stine, *The Manhattan Project, the Apollo Program, and Federal Energy Technology R&D Programs: A Comparative Analysis* (Washington, DC: Congressional Research Service, 2009), https://fas.org/sgp/crs/misc/RL34645.pdf.

27. Ibid.

28. "Table 1.2, Summary of Receipts, Outlays, and Surpluses or Deficits (-) as Percentages of GDP: 1930–2023," Office of Budget and Management Historical Tables, https://www.whitehouse.gov/omb/historical-tables/.

29. *NASA Sounding Rockets, 1958–1968: A Historical Summary,* NASA SP-4401 (Washington, DC: NASA, 1971), https://history.nasa.gov/SP-4401.pdf.

30. "Historical Trends in R&D," American Association for the Advancement of Science, https://www.aaas.org/programs/r-d-budget-and-policy/historical-trends-federal-rd.

31. "Occupational Employment and Wages, May 2017," Bureau of Labor Statistics, https://www.bls.gov/oes/current/oes172011.htm.

32. These were all achievements of the X-15, a 1959–1968 joint program between NASA, the navy, and the private sector (North American Aviation, now part of Boeing); "NASA Exploration and Innovation Lead to New Discoveries," NASA, https://spinoff.nasa.gov/Spinoff2008/pdf/timeline_08.pdf.

33. This includes structural integrity technology; see John A. Alic, Lewis M. Branscomb, Harvey Brooks, Ashton B. Carter, and Gerald L. Epstein, *Beyond Spinoff: Military and Commercial Technologies in a Changing World, Harvard Business School Press* (Brighton, MA: Harvard Business School Press, 1992), p. 38. The Boeing 707 was a spin-off from the Dash-80 prototype, a four-jet swept-wing design developed to provide aerial refueling for the air force.

34. Tang was developed in 1957, the invention of Teflon dates from 1938, and Velcro was created by George de Maestral in the 1940s. Alic et al., *Beyond Spinoff,* p. 57. NASA agrees; see "Are Tang, Teflon, and Velcro NASA Spinoffs?," NASA, https://www.nasa.gov/offices/ipp/home/myth_tang.html.

35. "50 Science Sagas for 50 Years," Council for the Advancement of Science Writing, http://www.casw.org/casw/article/50-science-sagas-50-years#1950s.

36. "About Spinoff," NASA Spinoff, https://spinoff.nasa.gov/about.html.

37. On NASA's Tumblr feed, https://nasa.tumblr.com/, posted October 9, 2015.

38. Jeremy Hsu, "Space Shuttle's Legacy: More Tech Spinoffs Than Apollo Era," July 19, 2011, https://www.space.com/12344-nasa-space-shuttle-program-technology-spinoffs.html.

39. The earliest studies of NASA's impact, conducted in the early 1960s, are among the most systematic and impressive. An analysis conducted by the University of Denver Research Institute, published in 1963, looked at the impact of "spin-off from missile and space programs" on thirty-three separate areas of technology. The most common impact was "stimulation of basic and applied research," but they also found evidence of product improvement and new product development, although they did not put a dollar value on anything specific. For some recent materials, see this page: "STMD: Technology Transfer," NASA, https://www.nasa.gov/directorates/spacetech/techtransfer.

40. These were Television Infrared Observation Satellite, TIROS 1, and ECHO, respectively.

41. Dan Freyer, *Liftoff: Careers in Satellite, the World's First and Most Successful Space Industry* (New York: Society of Satellite Professionals International, 2010), https://www.aem.umn.edu/teaching/undergraduate/advising_guide/Liftoff_Satellite_Careers.pdf, p. 11.

42. Ibid, p. 8.

43. In 2016, the US satellite industry had revenues of $110.3 billion, while the non-US industry had revenues of $150.2 billion.

44. Of global revenues for satellite TV, 41 percent are earned in the United States. *State of the Satellite Industry Report* (Alexandria, VA: Bryce Space and Technology, 2017), https://www.sia.org/wp-content/uploads/2017/07/SIA-SSIR-2017.pdf.

45. *The Space Economy at a Glance 2011* (Paris: OCED, 2011), https://www.oecd.org/sti/futures/space/48301203.pdf.

46. The US Naval Research Laboratory was created in 1923; https://www.onr.navy.mil/en/About-ONR/History, building on work begun during World War I. The ONR has a webpage on the Nobel prize-winners it has supported: https://www.onr.navy.mil/About-ONR/History/Nobels.

47. Kenneth Flamm, *Creating the Computer* (Washington, DC: Brookings Institution, 1988), pp. 42–43, 54. The National Science Foundation was intended to support basic research, "but because computer science did not mature as a separate academic discipline until the mid-1960s, the foundation largely excluded computer research from support in the first decades after the birth of the computer. Fortunately for the U.S. computer, however, the military establishment guaranteed support to the industry for the sake of national security" (Flamm, p. 78).

48. Important precursors included differential analyzers—electromechanical machines for solving particular kinds of differential equations (e.g., useful in ballistics). Vannevar Bush was a leader in this field while at MIT.

49. Flamm, *Creating the Computer*, p. 37.

50. Ibid., p. 75.

51. Ibid., p. 55. Whirlwind was not the first modern large-scale digital computer—that distinction arguably belongs to a British machine invented during World War II to assist with code breaking.

52. See Robert Buderi, *The Invention That Changed the World* (New York: Simon & Schuster, 1996), Chapter 17, on Jay Forrester and Project Whirlwind; also Martin Campbell-Kelly, *Computer: A History of the Information Machine* (New York: Routledge, 2013).

53. The air force, created in 1907, was immediately focused not just on airplane design but also on computational systems that could support air defense, in particular by integrating and processing the information received from myriad radar systems.

54. Magnetic core used material developed in Germany and brought back to the United States—by the military—after the war (Flamm, *Creating the Computer*, pp. 15, 58).

55. RAND, short for **R**esearch **AN**d **D**evelopment, was a public policy group originally set up by the US Air Force. Nathan L. Ensmenger, *The Computer Boys Take Over: Computers, Programmers, and the Politics of Technical Expertise* (Cambridge, MA: MIT Press, 2010).

56. Ibid. Computer programming was not initially regarded as highly skilled work.

57. Buderi, *Invention That Changed The World,* and Flamm, *Creating the Computer*, p. 56. "SAGE was essentially the first wide-area computer network, the first extensive digital data communications system, the first real-time transaction processing system. Concepts developed for its operation formed the base on which time-sharing and computer networks were later developed" (Flamm, *Creating the Computer,* p. 89).

58. Employment data from *Moody's Manual of Investments*; available through Mergent.

59. Flamm, *Creating the Computer,* p. 41.

60. Alic et al., *Beyond Spinoff,* pp. 67–68.

61. National Research Council and Computer Science and Telecommunications Board, *Funding a Revolution: Government Support for Computing Research* (Washington, DC: National Academies Press, 1999, p. 59.

62. Flamm, *Creating the Computer,* pp. 87–89.

63. Ibid., p. 89.

64. General Motors, for long the definition of an industrial giant, employed 288,286 people in 1929.

65. IBM was for a long time the most highly ranked tech company: #8 in 1980, #4 in 1990, #6 in 2000, and still #10 in 2005.

66. "Jean Hoerni at Fairchild developed the planar transistor then Jack Kilby at Texas Instruments and Robert Noyce at Fairchild developed the integrated circuit." "The Transistor and the Integrated Circuit," Design Automation Conference, https://dac.com/blog/post/transistor-and-integrated-circuit.

67. The numbers in this paragraph are from Flamm, *Creating the Computer,* pp. 16, 18.

68. Ibid.

69. Integrated circuits, weather forecasting, highway grooves that reduce tire hydroplaning, and ways to measure air pollution are striking examples in the first edition of NASA's *Spinoff* publication: Neil P. Ruzic, *Spinoff 1976: A Bicentennial Report* (Washington, DC: NASA, 1976), https://spinoff.nasa.gov/back_issues_archives/1976.pdf.

70. DARPA quotes in this and the preceding paragraph are from *Innovation at DARPA* (Arlington, VA: DARPA, 2011), https://www.darpa.mil/attachments/DARPA_Innovation_2016.pdf, p. 6.

71. "DARPA's many important achievements have included seminal roles in the development of the Internet (initially known as Arpanet), stealth aircraft, miniaturized GPS technologies, unmanned aerial vehicles, flat-screen displays, and

the brain-computer interface work that is making it possible for subjects to use their thoughts to move artificial limbs"; *Innovation at DARPA*. On Agent Orange: "Inside DARPA, The Pentagon Agency Whose Technology Has 'Changed the World,'" NPR, March 28, 2017, https://www.npr.org/2017/03/28/521779864/inside-darpa-the-pentagon-agency-whose-technology-has-changed-the-world. See also the list in *New Scientist:* Duncan Graham-Rowe, "Fifty Years of DARPA: Hits, Misses and Ones to Watch," *New Scientist,* May 15, 2008, https://www.newscientist.com/article/dn13907-fifty-years-of-darpa-hits-misses-and-ones-to-watch/.

72. Not all DARPA innovations have been so positive for human and economic development—the agency also helped invent Agent Orange, a chemical defoliant used in the Vietnam War, which proved highly toxic.

73. Table 3-1 in Flamm, *Creating the Computer,* pp. 76–77, offers a comprehensive list of government support for early computer development.

74. In its earliest days, DARPA had a positive impact on general purpose time-sharing operating systems, as well as on computer networks.

75. Flamm, *Creating the Computer,* p. 79.

76. National Research Council, *Funding a Revolution*, p. 74.

77. Ibid., p. 77.

78. Ibid., p. 68.

79. "Inside DARPA," NPR.

80. About 20 percent of all IBM employees worked on SAGE at its peak.

81. Writing in the mid-1990s, the president's Council of Economic Advisers said, "R&D spending by industry is highly concentrated in the United States—eight industries account for more than 80 percent of the total—and the top two, aircraft and communications equipment, are closely related to defense." *Economic Report of the President: 1995* (Washington, DC: United States Government Printing Office, 1995), https://www.presidency.ucsb.edu/sites/default/files/books/presidential-documents-archive-guidebook/the-economic-report-of-the-president-truman-1947-obama-2017/1995.pdf.

82. Vannevar Bush, *Pieces of the Action* (New York: William Morrow, 1970), p. 31. Admiral William D. Leahy, the president's chief of staff and top military adviser, represented the old-school military view perfectly at the end of a briefing for President Truman in April 1945, in which the president was informed of the existence of the atomic bomb. "This is the biggest fool thing we have ever done. The bomb will never go off, and I speak as an expert in explosives." The quote is as reported by President Truman in his memoir *1945: Year of Decisions* (Old Saybrook, CT: William S. Konecky Associates, 1999), p. 11.

83. This was the assessment of President Clinton's Council of Economic Advisers: "Technology and Economic Growth: Producing Real Results for the American," White House, November 8, 1995, https://clintonwhitehouse2.archives.gov/WH/EOP/OSTP/html/techgrow.html#1. This assessment was produced as part of an argument with congressional Republicans, who were seeking to cut

nonmilitary R&D spending. More specifically, what the CEA found (based on Bureau of Labor Statistics data) was that "investment in [public and private] R&D contributed about 0.2 percentage point to the growth of productivity between 1963 and 1992, with essentially no difference before and after 1972"—although, as they pointed out, this is likely an underestimate of the contribution primarily due to measurement issues, including for productivity in the service sector. Trend productivity growth was 0.9 percent per year from 1978 to 1987 and 1.2 percent per year from 1988 to 1994. *Economic Report of the President: 1995*.

84. The total civilian labor force in the early 1990s was just over 125 million people, and employment was around 117 million, https://www.bls.gov/web/empsit/cps_charts.pdf. Nothing in terms of job creation lasts forever, and from the early 1990s, employment in the computer and electronic products industry, as measured by the Bureau of Labor Statistics, fell from just under 2 million to 1.1 million, https://www.pbs.org/newshour/economy/rise-fall-u-s-corporations. Of course, employment in other technology-related business—including in and around the internet—boomed during that same period of time.

85. "Between 1940 and 1944 the US government placed $175.066 billion of prime defence contracts with US corporations. Two-thirds of these awards went to only 100 companies and 20% to only five companies leading to charges that the prime contractors were favoured." Fred R. Kaen, "World War II Prime Defence Contractors: Were They Favored?," *Journal of Business History* 53 (2011). Kaen, looking just at stock prices, argues the contractors were not favored. Zachary, *Endless Frontier*, reports that one-third of all "war orders" went to ten companies—some of which lent executives to the government (pp. 248–249).

86. Flamm, *Creating the Computer*, p. 55.

第三章 从天堂跌落

1. AP, "G.B. Kistiakowsky Is Dead at 82; Bomb Pioneer Sought Nuclear Ban," *New York Times*, December 8, 1982, http://www.nytimes.com/1982/12/08/obituaries/gb-kistiakowsky-is-dead-at-82-bomb-pioneer-sought-nuclear-ban.html.

2. The general occupation of scientist received one of the highest prestige ratings in a March 1947 survey, just behind US Supreme Court justice and physician. In 1947, 51 percent of respondents did not know what they thought of nuclear physicists specifically. By June 1963, the Don't Know category was down to 10 percent. In that survey, 70 percent of people thought the reputation of nuclear physicist was Excellent; 23 percent thought it was Good, and only 2 percent thought it was Below Average or Poor. By way of comparison, the percent viewing the prestige of economist as Excellent was only 20 percent in 1963. Robert E. Hodge, Paul M. Siegel, and Peter H. Rossi, "Occupational Prestige in the United States, 1925–63," *American Journal of Sociology* 70, no. 3 (1964): 286–302, table 1, p. 290.

3. "U.S. Scientists: 1960," Person of the Year: A Photo History, *Time,* http://content.time.com/time/specials/packages/article/0,28804,2019712_2019703_2019661,00.html.

4. According to the National Science Board's Science & Engineering Indicators 2018, federal spending on R&D was 0.67 percent of GDP in 2015, the latest year for which data are available; see figure 4-3, "Ratio of U.S. R&D to gross domestic product, by roles of federal, business, and other nonfederal funding for R&D: 1953–2015," from https://nsf.gov/statistics/2018/nsb20181/figures.

5. "In its reaction to my appointment, the press was almost unanimously favorable." James R. Killian Jr., *Sputnik, Scientists, and Eisenhower: A Memoir of the First Special Assistant to the President for Science and Technology* (Cambridge, MA: MIT Press, 1977), p. 31.

6. Umair Irfan, "Trump Finally Picked a Science Adviser," *Vox,* August 1, 2018, https://www.vox.com/2018/8/1/17639314/trump-science-adviser-kelvin-droegemeier-ostp.

7. At the end of the war, the US Alsos mission established that "the Germans had no bombs or prototypes, no working reactors or stockpiles of plutonium and uranium-235, no community of scientists with bomb-making expertise who might work for the Russians." There had been an atomic bomb program from 1939 (three years before the Americans got started), but it was scaled back in 1942. Thomas Powers, "The Private Heisenberg and the Absent Bomb," *New York Times Review of Books,* December 22, 2016, http://www.nybooks.com/articles/2016/12/22/private-heisenberg-absent-bomb/.

8. "But the overriding consideration was this: I had great respect for German science. If a bomb were possible, if it turned out to have enormous power, the result in the hands of Hitler might indeed enable him to enslave the world. It was essential to get there first, if an all-out American effort could accomplish the difficult task." Vannevar Bush, *Pieces of the Action* (New York: William Morrow, 1970) p. 59.

9. Later, Groves put it this way: "So when I say that *we* [the military leaders at Los Alamos] *were responsible for the scientific decisions,* I am not saying that we were extremely able nuclear physicists, because actually we were not. We were what might be termed 'thoroughly practical nuclear physicists.'" This quote is from Groves's testimony regarding Oppenheimer's security clearance, held before the Atomic Energy Commission in 1954. It appears in Edward Teller, introduction to *Now It Can Be Told: The Story of the Manhattan Project,* by Leslie Groves (Cambridge, MA: Da Capo Press, 1983), p. vi. Italics are as they appear in the book.

10. Bush's falling out with Truman, discussed in Chapter 2, happened subsequently.

11. The US government published the broad outlines of its nuclear program, in carefully edited form, in 1945: Henry D. Smyth, *Atomic Energy for Military Purposes: A General Account of the Scientific Research That Went Into the Making of Atomic Bombs* (Princeton, NJ: Princeton University Press, 1945). The preface by the author is dated July 1945, with amendments dated September 1, 1945; General Groves's

foreword is dated August 1945. The intent to develop peaceful civilian applications was already apparent, although precisely what this would entail remained vague.

12. The universities were Columbia University, Cornell University, Harvard University, Johns Hopkins University, Massachusetts Institute of Technology, University of Pennsylvania, Princeton University, University of Rochester, and Yale University. Philip Morse, the director of this new lab, was a polymath. An important figure in ASWORG (the navy's anti-submarine group) during the war, he also founded the field of operations research along the way; his textbook, Philip Morse and George E. Kimball, *Methods of Operation Research* (n.p.: Andesite Press, 2015), is a must-read for anyone interested in how to use data to solve real-world problems. Professor Isidor Isaac Rabi, 1944 Nobel Prize winner and a senior person at the Rad Lab, was also involved. See William L. Laurence, "Atomic Laboratory on Long Island to Be a Mighty Research Center," *New York Times,* March 1, 1947, https://timesmachine.nytimes.com/timesmachine/1947/03/01/88763292.pdf, and the *New York Times* obituary for Morse: "Philip McCord Morse, Physicist," *New York Times,* September 13, 1985, https://www.nytimes.com/1985/09/13/us/philip-mccord-morse-physicist.html.

13. AUI has helped to create and manage other projects, including the National Radio Astronomy Observatory: "Our Story," Associated Universities, https://www.aui.edu/our-story/. From Article 1 of its charter: "To constitute an agency through which universities and other research organizations will be enabled to cooperate with one another, with governments and with other organizations toward the development of scientific knowledge in the fields." "Article 1: The Corporation's Purpose," Associated Universities, https://www.aui.edu/charter-by-laws/article-1-corporations-purpose/.

14. According to his wife, "he named the swimsuit a bikini, thinking of the nuclear explosions at Bikini Atoll around that time." From Reuters, "Louis Reard Engineer, Dies: Designed the Bikini in 1946," *New York Times,* September 18, 1984, http://www.nytimes.com/1984/09/18/obituaries/louis-reard-engineer-dies-designed-the-bikini-in-1946.html. These designs did not really catch on until the 1960s, aided by the arrival of Lycra from 1964: Sylvia Rubin, "Fashion Shocker of '46: The Naked Belly Button / But the Bikini Wasn't a Hit Until Sixties," *San Francisco Chronicle,* July 2, 2006, https://www.sfgate.com/news/article/Fashion-shocker-of-46-the-naked-belly-button-2493673.php.

15. On how the atomic bomb changed popular culture, see "How the Bomb Changed Everything," BBC, July 2, 2015, http://www.bbc.com/culture/story/20150702-how-the-bomb-changed-everything. Wonder gave way to fear, but not immediately. The United States dropped a total of twenty-three nuclear bombs on Bikini Atoll. Eleanor Ainge Roy, "'Quite Odd': Coral and Fish Thrive on Bikini Atoll 70 Years After Nuclear Tests," *Guardian,* July 15, 2017, https://www.theguardian.com/world/2017/jul/15/quite-odd-coral-and-fish-thrive-on-bikini-atoll-70-years-after-nuclear-tests.

16. The Aircraft Nuclear Propulsion program was canceled in 1961, because "the atomic airplane showed little military promise." "Reason for Abandonment," *New York Times,* November 7, 1961. The navy did, of course, develop nuclear-powered submarines—followed by aircraft carriers and other vessels.

17. "The Atomic Pen's design called for a tiny packet of radioactive isotopes, which would heat the ink to produce a selectable range of line densities. Perhaps understandably, no production units were ever made." Evan Ackerman, "A Radioactive Pen in Your Pocket? Sure!," IEEE Spectrum, October 28, 2016, https://spectrum.ieee.org/tech-history/heroic-failures/a-radioactive-pen-in-your-pocket-sure. The Nucleon, a nuclear-powered car, was a concept unveiled by Ford.

18. Alexis Madrigal, "7 (Crazy) Civilian Uses for Nuclear Bombs," *Wired,* April 10, 2009, https://www.wired.com/2009/04/yourfriendatom/. Edward Teller made the famous remark about nuclear explosions being used to dig holes; he was only partly being humorous.

19. Richard D. Lyons, "End of Rocket Project Produces Space Age Ghost Town," *New York Times,* March 26, 1972, https://timesmachine.nytimes.com/timesmachine/1972/03/26/90711148.pdf.

20. There is debate about what exactly Lewis Strauss, the chairman of the Atomic Energy Commission, was thinking when he said, in 1954, that electricity would become too cheap to meter, but he did make the free electricity statement. "'Too Cheap to Meter': A History of the Phrase," US Nuclear Regulatory Commission, June 3, 2016, https://public-blog.nrc-gateway.gov/2016/06/03/too-cheap-to-meter-a-history-of-the-phrase/.

21. Glenn Seaborg, one of the country's most influential scientists, was still optimistic about the potential for atomic power in 1970, when his book *Man and Atom* appeared. In retrospect, resistance to building nuclear power plants was only increasing. Seaborg chaired the Atomic Energy Commission (1961–1970); previously, he'd helped discover plutonium and nine other elements and won the Nobel Prize. "Glenn Seaborg," *Economist,* March 4, 1999, https://www.economist.com/node/188956.

22. Anthony Standen, *Science Is a Sacred Cow* (New York: E. P. Dutton, 1950), p. 79. He was writing, as a chemist, specifically about the teaching of chemistry. But his book also makes this general point about what was then modern science. Wolfgang Saxon wrote, "Mr. Standen's point was that scientists, and especially teachers of science, tended to have inflated egos, certain of their superior wisdom and virtue. In reality, he asserted, they are mostly dull and pompous and should be laughed at now and then. Unfortunately in his view, the general public stood in awe of them even when they talked Latinized nonsense," from "Anthony Standen Is Dead at 86; Chemist Who Deflated Pomposity," *New York Times,* June 25, 1993, http://www.nytimes.com/1993/06/25/obituaries/anthony-standen-is-dead-at-86-chemist-who-deflated-pomposity.html.

23. William L. Laurence, "U.S. Atom Bomb Site Belies Tokyo Tales," *New York Times,* September 9, 1945. The message was conveyed by the subheading: "That Blast, Not Radiation, Took Toll."

24. On the long-term effects of radiation, see "Children of the Atomic Bomb," Asian American Studies Center, http://www.aasc.ucla.edu/cab/index.html, based on the work of Dr. James N. Yamazaki, lead physician of the US Atomic Bomb Medical Team in 1949, "studying the effects of nuclear bombing on children in Nagasaki, Japan."

25. Laurence was a distinguished science writer who won two Pulitzer Prizes and cofounded the National Association of Science Writers. He witnessed the Alamogordo (a.k.a. Trinity) nuclear test on July 16, 1945, and flew on the August 9 mission that dropped an atomic bomb on Nagasaki. His military affiliation was not mentioned in a long and otherwise informative obituary in the *New York Times:* "William Laurence, Ex-Science Writer for The Times, Dies," *New York Times,* March 19, 1977, https://www.nytimes.com/1977/03/19/archives/william-laurence-exscience-writer-for-the-times-dies-william-l.html. Laurence's employment during the war by the military is recognized and discussed in detail in General Leslie M. Groves's memoir, *Now It Can Be Told,* originally published in 1962: "It seemed desirable for security reasons, as well as easier for the employer, to have Laurence continue on the payroll of the New York Times, but with his expenses to be covered by the MED [the Manhattan Engineering District, i.e., the atomic bomb project]," p. 326.

26. "Beginning in April 1945, Mr. Laurence was secretly seconded by The Times to the War Department on the request of Maj. Gen. Leslie R. Groves, commander of the atomic bomb project." David W. Dunlap, "1945 Witnessing the A-Bomb, but Forbidden to File," *New York Times,* August 6, 2015, https://www.nytimes.com/times-insider/2015/08/06/1945-witnessing-the-a-bomb-but-forbidden-to-file/.

27. Kelly Moore, *Disrupting Science: Social Movements, American Scientists, and the Politics of the Military 1945-1975* (Princeton, NJ: Princeton University Press, 2013).

28. Melinda Gormley and Melissae Fellet, "When Science Doesn't Have a Simple Answer," *Slate,* July 29, 2015, http://www.slate.com/articles/technology/future_tense/2015/07/the_cold_war_pauling_teller_debate_on_nuclear_testing_shows_the_role_scientists.html.

29. According to the Environmental Protection Agency, "Exposure to low levels of radiation encountered in the environment does not cause immediate health effects, but is a minor contributor to our overall cancer risk." EPA, "Radiation Health Effects," https://www.epa.gov/radiation/radiation-health-effects.

30. *The Bulletin of the Atomic Scientists* was founded by physicists aiming to "educate the public to the necessity for a civilian-controlled program of atomic energy free of unreasonable security restrictions." Daniel J. Kevles, *The Physicists: The History of a Scientific Community in Modern America* (Cambridge, MA: Harvard University Press, 1971), p. 351.

31. *DDT* is short for *dichloro-diphenyl-trichloro-ethane;* it was patented in 1940 by Paul Müller, a Swiss chemist, who won the 1948 Nobel Prize in Physiology or Medicine for this work. Scaling-up of production and widespread use against mosquitoes was organized in large part by Vannevar Bush's OSRD/NDRC.

32. "Award Ceremony Speech," Nobel Prize, https://www.nobelprize.org/prizes/medicine/1948/ceremony-speech/.

33. "DDT Regulatory History: A Brief Survey (to 1975)," EPA, https://archive.epa.gov/epa/aboutepa/ddt-regulatory-history-brief-survey-1975.html.

34. Kate Wong, "DDT Debate," *Scientific American,* December 4, 2000, https://www.scientificamerican.com/article/ddt-debate/.

35. Again, this was not a new point—many people have repeated versions at least since Mary Shelley's *Frankenstein,* the ultimate scientific nightmare, published in 1818, before industrialized science had really taken off. Edward Tenner's *Why Things Bite Back: Technology and the Revenge of Unintended Consequences* (New York: Vintage, 1997) provides an entertaining if sobering history of unintended consequences since 1900.

36. "Many man-made chemicals act in much the same way as radiation; they lie long in the soil, and enter into living organisms, passing from one to another. Or they may travel mysteriously by underground streams, emerging to combine, through the alchemy of air and sunlight, into new forms, which kill vegetation, sicken cattle, and work unknown harm on those who drink from once pure wells." Rachel Carson, "Silent Spring-I," *New Yorker,* June 16, 1962, https://www.newyorker.com/magazine/1962/06/16.

37. "In 1972, EPA issued a cancellation order for DDT based on its adverse environmental effects, such as those to wildlife, as well as its potential human health risks. Since then, studies have continued, and a relationship between DDT exposure and reproductive effects in humans is suspected, based on studies in animals. In addition, some animals exposed to DDT in studies developed liver tumors. As a result, today, DDT is classified as a probable human carcinogen by U.S. and international authorities." The Stockholm convention on persistent organic pollutants bans DDT, with the limited and specific exception of malaria control. "DDT—A Brief History and Status," EPA, https://www.epa.gov/ingredients-used-pesticide-products/ddt-brief-history-and-status.

38. See, for example, this online exhibition: Mark Stoll, "The Personal Attacks on Rachel Carson as a Woman Scientist," Environment and Society Portal, 2012, http://www.environmentandsociety.org/exhibitions/silent-spring/personal-attacks-rachel-carson.

39. According to the Environmental Protection Agency, "The publication in 1962 of Rachel Carson's *Silent Spring* stimulated widespread public concern over the dangers of improper pesticide use and the need for better pesticide controls." "DDT—A Brief History and Status," EPA.

40. Carson's impact on Europe was more limited or perhaps just delayed. See Mark Stoll, "Why Europe Responded Differently from the United States,"

Environment and Society Portal, 2012, http://www.environmentandsociety.org/exhibitions/silent-spring/why-europe-responded-differently-united-states.

41. For a detailed assessment of how these concerns spread, see Moore, *Disrupting Science.*

42. "'Silent Spring' was more than a study of the effects of synthetic pesticides; it was an indictment of the late 1950s." Eliza Griswold, "How 'Silent Spring' Ignited the Environmental Movement," *New York Times,* September 23, 2012, http://www.nytimes.com/2012/09/23/magazine/how-silent-spring-ignited-the-environmental-movement.html. While some pro-environment groups such as the Audubon Society have been around for a long time, a wave of new organizations arose from the late 1960s, including the Union of Concerned Scientists and Friends of the Earth in 1969, the Natural Resources Defense Council in 1970, and Greenpeace in 1971.

43. This point is made by Charles Perrow, *Normal Accidents: Living with High-Risk Technologies* (Princeton, NJ: Princeton University Press, 1999). Perrow leads with the case of Three Mile Island and refers to the peril of atomic energy throughout his book, although his point is much broader.

44. See the interactive graphic at "Global Nuclear Power Database," Bulletin of the Atomic Scientists, https://thebulletin.org/global-nuclear-power-database; the number of annual construction starts peaked in 1976 at forty-four (of which twelve were later abandoned).

45. "Almost all the US nuclear generating capacity comes from reactors built between 1967 and 1990. Until 2013 there had been no new construction starts since 1977, largely because for a number of years gas generation was considered more economically attractive and because construction schedules during the 1970s and 1980s had frequently been extended by opposition, compounded by heightened safety fears following the Three Mile Island accident in 1979." "Nuclear Power in the USA," World Nuclear Associated, updated October 2018, http://www.world-nuclear.org/information-library/country-profiles/countries-t-z/usa-nuclear-power.aspx. About 20 percent of US electricity is generated from nuclear power.

46. "Manhattan Project Spotlight: George and Vera Kistiakowsky," Atomic Heritage Foundation, October 15, 2014, https://www.atomicheritage.org/article/manhattan-project-spotlight-george-and-vera-kistiakowsky.

47. Interviewed by Richard Rhodes, historian of the atomic bomb, in 1980: "But then Oppenheimer and Groves started urging [James] Conant, because they did not have confidence in Neddermeyer, that they needed me over there because I was supposed to be the number one civilian explosives expert, with these new-fangled ideas about precision instruments—explosives position instruments. And so I said all right, this is war time, and although I'm a civilian, I obeyed the orders of my boss Conant." "George Kistiakowsky's Interview," Voices of the Manhattan Project, https://www.manhattanprojectvoices.org/oral-histories/george-kistiakowskys-interview. Neddermeyer was the Manhattan Project expert on detonation. Conant was president of Harvard, right-hand man

to Bush during the war, and top of the scientific hierarchy overseeing the atomic bomb project.

48. Kistiakowsky himself was quite modest about the accomplishment. See "George Kistiakowsky's Interview," Voices of the Manhattan Project.

49. As he put it later, "For many years, well into the mid 1950s, I saw myself as a technical expert being available to policy makers to put the policies into effect." Ibid.

50. "There were three points that were of great importance, our committee concluded. And von Neumann was the leader in it. The warhead could be cut down to somewhere like a thousand pounds and still be of the order of a megaton explosive yield. The size of the missile could be cut down to a third of what old Air Force missiles promised to be. And incidentally that size was the same as the Soviet size of the SS-6, which was then used to launch satellites in space in 1957–58." Ibid.

51. Kistiakowsky's diary makes it clear that he was close to or involved in decision-making at the highest level, including with regular access to the president. He was also seen as relatively nonpartisan and did not participate in Richard Nixon's 1960 election campaign. George B. Kistiakowsky, *A Scientist at the White House: The Private Diary of President Eisenhower's Special Assistant for Science and Technology* (Cambridge, MA: Harvard University Press, Cambridge, 1976).

52. This is according to McGeorge Bundy, *Danger and Survival* (New York: Random House, 1988). Photographs obtained by a U-2 spy plane contributed to a reassessment—the CIA revised down its estimates of long-range missiles to 35 for mid-1960 and 140–200 by mid-1961 (p. 343). At least by early 1961, when Kennedy took office and Bundy became national security advisor, there was no missile gap.

53. "George Kistiakowsky's Interview," Voices of the Manhattan Project.

54. Gregg Herken, *Cardinal Choices* (Stanford, CA: Stanford University Press, 2000), says that the report was "suppressed" (p. 150).

55. Herken, *Cardinal Choices,* p. 150.

56. Ibid. McNamara's thinking is also discussed in David Halberstam, *The Best and the Brightest* (New York: Ballantine Books, 1993), p. 630.

57. A group of scientific advisors known as the Jasons became proponents of the air force bombing approach. By the early 1960s, the Jasons comprised about forty young physicists, who met each summer to consider Pentagon-related problems. Increasingly, however, there was friction between the Jasons and an older set of scientific advisors, known as the Cambridge group (which included Kistiakowsky), who questioned the morality and strategic wisdom of bombing. Herken, *Cardinal Choices,* p. 153.

58. Ibid., p. 155.

59. Leo Szilard, a Hungarian émigré, cofounded Council for a Livable World in 1962. Szilard, first to conceive the notion of a nuclear chain reaction, was a strong voice favoring the development of the atomic bomb, based on his conviction

that the Germans were likely to develop this capability soon. He persuaded Albert Einstein to write to President Roosevelt about this issue.

60. Halberstam, *The Best and the Brightest.*

61. "However disenchantment grew as the Vietnam War continued, and the politicos in the White House—not least, Lyndon Johnson—began to lose confidence in the White House science structure." Guy Stever, *In War and Peace* (Washington, DC: Joseph Henry Press, 2002), p. 205.

62. Joel Primack and Frank von Hippel, *Advice and Dissent: Scientists in the Political Arena* (New York: Basic Books, 1974), p. 22.

63. Ibid.

64. Concorde had the same sonic boom issue and therefore only reached supersonic speeds over water. It was not a commercial success, and maintenance became an issue. After a fatal crash in 2000, all Concordes were withdrawn from service.

65. Martin Tolchin, "The Perplexing Mr. Proxmire," *New York Times,* May 28, 1978, https://www.nytimes.com/1978/05/28/archives/the-perplexing-mr-proxmire-with-new-york-facing-bankruptcy-by-hands.html.

66. Stever, *In War and Peace,* p. 203. Congressional testimony opposing administration policy annoyed the White House.

67. Naturally, there were scientists on both sides of this (and every other) issue. One survey found that 62 percent of scientists were completely opposed to ABMs in general, while 22 percent completely favored these systems; others had more intermediate views. Anne Hessing Cahn, *Eggheads and Warheads: Scientists and the ABM, Science and Public Policy Program* (Cambridge, MA: Department of Political Science and Center for International Studies, MIT, 1971).

68. Argonne National Laboratory grew out of work on the Manhattan Project by physicists at the University of Chicago: "About Argonne," Argonne National Laboratory, https://www.anl.gov/argonne-national-laboratory. The labs were initially under the Atomic Energy Commission and are now part of the Department of Energy, which was created in 1977.

69. Both quotes in the paragraph are from Primack and von Hippel, *Advice and Dissent,* p. 186.

70. Ibid., pp. 183–187.

71. The quote is from Stever, *In War and Peace,* p. 203. See also Herken, *Cardinal Choices,* pp. 166–183.

72. The Nixon administration changed its plans and received funding for two ABM sites that would defend Minuteman missile launch bases in Montana and North Dakota. In 1972, the United States and the Soviet Union agreed to limit ABM deployment. Primack and von Hippel, *Advice and Dissent,* pp. 190–191.

73. Bruce L. R. Smith, *The Advisers: Scientists in the Policy Process* (Washington, DC: Brookings Institution, 1992), p. 171.

74. President Eisenhower created the position of president's science advisor in 1957; he also created the President's Science Advisory Council, or PSAC (there had been a council under Truman, but lower profile). The staff of the science ad-

visor became, in 1962, the Office of Science and Technology (OST). Nixon abolished PSAC and OST in 1973 and transferred some of the responsibilities of the science advisor to the director of the National Science Foundation. Primack and von Hippel, *Advice and Dissent,* p. 289.

75. This was the assessment of Stever, *In War and Peace,* pp. 202–203. As head of the National Science Foundation, Stever witnessed firsthand the Nixon White House turn against its scientific advisors. In Stever's assessment, the role of the presidential science advisor began to decline when McGeorge Bundy built up the National Security Council under President Kennedy (p. 204).

76. Jim Austin, "Dr. Grant Swinger," *Science,* September 30, 2010, http://blogs.sciencemag.org/sciencecareers/2010/09/dr-grant-swinge.html.

77. D. S. Greenberg, "1965: Herewith, a Conversation with the Mythical Grant Swinger, Head of Breakthrough Institute," *Science,* http://science.sciencemag.org/content/147/3653/29.

78. In its modern materials, the society itself disputes that this campaign was ever a major focus of its activities. "Myths vs Facts," John Birch Society, https://www.jbs.org/about-jbs/myths-vs-facts.

79. "Barry Goldwater for President 1964 Campaign Brochure," 4President Corporation, http://www.4president.org/brochures/goldwater1964brochure.htm.

80. Rancor here presumably means an assertive foreign policy. Richard H. Rovere, "The Campaign: Goldwater," *New Yorker,* October 3, 1964, https://www.newyorker.com/magazine/1964/10/03/the-campaign-goldwater.

81. Patrick J. Buchanan, "With Nixon in '68: The Year America Came Apart," *Wall Street Journal,* April 5, 2018, https://www.wsj.com/articles/with-nixon-in-68-the-year-america-came-apart-1522937732.

82. The beginning was the 1965 "teach-in," with panel discussions on the war held on more than 120 campuses. Moore, *Disrupting Science,* p. 133.

83. Ibid., pp. 133–134.

84. MIT was an epicenter for such protests. Ibid., p. 140.

85. John Sides, "How Did the Dramatic Election of 1968 Change US Politics? This New Book Explains," *Washington Post,* May 25, 2016, https://www.washingtonpost.com/news/monkey-cage/wp/2016/05/25/how-did-the-1968-election-change-u-s-politics-so-dramatically-this-new-book-explains/?utm_term=.2f90228ccb9d.

86. Nell Greenfieldboyce, "'Shrimp on a Treadmill': The Politics of 'Silly' Studies," NPR, August 23, 2011, https://www.npr.org/2011/08/23/139852035/shrimp-on-a-treadmill-the-politics-of-silly-studies.

87. Hugh Davis Graham and Nancy Diamond, *The Rise of American Research Universities: Elites and Challengers in the Postwar Era* (Baltimore: Johns Hopkins University Press, 1997), p. 88.

88. Alan Rohn, "How Much Did The Vietnam War Cost?," Vietnam War, updated April 6, 2016, https://thevietnamwar.info/how-much-vietnam-war-cost/.

89. Figure 1, "Mandatory Outlays Before Offsetting Receipts as a Percentage of Total Outlays (FY1962–FY2025)," from Mindy R. Levit, D. Andrew Austin, and Jeffrey M. Stupak, *Mandatory Spending Since 1962* (Washington, DC: Congressional Research Service, 2016), https://fas.org/sgp/crs/misc/RL33074.pdf.

90. And a broader decline in military spending: "Between 1968 and 1971, defense-related employment in the private sector declined by more than 1 million." *Engineering and Scientific Manpower: Recommendations for the Seventies* (Washington, DC: National Academy of Engineering, 1973), https://www.nap.edu/download/20514.

91. Stever, *In War and Peace,* p. 202: "In constant dollars it [overall federal support for basic research] went from $1.7 billion in 1967 to $1.4 billion. Most fields—aside from some areas of biology, engineering, and oceanography—declined, with the sharpest cuts in the physical sciences, especially physics and chemistry."

92. "The Mansfield Amendment," National Science Board, https://www.nsf.gov/nsb/documents/2000/nsb00215/nsb50/1970/mansfield.html. The amendment was later repealed, but its intent remained influential.

93. Ibid. This amendment should not be confused with another famous Mansfield amendment, which aimed in 1971 to reduce US forces deployed in Europe.

94. Stever, *In War and Peace,* p. 202. Stever was director of the National Science Foundation at this time. He asked for $675 million for 1974 and reports that he received $640 million. There was a short-lived boost in energy-related research after the oil crisis of 1973: Alexis C. Madrigal, "Moondoggle: The Forgotten Opposition to the Apollo Program," *Atlantic,* September 12, 2012, https://www.theatlantic.com/technology/archive/2012/09/moondoggle-the-forgotten-opposition-to-the-apollo-program/262254/.

95. The National Research Council suggested there was a potential oversupply of engineers and scientists. See *Engineering and Scientific Manpower.*

96. Data from Jonathan Gruber, *Public Finance and Public Policy,* 6th ed. (New York: Macmillan, 2019).

97. Ibid.

98. Ibid.

99. Stever, *In War and Peace,* discusses the historical and political context on pp. 258–261. Edward Teller pushed hard for a more modern antiballistic missile (ABM) program.

100. Reagan may not have consulted fully with his own top officials before announcing the Star Wars initiative: Caspar Weinberger, the defense secretary, was reportedly "slack-jawed hearing Reagan announce they were going to build this system." "The same thing with the DARPA director, the same thing with the Pentagon's chief technologist. They were just in shock." "Inside DARPA," NPR.

101. As a percent of GDP, from 1979 to 1988, total R&D spending went from 1.07 percent of GDP in 1979 to 1.08 percent in 1988; military R&D went from 0.48 percent to 0.67 percent, and nonmilitary fell from 0.59 percent to 0.41 percent.

102. Deborah D. Stine, *The Manhattan Project, the Apollo Program, and Federal Energy Technology R&D Programs: A Comparative Analysis* (Washington, DC: Congressional Research Service, 2009), https://fas.org/sgp/crs/misc/RL34645.pdf.

103. Ibid.

104. See the discussion in Stever, *In War and Peace,* p. 262. He chaired a committee convened by the OTA at the request of Congress. Their report was not opposed to research on the issue but was skeptical that the United States would be able to defend itself effectively against the Soviet Union in this fashion; see *Office of Technology Assessment, US Congress, Ballistic Missile Defense Technologies* (Washington DC: US Government Printing Office, 1985). For more on the demise of OTA, see Jathan Sadowski, "The Much-Needed and Sane Congressional Office That Gingrich Killed Off and We Need Back," *Atlantic,* October 26, 2012, https://www.theatlantic.com/technology/archive/2012/10/the-much-needed-and-sane-congressional-office-that-gingrich-killed-off-and-we-need-back/264160/.

105. David Appell, "The Supercollider That Never Was," *Scientific American,* October 15, 2013, https://www.scientificamerican.com/article/the-supercollider-that-never-was/.

106. "The Higgs Boson," CERN, https://home.cern/topics/higgs-boson. Two scientists shared the 2013 Nobel Prize in physics for this discovery.

107. Athena Yenko, "World's First Colored Human X-Ray Applies CERN Technology Used in Search of 'God Particle,'" *Tech Times,* July 13, 2018, https://www.techtimes.com/articles/232239/20180713/world-s-first-colored-human-x-ray-applies-cern-technology-used-in-search-of-god-particle.htm.

108. Gruber, *Public Finance and Public Policy.*

109. The size of this decline depends on exactly which start and end year you use. However, there is no question that—with the exception of the short-lived stimulus period (federal R&D was 1.12 percent of GDP in 2009)—there was a real squeeze on federal R&D spending from the early 2000s to the post-Obama period.

110. Watching TV shows is not necessarily the same as supporting government spending. During the 1960s, between 45 and 60 percent of Americans thought the government was spending too much on space. Support eventually increased after the event. In 1979, only 47 percent of Americans thought it was worth landing on the moon, but by 1989, support was up to 77 percent. Madrigal, "Moondoggle."

111. Some scientists did become more left-wing during the 1930s, generally when they struggled to find work opportunities or funding for their research. Peter J. Kuznick, *Beyond the Laboratory: Scientists as Political Activists in 1930's America* (Chicago: University of Chicago Press, 1997).

112. Francie Diep, "When Did Science Become Apolitical?," *Pacific Standard,* March 13, 2017, https://psmag.com/news/when-did-science-become-apolitical.

113. Erik M. Conway and Naomi Oreskes, "Why Conservatives Turned Against Science," *Chronicle of Higher Education,* November 5, 2012, https://www.chronicle.com/article/The-Conservative-Turn-Against/135488. One recent poll

found that only 6 percent of scientists are Republicans; Puneet Opal, "The Danger of Making Science Political," *Atlantic,* January 19, 2013, https://www.theatlantic.com/health/archive/2013/01/the-danger-of-making-science-political/267327/.

114. Chris C. Mooney, *The Republican War on Science* (New York: Basic Books, 2005).

第四章　私企研发的局限性

1. Bronwyn Hall, Jacques Mairesse, and Pierre Mohnen, "Measuring the Returns to R&D," in *Handbook of the Economics of Innovation,* vol. 1, ed. Bronwyn Hall and Nathan Rosenberg (Amsterdam: North-Holland, 2010).

2. Steve Jobs and Steve Wozniak did actually start Apple in their family garages. Earlier, Bill Hewlett and David Packard started their company in a garage behind the rooms they were renting.

3. John Steele Gordon and Michael Maiello, "Pioneers Die Broke," *Forbes,* December 23, 2012, https://www.forbes.com/forbes/2002/1223/258.html#6366c40666e6.

4. Robert E. Hall and Susan E. Woodward, "The Burden of the Nondiversifiable Risk of Entrepreneurship," *American Economic Review* 100, no. 3 (2010): 1163–1194.

5. "Global Market Demand for Flat Panel Displays (FPD) from 2000 to 2020 (in Billion U.S. Dollars)," Statista, https://www.statista.com/statistics/530497/worldwide-flat-panel-display-market-demand/.

6. As of the mid-1990s, the top ten suppliers of LCDs were in Asia, and there were no US high-volume producers. Sheila Galatowitsch, "Emerging US Flat Panel Display Industry Embraces Automation," *Solid State Technology,* https://electroiq.com/1996/09/emerging-us-flat-panel-display-industry-embraces-automation/. Of the top thirty-nine LCD manufacturers listed in *Wikipedia,* only three are US based. "List of liquid-crystal-display manufacturers," *Wikipedia,* https://en.wikipedia.org/wiki/List_of_liquid-crystal-display_manufacturers.

7. Robert H. Chen, *Liquid Crystal Displays: Fundamental Physics and Technology* (Hoboken, NJ: John Wiley and Sons, 2011), p. 213. This section draws heavily on Chen's book, but the outline of the story is confirmed elsewhere (e.g., see Benjamin Gross, *The TVs of Tomorrow: How RCA's Flat-Screen Dreams Led to the First LCDs* [Chicago: University of Chicago Press, 2018]). Summary at Benjamin Gross, "How RCA Lost the LCD," IEEE Spectrum, November 1, 2012, https://spectrum.ieee.org/tech-history/heroic-failures/how-rca-lost-the-lcd.

8. Chen, *Liquid Crystal Displays,* p. 214.

9. Ibid., p. 215.

10. Ibid., p. 216.

11. Ibid.; Joseph A. Castellano, *Liquid Gold: The Story of Liquid Crystal Displays and the Creation of an Industry* (Singapore: World Scientific, 2005), p. 84; Gross, *The TVs of Tomorrow,* p. 202.

12. Chen, *Liquid Crystal Displays,* p. 217.

13. Ibid., p. 256.

14. Ibid.

15."T. Peter Brody Papers," Philadelphia Area Consortium of Special Collections Libraries, http://dla.library.upenn.edu/cocoon/dla/pacscl/ead.html?sort=date_added_sort%20desc&showall=sort&id=PACSCL_HML_2532&.

16. Finley Colville, "Korean Capital Equipment Suppliers Target US$15 Billion PV Opportunity," Inter PV, http://www.interpv.net/market/market_view.asp?idx=465&part_code=04.

17. Richard Florida and David Browdy, "The Invention That Got Away," *Technology Review* 94, no. 6 (1991). The Japanese company Seiko had entered the US market and infringed on Westinghouse's patents for active-matrix displays. The International Trade Commission encouraged Panelvision to bring suit. The company started this process in motion, alerting Seiko of a potential lawsuit. But the suit was ultimately viewed as not fruitful given Japan's large lead in the technology.

18. The *New York Times* reported similar stories in Andrew Pollack, "US Project Hobbled by Japan's Lead," *New York Times,* December 18, 1990, http://www.nytimes.com/1990/12/18/business/us-project-hobbled-by-japan-s-lead.html?pagewanted=all. Brody tried again with a new company called Magnascreen in 1988. It received interest from larger companies but faltered when these companies were not willing to help build a factory to produce large volumes of flat-panel displays. Neither, ultimately, were venture capitalists willing to provide the funding needed to increase manufacturing to a level that could compete with Japanese companies. Government funding arrived, but it was too late to make a difference—and not enough to matter relative to the established scale of competitors. DARPA awarded Magnascreen a $7.8 million contract in 1988 and, in the budget for 1994, DARPA was given an appropriation of $75 million to spend on high-definition television displays. It was too little; estimates suggest that Japanese investment for LCD manufacturing in 1994/1995 was $4.5 billion. Rick Jurgens, "Don't Try to Catch Up with Japanese Flat Panel Makers," *Christian Science Monitor,* May 3, 1994, https://www.csmonitor.com/1994/0503/03091.html. "The Domestic Flat Panel Display Industry: Cause for Concern?" in *Flat Panel Displays in Perspective* (Washington, DC: US Government Printing Office, 1995), https://www.princeton.edu/~ota/disk1/1995/9520/952004.PDF.

19. Real per capita GDP was $14,203 in the first quarter of 1947 and $26,718 in the first quarter of 1973, a ratio of 1.88 (or an overall increase of 88 percent).

20. There are a number of ways to measure economic growth, but a useful metric for measuring economic growth is comparing the size of the economy in per capita real terms by taking inflation out of the equation. (An economy with twice as many goods but twice as many people isn't richer from the perspective of any given individual.) Data for this paragraph and the next from the FRED database maintained by the St. Louis Fed. "Real Gross Domestic Product Per Capita," FRED Economic Data, https://fred.stlouisfed.org/series/A939RX0Q048SBEA.

21. We calculate this compound average annual growth using the quarterly GDP per capita series, from Q1 1973 to Q1 2018, using data from "Real gross domestic product per capita (A939RX0Q048SBEA)," FRED Economic Data, https://fred.stlouisfed.org/graph/?id=A939RX0Q048SBEA. The equivalent growth rate from Q1 1947 to Q2 1973 was 2.46 percent per annum. Choosing slightly different starting and ending dates does not change the conclusion that there has been a slowdown in the growth of GDP per capita.

22. There is some debate about exactly how best to measure economic growth—for example, when completely new products arrive, such as smartphones. Still, the general point holds—the key to sustained economic growth is to increase productivity.

23. Patent terms available at "2701 Patent Term [R-07.2015]," US Patent and Trademark Office, https://www.uspto.gov/web/offices/pac/mpep/s2701.html.

24. "List of Edison patents," *Wikipedia,* https://en.wikipedia.org/wiki/List_of_Edison_patents.

25. Note that when we use the term *spillovers,* we are referring to two separate phenomena: value creation and value capture. Spillovers in value creation are technical/engineering in nature and occur when a firm's discovery creates general knowledge that other firms can use to innovate (perhaps trying to solve very different problems), thus creating their own new products. Spillovers in value capture are financial and occur when one firm's discovery ends up yielding profits for other firms. This is an important distinction among specialists, but for ease of discussion—and because it does not affect our general point—we group the two together here.

26. Douglas Engelbart, "Workstation History and the Augmented Knowledge Workshop," Doug Engelbart Institute, December 5, 1985, https://www.dougengelbart.org/pubs/augment-101931.html. John Markoff, *What the Dormouse Said: How the Sixties Counterculture Shaped the Personal Computer Industry* (New York: Penguin, 2005).

27. Jeffrey S. Young, *Steve Jobs: The Journey Is the Reward* (New York: Lynx Books, 1988), p. 174. Michael Hiltzik, *Dealers of Lightning* (Collingdale, PA: Diane Publishing Company, 1999), p. 342.

28. "Apple Computer Inc.," Encyclopedia.com, https://www.encyclopedia.com/social-sciences-and-law/economics-business-and-labor/businesses-and-occupations/apple-computer-inc.

29. Apple didn't fight back initially because "while who was right legally was debatable, we couldn't afford to sue the only company developing successful software for Macintosh at a still turbulent time." Brit Hume, "Apple Appears to Be Fighting IBM by Taking On Microsoft," *Washington Post,* April 4, 1988, https://www.washingtonpost.com/archive/business/1988/04/04/apple-appears-to-be-fighting-ibm-by-taking-on-microsoft/ed882313-dd2a-4bc7-b1f5-06394ea93093/?noredirect=on&utm_term=.bff2d1e4712f.

30. John C. Dvorak, "Sorting Out Fact from Fiction in the Apple-Microsoft Lawsuit," *PC Magazine,* 1988, p. 36.

31. Chris Velazco, "Microsoft Sold 450 Million Copies of Windows 7," *TechCrunch,* September 13, 2011, https://techcrunch.com/2011/09/13/microsoft-sold-450-million-copies-of-windows-7/.

32. What if Xerox had never sold its Apple shares? Given the various splits in Apple stock since that date, one share of Apple stock at its IPO is equivalent to fifty-six shares today. As of February 6, 2018, the price of an Apple share is $163.03. So Xerox would be holding 5.6 million shares at $163.03 per share, or $914 million worth of Apple stock. A lot of money, but still small relative to the ultimate value of what Jobs discovered.

33. Hiltzik, *Dealers of Lightning,* p. 387.

34. Andy Hertzfeld, "A Rich Neighbor Named Xerox," Folklore, November 1983, https://www.folklore.org/StoryView.py?story=A_Rich_Neighbor_Named_Xerox.txt.

35. Rick Mullin, "Cost to Develop New Pharmaceutical Drug Now Exceeds $2.5B," *Scientific American,* November 24, 2014, https://www.scientificamerican.com/article/cost-to-develop-new-pharmaceutical-drug-now-exceeds-2-5b/.

36. This section summarizes the excellent discussion of early-stage research in James P. Hughes, Stephen Rees, S. Barrett Kalindjian, and Karen L. Philpott, "Principles of Early Drug Discovery," *British Journal of Pharmacology* 162, no. 6 (2011), https://www.ncbi.nlm.nih.gov/pubmed/21091654.

37. P. Roy Vagelos and Louis Galambos, *Medicine, Science, and Merck* (Cambridge, UK: Cambridge University Press, 2004), pp. 133–151. Akira Endo, "A Historical Perspective on the Discovery of Statins," *Proceedings of the Japan Academy Series B, Physical and Biological Sciences* 86, no. 5 (2010).

38. Endo, "A Historical Perspective." Thomas P. Stossel, "The Discovery of Statins," *Cell* 134, no. 6 (2008), https://www.sciencedirect.com/science/article/pii/S0092867408011276.

39. Vagelos and Galambos, *Medicine, Science, and Merck.*

40. In July 1982, the FDA approved Merck providing lovastatin to Roger Illingsworth (OHSU) and Scott Grundy / David Billheimer (UT SW Medical Center). Specifically, Merck did not have approval from the FDA, but approval was granted to the researchers. Conditions of these approvals allowed the researchers to see Merck's drug master file on lovastatin. See: Scott M. Grundy, "History of Statins," https://knightadrc.wustl.edu/Education/PDFs/Berg2012Slides/Grundy.pdf. A brief circulated by the FDA suggests that despite Merck's withdrawal from lovastatin research, the FDA was still very interested in developing statins. See Suzanne White Junod, "Statins: A Success Story Involving FDA, Academia and Industry," *Update,* March–April 2007, https://www.fda.gov/downloads/AboutFDA/History/ProductRegulation/UCM593497.pdf.

41. Endo, "A Historical Perspective."

42. "Merck, Bristol-Myers Want to Sell Cholesterol Medicines Over the Counter," *Courier*, December 11,2004,https://wcfcourier.com/business/local/merck-bristol-myers-want-to-sell-cholesterol-medicines-over-the/article_3681ea5a-58d7-5558-97f7-d8446b950e50.html.

43. Endo, "A Historical Perspective."

44. David C. Grabowski, Darius N. Lakdawalla, Dana P. Goldman, Michael Eber, Larry Z. Liu, Tamer Abdelgawad, Andreas Kuznik, Michael E. Chernew, and Tomas Philipson, "The Large Social Value Resulting from Use of Statins Warrants Steps to Improve Adherence and Broaden Treatment," *Health Affairs* 31, no. 1 (2012), https://www.healthaffairs.org/doi/pdf/10.1377/hlthaff.2011.1120.

45. Stossel, "The Discovery of Statins."

46. This paragraph summarizes the results from Eric Budish, Benjamin N. Roin, and Heidi Williams, "Do Firms Underinvest in Long-Term Research? Evidence from Cancer Clinical Trials," *American Economic Review* 105, no. 7 (2015): pp. 2044–2085.

47. Ibid. In particular, for the 2003 cohort of US cancer patients, the value of lost life was $89 billion. Taking the present value over all future cohorts yields the figure of $2.2 trillion.

48. Nicole Goodkind, "Pfizer Ends Funding for Alzheimer's, Parkinson's Research," *Newsweek,* January 13, 2018, https://www.newsweek.com/alzheimers-parkinsons-tax-cuts-pfizer-research-780163.

49. "Venture Capital: Sand Hill Road Rules the Valley," *Bloomberg,* December 4, 2014, https://www.bloomberg.com/news/articles/2014-12-04/venture-capital-sand-hill-road-rules-silicon-valley.

50. Paul Gompers, "The Rise and Fall of Venture Capital," *Business and Economic History* 23, no. 2 (1994), https://www.thebhc.org/sites/default/files/beh/BEHprint/v023n2/p0001-p0026.pdf.

51. Steven Kaplan and Josh Lerner, "It Ain't Broke: The Past, Present, and Future of Venture Capital," *Journal of Applied Corporate Finance* 22, no. 2 (2010).

52. Will Gornall and Ilya A. Strebulaev, "The Economic Impact of Venture Capital: Evidence from Public Companies" (research paper no. 15-55, Stanford Graduate School of Business Stanford, CA, 2015), https://papers.ssrn.com/sol3/papers.cfm?abstract_id=2681841.

53. Shikhar Ghosh and Ramana Nanda, "Venture Capital Investment in the Clean Energy Sector" (working paper #11-020, Harvard Business School, Boston, MA, 2010), https://papers.ssrn.com/sol3/papers.cfm?abstract_id=1669445.

54. Kaplan and Lerner, "It Ain't Broke."

55. Bryan Borzykowski, "US Venture Capital Investments Down, But Global Inflows Rise," RocketSpace, February 6, 2017, https://www.rocketspace.com/tech-startups/united-states-venture-capital-investments-down.

56. Data from FRED shows gross private domestic investment of $3,057 billion in 2016. See "Gross Private Domestic Investment," FRED Economic Data, https://fred.stlouisfed.org/graph/?id=GPDIA.

57. This discussion summarizes the material in Hall and Woodward, "Burden of the Nondiversifiable Risk."

58. Hall and Woodward find that 68 percent of start-ups yield no meaningful value to entrepreneurs and that a "large fraction of the total value to entrepreneurs arises from the tiny fraction of startups that deliver hundreds of millions of dollars of exit value to the entrepreneurs." A report from the *Wall Street Journal* in 2012 finds that three out of four start-ups fail. Deborah Gage, "The Venture Capital Secret: 3 Out of 4 Start-Ups Fail," *Wall Street Journal,* September 20, 2012, https://www.wsj.com/articles/SB10000872396390443720204578004980476429190.

59. Hall and Woodward, "Burden of the Nondiversifiable Risk."

60. Venture funders will invest in stages, with relatively small investments initially, but then in ever-increasing investments as they learn more from ongoing company performance. Ramana Nanda, Ken Younge, and Lee Fleming, "Innovation and Entrepreneurship in Renewable Energy," in *The Changing Frontier: Rethinking Science and Innovation Policy,* ed. Adam Jaffe and Benjamin Jones (Chicago: University of Chicago Press), 2015.

61. Relative to companies selected in the first year of a fund, companies that are selected in year four or five are 10 percent older, are 5 percent more likely to be at a later stage of their development, and have received 6 percent more rounds of financing at the time of the investment. For companies that are selected beyond that year, these differences reach 21 percent, 12 percent, and 19 percent. Jean-Noël Barrot, "Investor Horizon and the Life Cycle of Innovative Firms: Evidence from Venture Capital," *Management Science* 63, no. 9 (2016).

62. Nanda, Younge, and Fleming, "Innovation and Entrepreneurship."

63. Ibid.

64. Ramana Nanda and Matthew Rhodes-Kropf, "Investment Cycles and Startup Innovation," *Journal of Financial Economics* 110, no. 2 (2013).

65. "We turn next to showing how this fall in the cost of starting businesses impacted the way in which VCs managed their portfolios. We show that in sectors impacted by the technological shock, VCs responded by providing a little funding and limited governance to an increased number of start-ups, which they were more likely to abandon after the initial round of funding. The number of initial investments made per year by VCs in treated sectors nearly doubled from the pre- to the post-period, without a commensurate increase in follow-on investments, and VCs making initial investments in treated sectors were less likely to take a board seat following the technological shock." Michael Ewens, Ramana Nanda, and Matthew Rhodes-Kropf, "Cost of Experimentation and the Evolution of Venture Capital," *Journal of Financial Economics* 128, no. 3 (2018).

66. Ghosh and Nanda, "Venture Capital Investment."

67. "BU-103: Global Battery Markets," Battery University, http://batteryuniversity.com/index.php/learn/article/global_battery_markets.

68. J. V. Chamary, "Why Are Samsung's Galaxy Note 7 Phones Exploding?," *Forbes,* September 4, 2016, https://www.forbes.com/sites/jvchamary/2016/09/04/samsung-note7-battery/.

69. "A Massachusetts Green Energy Company Heads for China," WBUR 90.9, October 19, 2011, http://www.wbur.org/hereandnow/2011/10/19/energy-china-battery.

70. GSR is not explicitly a government fund, but it is well-connected enough that it can help local governments arrange subsidies packages to attract companies. "When it enters into a deal, GSR does more than invest its own money. It taps its contacts in government in China and at other investment entities to pile on their money too." Jeffrey Ball, "Silicon Valley's New Power Player: China," *Fortune,* December 4, 2015, http://fortune.com/china-clean-tech-silicon-valley/.

71. Eric Wesoff, "Boston-Power Aims to Rival Tesla with Gigawatt Battery Factories," GTM, January 8, 2015, https://www.greentechmedia.com/articles/read/boston-power-aims-to-rival-tesla-with-gigawatt-battery-factories.

72. Boston Power, "Local Chinese Governments Give Financial Support to Leading US Electric Vehicle Battery Company," PR Newswire, December 22, 2014, https://www.prnewswire.com/news-releases/local-chinese-governments-give-financial-support-to-leading-us-electric-vehicle-battery-company-300013108.html.

73. Stephen Merrill, *Righting the Research Imbalance* (Durham, NC: Duke University Center for Innovation Policy, 2018), https://law.duke.edu/sites/default/files/centers/cip/CIP-White-Paper_Righting-the-Research-Imbalance.pdf.

74. Alex Kacik, "Drug Prices Rise as Pharma Prices Soar," *Modern Healthcare,* December 28, 2017, http://www.modernhealthcare.com/article/20171228/NEWS/171229930.

75. *Drug Industry: Profits, Research and Development Spending, and Merger and Acquisition Deals* (Washington, DC: US Government Accountability Office 2017), https://www.gao.gov/assets/690/688472.pdf.

76. Ibid.

77. *Rates of Return to Investment in Science and Innovation* (London: Frontier Economics, 2014), https://assets.publishing.service.gov.uk/government/uploads/system/uploads/attachment_data/file/333006/bis-14-990-rates-of-return-to-investment-in-science-and-innovation-revised-final-report.pdf. For other capital investments, the long run rate of return is on the order of 9 percent. Sarah Osborne and Bonnie A. Retus, "Returns for Domestic Nonfinancial Business," *Survey of Current Business* 96, no. 12 (2016), https://bea.gov/scb/pdf/2016/12%20December/1216_returns_for_domestic_nonfinancial_business.pdf.

78. "Manufacturing Challenges for Cell and Gene Therapies," Cell and Gene Therapy Catapult, February 21, 2017, https://ct.catapult.org.uk/news-media/general-news/manufacturing-challenges-cell-and-gene-therapies.

79. Ralf Otto, Alberto Santagostino, and Ulf Schrader, "Rapid Growth in Biopharma: Challenges and Opportunities," McKinsey & Company, December 2014, https://www.mckinsey.com/industries/pharmaceuticals-and-medical-products/our-insights/rapid-growth-in-biopharma. This study reports manufacturing setup costs of $200 million–$500 million. These costs have been falling recently, with Amgen's new state-of-the-art facility in Rhode Island expected to cost about $200 million: "Amgen Breaks Ground on Next-Generation Biomanufacturing Plant in Rhode Island," Amgen, July 31, 2018, https://www.amgen.com/media/news-releases/2018/07/amgen-breaks-ground-on-next-generation-biomanufacturing-plant-in-rhode-island/.

80. Peter Olagunju, Rodney Rietze, and Dieter Hauwaerts, "Meeting the Cell Therapy Cost Challenge with Automation," Invetech, February 21, 2017, https://www.invetechgroup.com/insights/2017/02/meeting-the-cell-therapy-cost-challenge-with-automation/. Provenge (sipuleucel-T) is a prescription medicine that is used to treat certain patients with advanced prostate cancer.

81. Ronald Rader, "Cell and Gene Therapies: Industry Faces Potential Capacity Shortages," *Genetic Engineering and Biotechnology News* 37, no. 20 (2017), https://www.genengnews.com/gen-articles/cell-and-gene-therapies-industry-faces-potential-capacity-shortages/6203.

82. Gina Kolata, "Gene Therapy Hits a Peculiar Roadblock: A Virus Shortage," *New York Times*, November 27, 2017, https://www.nytimes.com/2017/11/27/health/gene-therapy-virus-shortage.html.

83. Rader, "Cell and Gene Therapies."

84. Ibid.

85. Lev Gervolin and Walter Colasante, "Building New Business Models to Support High-Cost Cell and Gene Therapies," *Pharma Letter*, June 13, 2018, https://www.thepharmaletter.com/article/building-new-business-models-to-support-high-cost-cell-and-gene-therapies.

86. For an expanded analysis focused on one type of manufacturing, see William B. Bonvillian, "Advanced Manufacturing: A New Policy Challenge," *Annals of Science and Technology Policy* 1, no. 1 (2017): 1–131.

87. Ibid. Richard P. Harrison, Steven Ruck, Qasim A. Rafiq, and Nicholas Medcalf, "Decentralised Manufacturing of Cell and Gene Therapy Products: Learning from Other Healthcare Sectors," *Biotechnology Advances* 36, no. 6 (2018).

88. Nicholas Bloom, Mark Schankerman, and John Van Reenen, "Identifying Technology Spillovers and Product Market Rivalry," *Econometrica* 81, no. 4 (2013): 1347–1393.

89. We continue to combine two economic concepts. Research on the social rate of return refers to the technical aspect of value creation—the fact that the domain knowledge generated by one firm can be used by other firms to innovate. The problem for Xerox and others under discussion here was one of value capture (i.e., they were not the ones who received the enormous returns from

their new inventions). In either case, the problem that arises is the same: since firms know that they will not experience the full return from their investments, they underinvest relative to what would be optimal from a broader society-wide perspective.

90. Merrill, *Righting the Research Imbalance.*

91. Ashish Arora, Sharon Belenzon, and Lia Sheer, "Back to Basics: Why Do Firms Invest in Research?" (working paper #23187, National Bureau of Economic Research, Cambridge, MA, 2017).

92. Arno Penzias and Robert Wilson, "The Large Horn Antenna and the Discovery of Cosmic Microwave Background Radiation," APS Physics, https://www.aps.org/programs/outreach/history/historicsites/penziaswilson.cfm. "Scanning Tunneling Microscope," IBM, http://www-03.ibm.com/ibm/history/ibm100/us/en/icons/microscope/.

93. "Congressional Briefing," Duke Law, https://law.duke.edu/innovationpolicy/congressionalbriefing/.

94. Ashish Arora, Sharon Belenzon, and Andrea Patacconi, "The Decline of Science in Corporate R&D," *Strategic Management Journal* 39, no. 1 (2018).

95. Arora, Belenzon, and Sheer, "Back to Basics."

96. Arora, Belenzon, and Patacconi, "The Decline of Science."

97. "8 Jules Verne Inventions That Came True (Pictures)," *National Geographic,* February 8, 2011, https://news.nationalgeographic.com/news/2011/02/pictures/110208-jules-verne-google-doodle-183rd-birthday-anniversary/.

98. The points about transistors and the increasing cost of productivity improvements are drawn from Nicholas Bloom, Charles Jones, John Van Reenen, and Michael Webb, "Are Ideas Getting Harder to Find?" (working paper #23782, National Bureau of Economic Research, Cambridge, MA, September 2017).

99. Tom Simonite, "Moore's Law Is Dead. Now What?," *MIT Technology Review,* May 13, 2016, https://www.technologyreview.com/s/601441/moores-law-is-dead-now-what/. "Moore's Law is named after Intel cofounder Gordon Moore. He observed in 1965 that transistors were shrinking so fast that every year twice as many could fit onto a chip, and in 1975 adjusted the pace to a doubling every two years."

第五章　公共研发：推动前沿发展，促进增长

1. From interview on *NOVA: Cracking the Code of Life,* May 23, 1998.

2. "Deoxyribonucleic Acid (DNA)," National Human Genome Research Institute, June 16, 2015, https://www.genome.gov/25520880/.

3. Besides the DNA located in the nucleus, humans and other complex organisms also have a small amount of DNA in cell structures known as *mitochondria.* Mitochondria generate the energy the cell needs to function properly.

4. "Deoxyribonucleic Acid (DNA)," National Human Genome Research Institute.

5. "What Is DNA?," US National Library of Medicine, September 4, 2018, https://ghr.nlm.nih.gov/primer/basics/dna.

6. "DNA Sequencing," National Human Genome Research Institute, December 18, 2015, https://www.genome.gov/10001177/dna-sequencing-fact-sheet/.

7. "About the Laboratory of Molecular Biology," Medical Research Council Laboratory of Molecular Biology, http://www2.mrc-lmb.cam.ac.uk/about-lmb/.

8. Misha Gajewski, "Everything You Really Need to Know About DNA Sequencing," Cancer Research UK, April 25, 2016, https://scienceblog.cancerresearchuk.org/2016/04/25/everything-you-really-need-to-know-about-dna-sequencing/.

9. Ibid.

10. Leroy E. Hood, Michael W. Hunkapiller, and Lloyd M. Smith, "Automated DNA Sequencing and Analysis of the Human Genome," *Genomics* 1, no. 3 (1987), https://ac.els-cdn.com/0888754387900462/1-s2.0-0888754387900462-main.pdf?_tid=b131add0-f579-11e7-8189-00000aab0f02&acdnat=1515529047_30f88c264b77e65317f652c6a58df911.

11. Gajewski, "Everything You Really Need."

12. Robert Kanigel, "The Genome Project," *New York Times,* December 13, 1987, https://www.nytimes.com/1987/12/13/magazine/the-genome-project z.html.

13. Kevin Davies, "Kevin Ulmer—The Sisyphus of Sequencing," *Bio IT World,* September 28, 2010, http://www.bio-itworld.com/2010/issues/sept-oct/ulmer.html.

14. HGP first appeared in Reagan's 1988 budget approved by Congress. One of the main advocates for HGP's inclusion in the budget was Senator Peter Domenici, a Republican from New Mexico. Domenici, who apparently described himself as a "sucker for big science," advocated for the Human Genome Project—for example, by introducing a bill in July 1987 to create a federal advisory board and government-university-industry consortium for mapping and sequencing the human genome. Domenici chaired the Senate Committee on Energy and Natural Resources and the Budget Committee, both of which were highly important in setting the Department of Energy budget. Charles DeLisi, director of the DOE's Health and Environmental Research Programs from 1985 to 1987, was the main figure to propose and defend his plans for the HGP in front of Congress. In 2001, DeLisi received the Presidential Citizens Medal for his role in launching the project. Mark Oswald, "Team Was First for Sen. Domenici," *Albuquerque Journal,* September 16, 2017, https://www.abqjournal.com/1064853/team-was-first-for-sen-pete-domenici.html. Jeffrey Mervis, "Human Genome Bill Sponsor Pulls Back, Shifts Tactics," *Scientist,* August 10, 1987, https://www.the-scientist.com/news/human-genome-bill-sponsor-pulls-back-shifts-tactics-63548.

15. The project was very computationally intensive, and the national laboratories of the Department of Energy had the computing resources available. The NCHGR became the National Human Genome Research Institute (NHGRI) in 1997 and was part of the NIH.

16. Gajewski, "Everything You Really Need."

17. The sequencing process can be broken down into several steps. To meet the HGP's challenging goals, scientists were able to improve current technologies and develop new technologies, especially through automation. For example, the "front end" molecular biology step where samples are prepped has benefited from automated robotic samples. The "back end" computer analysis step, which involves designing software packages to analyze results, must also be flexible enough to adapt to different approaches taken in preceding steps. So while all these steps are being individually improved, the overall genome sequencing progress may not appear that impressive. But put all those improved technologies all together and the entire sequencing process has become much more efficient than it once was. Michael C. Giddings, Jessica Severin, Michael Westphall, Jiazhen Wu, and Lloyd M. Smith, "A Software System for Data Analysis in Automated DNA Sequencing," *Genome Research* 8 (1998): 644–665, https://genome.cshlp.org/content/8/6/644.long.

18. Katerina Sideri, *Bioproperty, Biomedicine and Deliberative Governance* (New York: Routledge, 2016), p. 114.

19. A truce between the NIH and Celera was negotiated in 2000, and in February 2001, both the NIH and Celera published draft maps of the genome. For the next two years, Celera was able to protect the genes they had sequenced—but that the NIH had not yet sequenced—with a form of intellectual property. But by 2003, the entire map had been made public, so Celera's intellectual property effectively expired. Celera's intellectual property rights during the 2001–2003 period slowed down follow-on scientific research and product development relative to having the data freely available in the public domain. Specifically, there was significantly less development of downstream scientific research and medical product development for genes that were held with Celera's intellectual property, relative to genes sequenced by the public effort in the same year. The reduction in subsequent scientific research and product development was on the order of 20–30 percent. Heidi Williams, "Intellectual Property Rights and Innovation: Evidence from the Human Genome," *Journal of Political Economy* 121, no. 1 (2013).

20. Ilse R. Wiechers, Noah C. Perin, and Robert Cook-Deegan, "The Emergence of Commercial Genomics: Analysis of the Rise of a Biotechnology Subsector During the Human Genome Project, 1990 to 2004," *Genome Medicine* 5, no. 9 (2013), https://www.ncbi.nlm.nih.gov/pmc/articles/PMC3971346/.

21. *The Impact of Genomics on the U.S. Economy* (Columbus, OH: Battelle Memorial Institute, 2013), https://web.ornl.gov/sci/techresources/Human_Genome/publicat/2013BattelleReportImpact-of-Genomics-on-the-US-Economy.pdf.

22. Ibid.

23. We recognize the controversy over genetic modification of our food supply. Indeed, this type of issue further heightens the importance of being the innovator in an area so that the United States can help set the rules of the road. We discuss this further in Chapter 8.

24. Simon Tripp and Martin Grueber, *Economic Impact of the Human Genome Project* (Columbus, OH: Battelle Memorial Institute, 2011), https://www.battelle.org/docs/default-source/misc/battelle-2011-misc-economic-impact-human-genome-project.pdf.

25. Full disclosure for this section: one of us (Jonathan) has had NIH support for much of his career!

26. Hamilton Moses, David H. M. Matheson, Sarah Cairns-Smith, Benjamin P. George, Chase Palisch, and E. Ray Dorsey, "The Anatomy of Medical Research: US and International Comparisons," *Journal of the American Medical Association* 313, no. 2 (2015), https://www.ncbi.nlm.nih.gov/pubmed/25585329.

27. "What We Do: Budget," National Institutes of Health, April 11, 2018, https://www.nih.gov/about-nih/what-we-do/budget.

28. Awarded annually since 1945, the Lasker Awards recognize major contributions to medical science or individuals who have performed public service on behalf of medicine.

29. Pierre Azoulay, Joshua S. Graff Zivin, Danielle Li, and Bhaven N. Sampat, "Public R&D Investments and Private Sector Patenting: Evidence from NIH Funding Rules," *Review of Economic Studies* 86, no. 1 (2019): 117–152.

30. Ibid.

31. Andrew A. Toole, "Does Public Scientific Research Complement Private Investment in Research and Development in the Pharmaceutical Industry?," *Journal of Law and Economics* 50, no. 1 (2007).

32. "Impact of NIH Research: Our Society," National Institutes of Health, May 1, 2018, https://www.nih.gov/about-nih/what-we-do/impact-nih-research/our-society.

33. *The Framingham Heart Study: Laying the Foundation for Preventative Health Care* (Bethesda, MD: National Institutes of Health, n.d.), https://www.nih.gov/sites/default/files/about-nih/impact/framingham-heart-study.pdf.

34. "Vaccine Types," US Department of Health & Human Services, https://www.vaccines.gov/basics/types/index.html.

35. *Childhood Hib Vaccines: Nearly Eliminating the Threat of Bacterial Meningitis* (Bethesda, MD: National Institutes of Health, n.d.), https://www.nih.gov/sites/default/files/about-nih/impact/childhood-hib-vaccines-case-study.pdf.

36. "Impact of NIH Research: Our Knowledge," National Institutes of Health, May 8, 2018, https://www.nih.gov/about-nih/what-we-do/impact-nih-research/our-knowledge.

37. The full impact of the JAK research remains at the research frontier: at the start of 2016, a dozen other compounds that target JAKs were in clinical trials for treatment of various autoimmune diseases. *Understanding Immune Cells*

and Inflammation: Opening New Treatment Avenues for Rheumatoid Arthritis and Other Conditions (Bethesda, MD: National Institutes of Health, n.d.), https://www.nih.gov/sites/default/files/about-nih/impact/immune-cells-inflammation-case-study.pdf.

38. James Barron, "High Cost of Military Parts," *New York Times,* September 1, 1983, https://www.nytimes.com/1983/09/01/business/high-cost-of-military-parts.html.

39. Enrico Moretti, Claudia Steinwender, and John Van Reenen, "The Intellectual Spoils of War?: Defense R&D, Productivity and Spillovers" (working paper, 2016), https://eml.berkeley.edu/~moretti/military.pdf.

40. That's 2 percent, not two percentage points (i.e., from 2 percent per year to 2.04 percent per year).

41. Peter Warren Singer, *Wired for War: The Robotics Revolution and Conflict in the Twenty-First Century* (New York: Penguin, 2009), pp. 21–29.

42. Brian Heater, "How Baby Dolls, Mine Sweepers and Mars Rovers Led iRobot to the Roomba," *TechCrunch,* March 8, 2017, https://techcrunch.com/2017/03/08/colin-angle-interview/.

43. Craig Smith, "10 Interesting iRobot Statistics and Facts," DMR, September 7, 2018, https://expandedramblings.com/index.php/irobot-statistics-facts/.

44. Aditya Kaul, "iRobot Doubles Down on Consumer Robots by Selling Military Unit," Tractica, February 11, 2016, https://www.tractica.com/automation-robotics/irobot-doubles-down-on-consumer-robots-by-selling-military-unit/.

45. "iRobot Corporation," United States Securities and Exchange Commission, February 16, 2018, https://www.sec.gov/Archives/edgar/data/1159167/000115916718000004/irbt-12302017x10k.htm.

46. "iRobot Reports Strong Second-Quarter Financial Results," PR Newswire, July 25, 2017, https://www.prnewswire.com/news-releases/irobot-reports-strong-second-quarter-financial-results-300494007.html.

47. Darrell Etherington, "iRobot Says 20 Percent of the World's Vacuums Are Now Robots," *TechCrunch,* November 7, 2016, https://techcrunch.com/2016/11/07/irobot-says-20-percent-of-the-worlds-vacuums-are-now-robots/.

48. Description of the SBIR program comes from Josh Lerner, "The Government as Venture Capitalist: The Long-Run Impact of the SBIR Program," *Journal of Business* 72, no. 3 (1999), and Sabrina Howell, "Financing Innovation: Evidence from R&D Grants," *American Economic Review* 107, no. 4 (2017).

49. Mariana Mazzucato, "Innovation, the State and Patient Capital," *Political Quarterly* 86, no. S1 (2015): 98–118.

50. Matthew Keller and Fred Block, "Explaining the Transformation in the US Innovation System: The Impact of a Small Government Program," *Socio-Economic Review* 11 (2013): 629–656.

51. "Symantec Recognized By Small Business Administration," SBIR, March 3, 2011, https://www.sbir.gov/success-story/symantec-recognized-small-business-administration. Employment numbers for 2017 are from the 2017 Corporate

Responsibility Report (Mountain View, CA: Symantec, 2017), https://www.symantec.com/content/dam/symantec/docs/reports/2017-corporate-responsibility-report-en.pdf, p.13.

52. "Qualcomm Inducted into SBIR Hall of Fame," SBIR, March 15, 2011, https://www.sbir.gov/success-story/qualcomm-inducted-sbir-hall-fame. "The Small Business Technology Council" (white paper, Small Business Technology Council, Washington, DC, January 19, 2017), http://sbtc.org/wp-content/uploads/2017/01/SBTC-SBIR-White-Paper-2017.pdf. *SBIR/STTR Program* (Washington, DC: US Department of the Navy, n.d.), https://www.navysbir.com/docs/Navy-SBIR-Economic_Impact.pdf. "QUALCOMM Incorporated," United States Securities and Exchange Commission, November 1, 2017, https://www.sec.gov/Archives/edgar/data/804328/000123445217000190/qcom10-k2017.htm. Estimate of US employment is based on "fifty-two percent of its workforce is based in the U.S.," from Mike Freeman, "Qualcomm Sheds 1,231 San Diego Workers in Latest Restructuring," *San Diego Union-Tribune,* April 19, 2018, https://www.sandiegouniontribune.com/business/technology/sd-fi-layoff-number-20180419-story.html.

53. "Statement by Dr. Irwin Mark Jacobs Prepared for the Hearing on Reauthorization of the SBIR and STTR Programs," United States Senate, February 17, 2011,https://www.sbc.senate.gov/public/_cache/files/4/8/4878f6aa-114e-495a-9fea-03ab2a21cf9c/78A77C01862D1DAD0B9A5CDCF5DEB9B4.testimony-jacobs.pdf.

54. The SBIR is not without its critics, many of whom focus on the fact that the SBIR doesn't do enough to facilitate the pathway from R&D to commercialization and instead creates SBIR "mills" that "live off SBIR awards." On the flip side, there are some scientists who criticize SBIR because they fear SBIR commercialization-focused funds will be expanded at the expense of funds for basic science. *National Research Council (US) Committee for Capitalizing on Science, Technology, and Innovation: An Assessment of the Small Business Innovation Research Program* (Washington, DC: National Academies Press, 2008). Eugenie Samuel Reich, "US Research Firms Put Under Pressure to Sell," *Nature,* July 9, 2013, https://www.nature.com/news/us-research-firms-put-under-pressure-to-sell-1.13354. Jeffrey Mervis, "U.S. Research Groups Going to War Again over Small Business Funding," *Science,* May 18, 2016, http://www.sciencemag.org/news/2016/05/us-research-groups-going-war-again-over-small-business-funding.

55. Lerner, "The Government as Venture Capitalist." Scott Wallsten's study from this era does not support the positive effects documented by Lerner; see Scott Wallsten, "The Effects of Government-Industry R&D Programs on Private R&D: The Case of the Small Business Innovation Research Program," *RAND Journal of Economics* 31, no. 1 (2000): 82–100.

56. Sabrina Howell, "Financing Innovation: Evidence from R&D Grants," *American Economic Review* 107, no. 4 (2017): 1136–1164. On the other hand, those firms that continue on to phase II are largely those who were not able to obtain VC

financing and were therefore weaker candidates so that there was little effect on phase II. This suggests that the main effect of the SBIR grants is through promoting prototyping—developing proofs of concept that can be used to attract further financing.

57. "Visionary David Walt," Tufts Tech Transfer, http://techtransfer.tufts.edu/visionary-david-walt/.

58. "Illumina Inducted into U.S. SBA Hall of Fame," Illumina, January 23, 2017, https://www.illumina.com/company/news-center/feature-articles/illumina-inducted-into-u-s—small-business-administration-hall-o.html.

59. "Case Studies," Appendix D, in *An Assessment of the SBIR Program at the National Institutes of Health* (Washington, DC: National Academies Press, 2009).

60. "#1250 Illumina," *Forbes,* June 2018, https://www.forbes.com/companies/illumina/. "Illumina Fact Sheet," Illumina, https://www.illumina.com/company/about-us/fact-sheet.html. US employees estimate from "Illumina," Great Place to Work, http://reviews.greatplacetowork.com/illumina-inc (a source that is hard to verify independently).

61. National Institute of Standards and Technology, https://www.nist.gov.

62. Ibid.

63. Daniel Smith, Maryann Feldman, and Gary Anderson, "The Longer Term Effects of Federal Subsidies on Firm Survival: Evidence from the Advanced Technology Program," *Journal of Technology Transfer* 43, no. 3 (2018): 593–614.

64. Ibid.

65. A newer program of public subsidization of R&D is the National Network for Manufacturing Innovation program, or Manufacturing USA, introduced under the Obama administration in 2014. This initiative aims to promote private-public partnerships focused on manufacturing innovation and engaging universities, as well as to coordinate federal resources and programs to overcome barriers to scaling up new technologies and products. The federal government provides financial resources, which are matched by private industry in a collaborative arrangement with: universities; federal laboratories; and federal, state, and local governments. Federal investments are modest, at around $100 million nationally, with about 2:1 matching from the private sector. As of 2016, there were eight established localities for the program, with 753 members. This program is too new to have been evaluated, but its budget is also under attack, with a proposed cut this year from $25 million to $15 million.

66. "Chartbook of Social Inequality: Real Mean and Median Income, Families and Individuals, 1947–2012, and Households, 1967–2012," Russell Sage Foundation, https://www.russellsage.org/sites/all/files/chartbook/Income%20and%20Earnings.pdf. Data updated to 2016 dollars using CPI.

67. "Historical Income Tables: Families," United States Census Bureau, August 10, 2017, https://www.census.gov/data/tables/time-series/demo/income-poverty/historical-income-families.html.

68. "Chartbook of Social Inequality," Russell Sage Foundation. Data updated to 2016 dollars using CPI.

69. "Historical Income Tables: Families," United States Census Bureau.

70. "Chartbook of Social Inequality," Russell Sage Foundation. Data updated to 2016 dollars using CPI.

71. Emmanuel Saez, "Striking It Richer: The Evolution of Top Incomes in the United States (Updated with 2015 Preliminary Estimates)," Econometrics Laboratory, University of California–Berkeley, June 30, 2016, https://eml.berkeley.edu/~saez/saez-UStopincomes-2015.pdf.

72. Richard Hornbeck and Enrico Moretti, "Who Gains When a City Has a Productivity Spurt?" (working paper #24661, National Bureau of Economic Research, Cambridge, MA, September 2018).

73. As one industry source states, "As the industry matures and begins to commercialize products, the highest growth in skills and knowledge demand will not be in this highly expert group but increasingly in competent technicians or operators capable of reliably running routine manufacturing operations." "Outputs from the Advanced Therapies Manufacturing Task-force (People, Skills and Training sub-team)," UK Bioindustry Association, https://www.bioindustry.org/uploads/assets/uploaded/dbf22953-f5c0-40d8-885744ccff307348.pdf.

74. Paul Lewis, "How to Create Skills for an Emerging Industry: The Case of Technician Skills and Training in Cell Therapy," Social Science Research Network, January 2017; http://www.gatsby.org.uk/uploads/education/reports/pdf/paul-lewis-cell-therapy-jan2017.pdf.

75. "Medical and Clinical Laboratory Technologists and Technicians," Bureau of Labor Statistics, June 1, 2018, https://www.bls.gov/ooh/healthcare/medical-and-clinical-laboratory-technologists-and-technicians.htm.

76. Douglas Woodward, Octavio Figueiredo, and Paulo Guimaraes, "Beyond the Silicon Valley: University R&D and High-Technology Location," *Journal of Urban Economics* vol. 60 (2006); Bruce A. Kirchhoff, Scott L. Newbert, Iftekhar Hasan, and Catherine Armington, "The Influence of University R & D Expenditures on New Business Formations and Employment Growth," *Entrepreneurship Theory and Practice* 31, no. 4 (2007).

77. It is difficult to say whether this reflected more patentable research or just a stronger effort by universities to patent existing research, but at least one study suggests that Bayh-Dole led to higher-quality innovation. Naomi Hausman, "University Innovation, Local Economic Growth, and Entrepreneurship" (working paper #CES-WP-12-10, US Census Bureau Center for Economic Studies, Suitland, MD, 2012).

78. In particular, we estimate a model of change in the natural logarithm of the ratio of employment to working-age population on the change in the natural logarithm of the ratio of university research funding to working-age population. The regression is weighted by area population.

79. We cannot, of course, prove that the university research funding was heading to places that would not have grown for other reasons, but we can include county-specific trends in the model to show that these were not simply places that were growing more quickly even absent the university funding.

80. Adam Jaffe and Trinh Le, "The Impact of R&D Subsidization on Innovation: A Study of New Zealand Firms" (working paper #21479, National Bureau of Economic Research, Cambridge, MA, August 2015).

81. Elias Einio, "R&D Subsidies and Company Performance: Evidence from Geographic Variation in Government Funding Based on the ERDF Population-Density Rule," *Review of Economics and Statistics* 96 no. 4 (2014): 710–728. Hannu Piekkola, "Public Funding of R&D and Growth: Firm-Level Evidence from Finland," *Economics of Innovation and New Technology* 16, no. 3 (2007): 195–210.

82. Adam B. Jaffe, Manuel Trajtenberg, and Rebecca Henderson, "Geographic Localization of Knowledge Spillovers as Evidenced by Patent Citations," *Quarterly Journal of Economics* 108, no. 3 (1993). Neil Bania, Lindsay N. Calkins, and Douglas R. Dalenberg, "The Effects of Regional Science and Technology Policy on the Geographic Distribution of Industrial R&D Laboratories," *Journal of Regional Science* 32, no. 2 (1992). Thomas Döring and Jan Schnellenbach, "What Do We Know About Geographical Knowledge Spillovers and Regional Growth?: A Survey of the Literature," *Regional Studies* 40, no. 3 (2006).

83. Jung Won Sonn and Michael Storper, "The Increasing Importance of Geographical Proximity in Knowledge Production: An Analysis of US Patent Citations, 1975–1997," *Environment and Planning A: Economy and Space* 40, no. 5 (2008).

84. Sharon Belenzon and Mark Schankerman, "Spreading the Word: Geography, Policy, and Knowledge Spillovers," *Review of Economics and Statistics* 95, no. 3 (2013).

85. Lynne Zucker, Michael Darby, and Marilynn Brewer, "Intellectual Human Capital and the Birth of U.S. Biotechnology Enterprises," *American Economic Review* 88, no. 1 (1998): 290–306.

86. Woodward, Figueiredo, and Guimaraes, "Beyond the Silicon Valley." Recent confirmation of this effect comes from a study that shows that the introduction of low-cost airline routes increased collaboration among chemists at either end of the route. Christian Catalini, Christian Fons-Rosen, and Patrick Gaule, "How Do Transportation Costs Shape Collaboration?" (working paper #24780, National Bureau of Economic Research, Cambridge, MA, 2018).

87. Gil Avnimelech and Maryann Feldman, "The Stickiness of University Spin-Offs: A Study of Formal and Informal Spin-Offs and Their Location from 124 US Academic Institutions," *International Journal of Technology Management* 68, nos. 1–2 (2015): 122–149.

88. Christian Helmers and Henry G. Overman, "My Precious! The Location and Diffusion of Scientific Research: Evidence from the Synchrotron Diamond

Light Source," *Economic Journal* 127, no. 604 (2017), http://onlinelibrary.wiley.com/doi/10.1111/ecoj.12387/full.

89. D'Angelo Gore, "Obama's Solyndra Problem," FactCheck.org, October 7, 2011, https://www.factcheck.org/wp-content/cache/wp-rocket/www.factcheck.org/2011/10/obamas-solyndra-problem/index.html_gzip.

90. Jeff Brady, "After Solyndra Loss, U.S. Energy Loan Program Turning a Profit," NPR, November 13, 2014, https://www.npr.org/2014/11/13/363572151/after-solyndra-loss-u-s-energy-loan-program-turning-a-profit. Steve Hargreaves, "Obama's Alternative Energy Bankruptcies," CNN Money, October 22, 2012, https://money.cnn.com/2012/10/22/news/economy/obama-energy-bankruptcies/index.html.

91. "NRG Energy and MidAmerican Solar Complete Agua Caliente, the World's Largest Fully-Operational Solar Photovoltaic Facility," *Business Wire,* April 29, 2014, https://www.businesswire.com/news/home/20140429005803/en/NRG-Energy-MidAmerican-Solar-Complete-Agua-Caliente.

92. *Agua Caliente Solar Project* (Carlsbad, CA: NRG Energy, 2011), http://assets.fiercemarkets.net/public/sites/energy/reports/aguasolarreport.pdf.

93. "FACT SHEET: The Recovery Act Made the Largest Single Investment in Clean Energy in History, Driving the Deployment of Clean Energy, Promoting Energy Efficiency, and Supporting Manufacturing," White House Office of the Press Secretary, February 25, 2016, https://obamawhitehouse.archives.gov/the-press-office/2016/02/25/fact-sheet-recovery-act-made-largest-single-investment-clean-energy.

94. Steve Hargreaves, "Seven Things You Should Know About Solyndra," CNN Money, June 6, 2012, https://money.cnn.com/2012/06/06/technology/solyndra/index.htm?iid=EL.

95. $535 million loan and $750 million factory. Carol D. Leonnig, "Chu Takes Responsibility for a Loan Deal That Put More Taxpayer Money at Risk in Solyndra," *Washington Post,* September 29, 2011, https://www.washingtonpost.com/politics/chu-takes-responsibility-for-a-loan-deal-that-put-more-taxpayer-money-at-risk-in-solyndra/2011/09/29/gIQArdYQ8K_story.html?utm_term=.ddca86f1f1e7.

96. Hargreaves, "Seven Things."

97. Carol Leonnig, Joe Stephens, Sisi Wei, and Amanda Zamora, "Solyndra Scandal Timeline," *Washington Post,* December 2011, http://www.washingtonpost.com/wp-srv/special/politics/solyndra-scandal-timeline/?noredirect=on. Carol D. Leonnig, "Top Leaders of Solyndra Solar Panel Company Repeatedly Misled Federal Officials, Investigation Finds," *Washington Post,* August 26, 2015, https://www.washingtonpost.com/news/federal-eye/wp/2015/08/26/top-leaders-of-solyndra-solar-panel-company-repeatedly-misled-federal-officials-investigation-finds/?utm_term=.9bbdcc0692e8.

98. "Committee Releases Extensive Report Detailing Findings of Solyndra Saga," House Energy and Commerce Committee, August 2, 2012, https://

energycommerce.house.gov/news/committee-releases-extensive-report-detailing-findings-solyndra-saga/.

99. Matthew L. Wald, "Solar Firm Aided by Federal Loans Shuts Doors," *New York Times,* August 31, 2011, https://www.nytimes.com/2011/09/01/business/energy-environment/solyndra-solar-firm-aided-by-federal-loans-shuts-doors.html.

100. MIT Energy Initiative, *The Future of Solar Energy* (Cambridge, MA: MIT, 2015).

101. Paula Stephan, "The Endless Frontier: Reaping What Bush Sowed," in *The Changing Frontier: Rethinking Science and Innovation Policy,* ed. Adam Jaffe and Benjamin Jones (Chicago: University of Chicago Press, 2015).

102. Ibid., p. 354.

103. Ibid.

104. David Ignatius, "The Ideas Engine Needs a Tuneup," *Washington Post,* June 3, 2007.

105. For Germany, see Matthias Almus and Dirk Czarnitzki, "The Effects of Public R&D Subsidies on Firms' Innovation Activities: The Case of Eastern Germany," *Journal of Business & Economic Statistics* 21, no. 2, 2003. Reinhard Hujer and Dubravko Radić, "Evaluating the Impacts of Subsidies on Innovation Activities in Germany," *Scottish Journal of Political Economy* 52, no. 4, 2005; Dirk Czarnitzki and Andrew A. Toole, "Business R&D and the Interplay of R&D Subsidies and Product Market Uncertainty," *Review of Industrial Organization* 31, no. 3 (2007). Katrin Hussinger, "R&D and Subsidies at the Firm Level: An Application of Parametric and Semiparametric Two-Step Selection Models," *Journal of Applied Econometrics* 23, no. 6 (2008). For Belgium, see Hanna Hottenrott and Cindy Lopes-Bento, "(International) R&D Collaboration and SMEs: The Effectiveness of Targeted Public R&D Support Schemes," *Research Policy* 43, no. 6, 2017. For both Germany and Belgium, see Kris Aerts and Tobias Schmidt, "Two for the Price of One?: Additionality Effects of R&D Subsidies: A Comparison Between Flanders and Germany," *Research Policy* 37, no. 5 (2008). For Finland, see Tuomos Takalo, Tanja Tanayama, and Otto Toivanen, "Estimating the Benefits of Targeted R&D Subsidies," *Review of Economics and Statistics* 95, no. 1 (2013). For Israel, see Saul Lach, "Do R&D Subsidies Stimulate or Displace Private R&D? Evidence from Israel," *Journal of Industrial Economics* 50, no. 4 (2002). For Spain, see Xulia González, Jordi Jaumandreu, and Consuelo Pazó, "Barriers to Innovation and Subsidy Effectiveness," *RAND Journal of Economics* (2005). Xulia González and Consuelo Pazó, "Do Public Subsidies Stimulate Private R&D Spending?," *Research Policy* 37, no. 3 (2008). For South Korea, see Soogwan Doh and Byungkyu Kim, "Government Support for SME Innovations in the Regional Industries: The Case of Government Financial Support Program in South Korea," *Research Policy* 43, no. 9 (2014). For the OECD more generally, see Martin Falk, "What Drives Business Research and Development (R&D) Intensity Across Organisation for Economic Co-operation and Development (OECD) Countries?," *Applied Economics* 38, no.

5 (2006). Guntram Wolff and Volker Reinthaler, "The Effectiveness of Subsidies Revisited: Accounting for Wage and Employment Effects in Business R&D," *Research Policy* 37, no. 8 (2008).

第六章 美国：机遇之国

1. "Amazon Announces Candidate Cities for HQ2," Amazon, https://www.amazon.com/b?ie=UTF8&node=17044620011. The announcement was made in January 2018. On the same page, the company also says, "Amazon estimates its investments in Seattle from 2010 through 2016 resulted in an additional $38 billion to the city's economy—every dollar invested by Amazon in Seattle generated an additional $1.40 for the city's economy overall."

2. We exclude Hawaii and Alaska. The cost of living in these areas is exceptionally high, so we focus on the mainland states. Average earnings per worker is computed by dividing total household earnings in the MSA by the number of workers and then dividing by a CPI index to create earnings in 2016 dollars.

3. The top ten in 1980: Bridgeport-Stamford-Norwalk, CT; Flint, MI; Detroit-Warren-Dearborn, MI; Midland, MI; Washington-Arlington-Alexandria, DC/VA; Saginaw, MI; Midland, TX; Casper, WY; Monroe, MI; and Bremerton-Silverdale, WA. The top ten in 2016: Bridgeport-Stamford-Norwalk, CT; San Jose–Sunnyvale–Santa Clara, CA; San Francisco-Oakland-Heyward, CA; Washington-Arlington-Alexandria, DC/VA; Seattle-Tacoma-Bellevue, WA; Boston-Cambridge-Newton, MA; Trenton, NJ; New York–Newark–Jersey City, NY/NJ; Boulder, CO; Baltimore-Columbia-Towson, MD. All figures here refer to calculations done by the authors from census data. MSA definitions are held constant at their 2016 boundaries for comparison.

4. Authors' calculations, along the same lines as in previous note.

5. This paragraph and the reasoning about agglomeration draws heavily on Enrico Moretti, *The New Geography of Jobs* (New York: Mariner Books, 2013).

6. Kimberly Amadeo, "Silicon Valley, America's Innovative Advantage," *Balance,* updated March 10, 2018, https://www.thebalance.com/what-is-silicon-valley-3305808.

7. "What a Performance," *Economist,* July 28, 2015, https://www.economist.com/graphic-detail/2015/07/28/what-a-performance?fsrc=scn/tw/te/bl/ed/WhatAPErformance.

8. Asma Khalid, "How Boston Became 'The Best Place in the World' to Launch a Biotech Company," WBUR 90.9, June 19, 2017, http://www.wbur.org/bostonomix/2017/06/19/boston-biotech-success.

9. Moretti reviews a large body of literature (most of it his own work) to show that this is true.

10. Enrico Moretti, "The Local and Aggregate Effect of Agglomeration on Innovation: Evidence from High Tech Clusters" (working paper, Berkeley University, Berkeley, CA, 2018).

11. For a nice review of the economics of local agglomeration, see Gilles Duranton and Diego Puga, "Micro-Foundations of Urban Agglomeration Economies," in *Handbook of Urban and Regional Economics,* vol. 4, ed. J. V. Henderson and J.-F. Thisse (Amsterdam: North-Holland, 2004).

12. These facts from Moretti, *The New Geography of Jobs,* Chapter 5, appropriately titled "The Great Divergence."

13. In 2015, the top ten states for public R&D per capita were Maryland, New Mexico, Alabama, Virginia, Massachusetts, Colorado, Connecticut, Rhode Island, California, and Utah.

14. Emily Badger, "What Happened to the American Boomtown?," *New York Times,* December 6, 2017, https://www.nytimes.com/2017/12/06/upshot/what-happened-to-the-american-boomtown.html.

15. Chang-Tai Hsieh and Enrico Moretti, "Housing Constraints and Spatial Misallocation" (working paper #21154, National Bureau of Economic Research, Cambridge, MA, 2017), http://www.nber.org/papers/w21154.

16. Moretti, *The New Geography of Jobs,* p. 169.

17. Divya Raghavan, "Quarter Pounder Index: The Most and Least Expensive Cities in America," NerdWallet, May 12, 2013, https://www.nerdwallet.com/blog/mortgages/home-search/quarter-pounder-index-most-least-expensive-cities/.

18. Moretti, *The New Geography of Jobs,* p. 168.

19. Data on value per owner occupied house from the census. These are self-reported home values, but they should be good indicators of trends in underlying home prices. The data are incomplete for 2016, so we use 2010.

20. E. Glaeser and J. Gyourko, "The Economic Implications of Housing Supply," *Journal of Economic Perspectives* 32, no. 1 (2018).

21. According to the Fair Housing Center of Greater Boston, most suburbs around Boston have large minimum lot requirements—many larger than one acre—in order to preserve open spaces and prevent overdevelopment of suburban land. Of the 187 municipalities of greater Boston, 95 zone over 50 percent of their land area for lot sizes of one acre per home or greater. Of those 95 municipalities, 14 zone more than 90 percent of their land for two-acre lot sizes, and 27 zone more than 90 percent of the land for at least one-acre lot sizes. "1970s–Present: Minimum Lot Size Requirements," Fair Housing Center of Greater Boston, http://www.bostonfairhousing.org/timeline/1970s-present-Local-Land_use-Regulations-4.html.

22. Ibid.

23. "Palo Alto Home Prices & Values," Zillow, https://www.zillow.com/palo-alto-ca/home-values/.

24. Adam Brinklow, "Exclusive interview: Palo Alto Mayor Patrick Burt Fires Back at Housing Critics," *Curbed,* August 23, 2016, https://sf.curbed.com/2016/8/23/12603188/palo-alto-mayor-housing-interview.

25. Elinor Aspegren and Shawna Chen, "Planning Commission Unanimously Recommends Office-Cap Extension," *Palo Alto Online*, July 27, 2017, https://paloaltoonline.com/news/2017/07/27/planning-commission-unanimously-recommends-officeap-extension.

26. Edward Glaeser, *Triumph of the City* (New York: Penguin, 2012), Kindle edition, location 4015.

27. "1950s–1975: Impact of Rte 128 & Rte 495," Fair Housing Center of Greater Boston, http://www.bostonfairhousing.org/timeline/1950s-1975-Suburbs.html. "1970s–Present: The Impact of Zoning," Fair Housing Center of Greater Boston, http://www.bostonfairhousing.org/timeline/1970s-present-Local-Land_use-Regulations-1.html.

28. State policy makers in places like California and Massachusetts have long been cognizant of the pitfalls of zoning controls and have tried to set up processes to circumvent local control. This has met with only limited success. In one case in 2014, a developer proposed replacing a gym property and building 334 apartments, including 81 affordable units, in the Boston suburb of Newton. The developer sought to go through the state process to avoid local opposition but was unable to do so—and the proposal was rejected. Layers of restriction in cases like the Newton project shape a decidedly inertial development climate. Scott Van Voorhis, "Housing Proposed for Newton Office Complex," *Boston Globe*, June 11, 2014, https://www.bostonglobe.com/metro/regionals/west/2014/06/11/apartment-complex-proposed-for-route-office-park/SPxooSILRitazfOkRKDhLJ/story.html. Ellen Ishkanian, "Developer Loses Appeal to Build Housing at Wells Avenue Office Park," *Boston Globe*, December 24, 2015, https://www.bostonglobe.com/metro/regionals/west/2015/12/24/developer-loses-appeal-build-housing-wells-avenue-office-park/UhtZWDbpzQXMHbae9PDBfO/story.html.

29. Hsieh and Moretti, "Housing Constraints."

30. Moretti, *The New Geography of Jobs*, p. 157.

31. Conor Dougherty and Brad Plumer, "A Bold, Divisive Plan to Wean Californians from Cars," *New York Times*, March 16, 2018, https://www.nytimes.com/2018/03/16/business/energy-environment/climate-density.html.

32. Authors' calculations from 2016 census based on self-reported information by workers on their commuting length.

33. Benjamin Schneider, "YIMBYs Defeated as California's Transit Density Bill Stalls," *CityLab*, April 18, 2018, https://www.citylab.com/equity/2018/04/californias-transit-density-bill-stalls/558341/.

34. As clear evidence of this phenomenon, one study found that when direct flights are introduced between the home location of venture investors and the location of their potential investments, the VCs are more likely to invest. Shai Bernstein, Xavier Giroud, and Richard R. Townsend, "The Impact of Venture Capital Monitoring," *Journal of Finance* 71, no. 4 (2016): 1591–1622.

35. Richard Florida, "A Closer Look at the Geography of Venture Capital in the U.S.," *CityLab,* February 23, 2016, https://www.citylab.com/life/2016/02/the-spiky-geography-of-venture-capital-in-the-us/470208/.

36. Alexander M. Bell, Raj Chetty, Xavier Jaravel, Neviana Petkova, and John Van Reenen, "Who Becomes an Inventor in America? The Importance of Exposure to Innovation" (working paper #24062 National Bureau of Economic Research, Cambridge, MA, November 2017).

37. "There is no sign that the labor market, which is so buoyant at the national level, is helping to heal this [red-blue state labor market] divide. If anything, the divide is growing." Robin Brooks, Jonathan Fortun, and Greg Basile, *Global Macro Views—The Red-Blue Labor Market Split* (Washington DC: Institute for International Finance, 2018).

38. To be clear, the current high level of political polarization in the United States has multiple causes, including shifts in party alliances since the 1960s and the way in which redistricting has been implemented. The economic and geographic dimensions of polarization discussed in this book reinforce the other more political facets of polarization.

39. Richard Florida, "How America's Metro Areas Voted," *CityLab,* November 29, 2016, https://www.citylab.com/equity/2016/11/how-americas-metro-areas-voted/508355/.

40. Since the samples are small in each year (about 1,500 observations nationally), we pool the two most recent years available (2014 and 2016) to get somewhat reliable estimates. Reported results are those for the coefficient of a superstar region dummy variable in a regression controlling for age, gender, race, and education; results reported are statistically significant.

41. For our first fact, respondents are answering a series of questions that are prefaced by "I'm going to read you some statements like those you might find in a newspaper or magazine article. For each statement, please tell me if you strongly agree, agree, disagree, or strongly disagree." Those in the superstar areas are 5.5 percentage points more likely to agree that scientific research should be supported (compared to a national mean of 40 percent).

For our second fact, respondents are told, "We are faced with many problems in this country, none of which can be solved easily or inexpensively. I'm going to name some of these problems . . . and for each one, I'd like you to tell me whether you think we're spending too much money on it, too little money, or about the right amount." Those in superstar areas are 5.2 percentage points more likely to say that we are spending too little on supporting scientific research (compared to a national mean of 42 percent).

For our last fact, respondents are told, "I am going to name some institutions in this country. As far as the people running these institutions are concerned, would you say that you have a great deal of confidence, only some confidence, or hardly any confidence at all in them?" Those in superstar areas are 4.4 percent more likely to say that they have great confidence in educational institutions (compared to 17 percent nationwide).

42. Nick Wingfield and Patricia Cohen, "Amazon Plans Second Headquarters, Opening a Bidding War Among Cities," *New York Times,* September 7, 2017, https://www.nytimes.com/2017/09/07/technology/amazon-headquarters-north-america.html.

43. The only states where no city applied were Arkansas, Hawaii, Montana, North Dakota, South Dakota, Vermont, and Wyoming. We are basing this analysis on the cities that announced they were bidding. Matt Day, "Amazon Receives 238 Bids for Its Second Headquarters," *Seattle Times,* October 23, 2017, https://www.seattletimes.com/business/amazon/amazon-receives-238-bids-for-its-second-headquarters/.

44. Nick Wingfield, "Amazon Chooses 20 Finalists for Second Headquarters," *New York Times,* January 18, 2018, https://www.nytimes.com/2018/01/18/technology/amazon-finalists-headquarters.html.

45. The full list is: Atlanta, GA; Austin, TX; Boston, MA; Chicago, IL; Columbus, OH; Dallas, TX; Denver, CO; Indianapolis, IN; Los Angeles, CA; Miami, FL; Montgomery County, MD; Nashville, TN; Newark, NJ; New York, NY; Northern Virginia; Philadelphia, PA; Pittsburgh, PA; Raleigh, NC; Toronto, Ontario; Washington, DC. From "Where Amazon May Build Its New Headquarters," *New York Times.*

46. Ibid.

47. David M. Levitt, "Christie Backs Newark's Amazon Bid with $7 Billion in Tax Breaks," *Bloomberg,* October 16, 2017, https://www.bloomberg.com/news/articles/2017-10-16/christie-backs-newark-s-amazon-bid-with-7-billion-in-tax-breaks.

48. Robert McCartney and Ovetta Wiggins, "A $5 billion Carrot: Larry Hogan's Historic Offer to win Amazon HQ2," *Washington Post,* January 21, 2018, https://www.washingtonpost.com/local/md-politics/a-5-billion-carrot-larry-hogans-historic-offer-to-win-amazon-hq2/2018/01/21/4d5631d8-fedd-11e7-bb03-722769454f82_story.html?utm_term=.fb448a7316ee.

49. Emily Badger, "In Superstar Cities, the Rich Get Richer, and They Get Amazon," *New York Times,* November 7, 2018, https://www.nytimes.com/2018/11/07/upshot/in-superstar-cities-the-rich-get-richer-and-they-get-amazon.html.

50. Ibid.

51. Moretti, *The New Geography of Jobs.*

52. Authors' tabulations from "American Community Survey (ACS)," United States Census Bureau, https://www.census.gov/programs-surveys/acs/.

53. Every decade, the NRC ranks programs in a variety of scientific fields across a large number of schools. We consider programs in the physical sciences, engineering, and the social sciences. For the latest survey (2005), there are forty-seven fields for which the NRC ranked the top twenty programs. National Research Council, *A Data-Based Assessment of Research-Doctorate Programs in the*

United States (with CD) (Washington, DC: National Academies Press, 2011), https://doi.org/10.17226/12994.http://sites.nationalacademies.org/PGA/resdoc/index.htm.

54. These data are from the National Science Foundation, which does a survey every year of those graduating from graduate schools in the United States. The numbers reported here cover every student graduating from a US PhD program between 2005 and 2015, inclusive. Data were helpfully compiled for us by the NSF.

55. Slightly longer ago, before the 1950s, what is now called Silicon Valley was mostly fruit orchards. We thank the library of the California Historical Society for allowing us to review early maps, photographs, and regional materials.

56. *Necco* stands for the New England Confectionary Company.

57. Jim Miara, "The Reinvention of Kendall Square," *Urban Land,* February 17, 2012, https://urbanland.uli.org/development-business/the-reinvention-of-kendall-square/.

58. Michael Blanding, "The Past and Future of Kendall Square," *MIT Technology Review,* https://www.technologyreview.com/s/540206/the-past-and-future-of-kendall-square/.

59. Ibid.

60. Garret Fitzpatrick, "Duck Pin, We Have a Problem," *MIT Technology Review,* August 21, 2012, https://www.technologyreview.com/s/428696/duck-pin-we-have-a-problem/. Scott Kirsner, "Making Better Use of Parcel in Kendall Square," *Boston Globe,* February 2, 2014, https://www.bostonglobe.com/metro/2014/02/02/underused-parcel-kendall-square-could-put-better-use-government-would-sell/MIxAawAL7tqYvGssmwpJjN/story.html.

61. One of his cofounders, Charles Weissmann, was Swiss.

62. Damian Garde, "Get to Know Kendall Square, Biotech's Booming Epicenter of Big Risks and Bright Minds," *STAT,* May 5, 2016, https://www.statnews.com/2016/05/05/kendall-beating-heart-biotech/.

63. Blanding, "The Past and Future."

64. Ibid.

65. Miara, "The Reinvention."

66. Cambridge Innovation Center, https://cic.com/.

67. Authors' tabulations from "American Community Survey (ACS)," US Census Bureau.

68. This section draws directly from Moretti, *The New Geography of Jobs.* In his assessment, "Seattle was not an obvious choice for a software company. In fact, it seemed like a terrible place. Far from being the high-flying hub it is today, it was a struggling town. Like many other cities in the Pacific Northwest, it was bleeding jobs every year. It had high unemployment and no clear prospects for future growth. It was closer to today's Detroit than to Silicon Valley."

69. Authors' tabulations from "American Community Survey (ACS)," US Census Bureau.

70. The 1.42 percent figure refers to the profit measure known as *value added*, which is revenues minus input costs. For a detailed overview of the data collection effort and the resulting database, see Timothy J. Bartik, *A New Panel Database on Business Incentives for Economic Development Offered by State and Local Governments in the United States* (Kalamazoo, MI: W. E. Upjohn Institute for Employment Research, 2017), http://research.upjohn.org/cgi/viewcontent.cgi?article=1228&context=reports.

71. Eva Dou, "Foxconn Considers $7 Billion Investment to Build U.S. Factory," *Wall Street Journal*, updated January 23, 2017, http://www.wsj.com/articles/foxconn-mulls-7-billion-investment-to-build-u-s-factory-1485153535.

72. Danielle Paquette, "Foxconn Deal to Build Massive Factory in Wisconsin Could Cost the State $230,700 Per Worker," *Washington Post*, July 27, 2017, https://www.washingtonpost.com/news/wonk/wp/2017/07/27/foxconn-deal-would-cost-wisconsin-230700-per-worker/.

73. Nelson D. Schwartz, Patricia Cohen, and Julie Hirschfeld Davis, "Wisconsin's Lavish Lure for Foxconn: $3 Billion in Tax Subsidies," *New York Times*, July 27, 2017, https://www.nytimes.com/2017/07/27/business/wisconsin-foxconn-tax-subsidies.html.

74. In addition to the previous article, see Chris Isidore and Julia Horowitz, "Foxconn Got a Really Good Deal from Wisconsin. And It's Getting Better," CNN Money, December 28, 2017, http://money.cnn.com/2017/12/28/news/companies/foxconn-wisconsin-incentive-package/index.html.

75. Wisconsin Legislature Legislative Fiscal Bureau, "2017 Wisconsin Act 58 (Foxconn/Fiserv)," October 4, 2017, http://docs.legis.wisconsin.gov/misc/lfb/bill_summaries/2017_19/0001_2017_wisconsin_act_58_foxconn_fiserv_10_4_17.pdf.

76. Nathan M. Jensen, "Exit Options in Firm-Government Negotiations: An Evaluation of the Texas Chapter 313 Program" (working paper, University of Texas at Austin, 2017), http://www.natemjensen.com/wp-content/uploads/2017/02/Jensen-Chapter-313-Policy-Brief-1.pdf.

77. Michael Greenstone, Richard Hornbeck, and Enrico Moretti, "Identifying Agglomeration Spillovers: Evidence from Winners and Losers of Large Plant Openings," *Journal of Political Economy* 118, no. 3 (2010).

78. On average currently, the federal government raises around 19 percent of GDP in taxes, while state and local government raise about 12 percent. Important categories of spending, such as education, are almost entirely the responsibility of local government. "World Economic Outlook (April 2018)," International Monetary Fund, https://www.imf.org/en/Publications/WEO/Issues/2018/03/20/world-economic-outlook-april-2018. "The Budget and Economic Outlook: 2018 to 2028," Congressional Budget Office, https://www.cbo.gov/publication/53651.

79. Most recently popularized by the song "The Room Where It Happens" in the hit musical *Hamilton*.

80. "Transcript of Morrill Act (1862)," Our Documents, https://www.ourdocuments.gov/doc.php?flash=false&doc=33&page=transcript.

81. Arthur A. Hauck, "Maine's University and the Land-Grant Tradition," *General University of Maine Publications* 174 (1954). "Holmes Hall," University of Maine, https://umaine.edu/150/a-chapter-in-history/a-walk-through-history/holmes-hall/.

82. Shimeng Liu, "Spillovers from Universities: Evidence from the Land-Grant Program," *Journal of Urban Economics* 87 (2015), https://lusk.usc.edu/sites/default/files/Spillovers_from_Universities_Land_grant_Program.pdf.

83. Enrico Moretti, "Estimating the Social Return to Higher Education: Evidence from Longitudinal and Repeated Cross-Sectional Data," *Journal of Econometrics* 121 (2004): 175–212.

84. Pat Kline and Enrico Moretti, "Local Economic Development, Agglomeration Economies, and the Big Push: 100 Years of Evidence from the Tennessee Valley Authority," *Quarterly Journal of Economics* 129 (2014).

85. Updating the $20 billion figure from Kline and Moretti, "Local Economic Development," by the 33 percent inflation from 2000 to 2016.

86. Ibid.

87. "UTIA Study Finds $1M-Per-Mile Economic Impact of TVA Reservoirs," Tennessee Valley Authority, May 1, 2017, https://www.tva.gov/Newsroom/Press-Releases/UTIA-Study-Finds-1-Million-Per-Mile-Economic-Impact-of-TVA-Reservoirs.

88. Rick Perlstein, *Before the Storm: Barry Goldwater and the Unmaking of the American Consensus* (New York: Nation Books, 2009).

89. The TVA is currently a government-owned independent corporation. It's now fully self-financed, makes no profit, and receives no tax money. The Obama administration was considering divesting part or all ownership because the TVA's anticipated capital needs looked like they would exceed the agency's statutory cap. Then new private owners would divide up the TVA electric power system. Sue Sturgis, "The Strange Politics of TVA Privatization," *Facing South,* April 16, 2013, https://www.facingsouth.org/2013/04/the-strange-politics-of-tva-privatization.html. Philip Bump, "Goodbye, New Deal: Obama Proposes Selling the TVA," *Atlantic,* April 11, 2013, https://www.theatlantic.com/politics/archive/2013/04/goodbye-new-deal-obama-proposes-selling-tva/316380/. "TVA at a Glance," Tennessee Valley Authority, https://www.tva.gov/About-TVA/TVA-at-a-Glance.

90. Kline and Moretti, "Local Economic Development."

91. Dwight D. Eisenhower, "To Frank Goad Clement," Internet Archive, https://web.archive.org/web/20101122171602/http://www.eisenhowermemorial.org/presidential-papers/first-term/documents/1132.cfm.

92. Kline and Moretti, "Local Economic Development."

93. "Military's Impact on State Economies," National Conference of State Legislatures, April 9, 2018, http://www.ncsl.org/research/military-and-veterans-affairs/military-s-impact-on-state-economies.aspx.

94. "Economic Data," State of California Governor's Military Council, https://militarycouncil.ca.gov/s_economicdata/.

95. "History of Malmstrom Air Force Base," Malmstrom Air Force Base, http://www.malmstrom.af.mil/About-Us/History/Malmstrom-History/.

96. "Airport History," Great Falls International Airport, http://flygtf.com/?p=History.

97. *Malmstrom Air Force Base & Central Montana: Partners in One Community* (Malmstrom AFB, MT: 341st Missile Wing Public Affairs Office, 2016), https://greatfallsmt.net/sites/default/files/fileattachments/community/page/40351/malmstromafbcentralmtpartnerscommunityflyer.pdf.

98. Benjamin A. Austin, Edward L. Glaeser, and Lawrence H. Summers, "Jobs for the Heartland: Place-Based Policies in 21st Century America" (working paper #24548, National Bureau of Economic Research, Cambridge, MA, 2018).

99. Austin, Glaeser, and Summers, "Jobs for the Heartland," refer to the lack of evidence in favor of a European Union policy that tries to reduce income disparities across areas in Europe. On the other hand, the Zonenrandgebeit (ZRG) initiative in Germany in 1971, as discussed in Maximilian von Ehrlich and Tobias Seidel, "The Persistent Effects of Place-Based Policy: Evidence from the West-German Zonenrandgebeit" (working paper series #5373, CESifo, Munich, Germany, 2015), had more positive impacts. This initiative consisted of a large-scale transfer program to stimulate economic development in a well-defined geographical area adjacent to the Iron Curtain, to compensate residents for being cut off from East German markets. Incomes in this area, relative to nearby areas, were 30–50 percent higher by 1986, and this difference persisted until at least 2010.

100. This is also a line of investigation that has been pursued by Fiona Murray and Phil Budden—for example, in "A Systematic MIT Approach for assessing 'Innovation-Driven Entrepreneurship' in Ecosystems (iEcosystems)" (working paper, MIT Lab for Innovation Science and Policy, Cambridge, MA, September 2017), and "An MIT Framework for Innovation Ecosystem Policy: Developing Policies to support Vibrant Innovation Ecosystems (iEcosystems)" (working paper, MIT Lab for Innovation Science and Policy, Cambridge, MA, October 2018).

101. These 378 areas are not an exhaustive list of places that could be considered for new technology hubs; indeed, some of the initial Amazon applicants were not on this list of metropolitan statistical areas (MSAs). But all the Amazon finalists are MSAs, so MSAs provide a natural starting point for thinking about the criteria for technology hub centers.

102. We can see this by comparing the NRC rankings of top graduate programs in 1982 to the rankings in 2005. For example, according to NRC rankings from 1982, Johns Hopkins University had four top twenty programs in sciences and engineering; by 2005, they had eighteen, including newly minted top twenty programs in statistics, astrophysics, and materials science and engineering. Pennsylvania State University had only three top-twenty programs in 1982 and had twenty-eight by 2005, including statistics, biochemistry, and physiology.

103. Research on reported well-being shows that commuting is the activity that contributes most to unhappiness, more than work, housework, and taking care

of children, yet people living in the superstar cities endure longer and longer commutes. Daniel Kahneman, Alan B. Krueger, David A. Schkade, Norbert Schwarz, and Arthur A. Stone, "A Survey Method for Characterizing Daily Life Experience: The Day Reconstruction Method," *Science* 306, no. 5702 (2004).

104. Within each category, we use data on the ranking within the list of potential economic areas, so we are averaging across rankings in all these calculations—getting at the idea that you just need to be more attractive as a location than other places.

105. This list uses the division labels (i.e., within regions) from "Census Regions and Divisions of the United States," US Census Bureau, https://www2.census.gov/geo/pdfs/maps-data/maps/reference/us_regdiv.pdf.

106. We use the latest available Kauffman Index, which is for 2017: "Metropolitan Areas Rankings: Growth Entrepreneurship—Data Table," Kauffman Index, https://www.kauffman.org/kauffman-index/rankings?report=growth&indicator=growth-rate&type=metro.

107. "Repeat Defenders," *Site Selection,* March 2018, pp. 108–125. There are thirty-two cities on these three lists combined, due to some ties.

108. At the time of its founding (mid-1880s), Stanford University was apparently referred to in some newspapers as an "asylum for decayed sea-captains in Switzerland"—implying presumably that it was not needed in a place such as California. This is according to chancellor emeritus David Starr Jordan, "Early Days of Stanford," *Daily Palo Alto Times Memorial Number,* Stanford edition (no date, but the context in its content suggests it was published just after the end of World War I).

第七章　创新支持增长

1. Owning and managing patents in this fashion is controversial. However, the sentiments expressed in this quote are exactly on target.

2. Abraham Aboraya, "7 Things You Didn't Know About Research Park Near UCF," *Orlando Business Journal,* updated May 23, 2014, http://www.bizjournals.com/orlando/blog/2014/05/7-things-you-didn-t-know-about-the-ucf-research.html. Updated through conversations with CFRP manager Joe Wallace.

3. The statistical unit is called the Union Park county subdivision, but locals know it as East Orange County (as opposed to the Disney-dominated West Orange County).

4. Charlie Jean, "Orlando Leader Martin Andersen Dies: Former Publisher Helped Set Course for Central Florida," *Orlando Sentinel,* May 7, 1986, http://articles.orlandosentinel.com/1986-05-07/news/0220130227_1_martin-andersen-orlando-central-florida.

5. The focus of NTDC was on combat simulation and had previously been located in Long Island. "The History," RTC Orlando, http://rtcorlando.homestead.com/.

6. Based on conversations with CFRP manager Joe Wallace.

7. In 1983, President Reagan signed a bill for $23.5 million to pay for a new simulation center in CFRP.

8. Susan G. Strother, "2 Move to Research Park Training-simulation Companies Hope to Tap Area's Military Market," *Orlando Sentinel,* March 2, 1987, http://articles.orlandosentinel.com/1987-03-02/business/0110260180_1_florida-research-park-simulation-and-training-training-simulation. Also conversation with CFRP manager Joe Wallace.

9. "Historical Enrollment," Institutional Knowledge Management, https://ikm.ucf.edu/historical-enrollment/.

10. *Resource Square One and Three: Offering Summary* (Miami, FL: HFF, 2018), https://my.hfflp.com/GetDocument?DT=DealDocument&ID=175837.

11. *Impacts of Florida Modeling, Simulation and Training* (Orlando, FL: National Center for Simulation, 2012), https://www.simulationinformation.com/sites/default/files/news/2013-01-10/258-impacts-florida-modeling-simulation-training-research-project-dr.guy-hagen-tuckerhall/uploads/guy-hagen-2012-mst-study-final.pdf.

12. Estimates provided by Joe Wallace.

13. Marco Santana, "Orlando Ranks No. 2 in Florida in Venture Capital Activity, Report Says," *Orlando Sentinel,* January 27, 2016, http://www.orlandosentinel.com/business/os-investment-in-orlando-companies-dropped-8-percent-last-year-report-says-20160127-post.html.

14. Mary Shanklin, "With Defense Cuts, Vacancies Rise at Central Florida Research Park," *Orlando Sentinel,* December 8, 2013, http://articles.orlandosentinel.com/2013-12-08/business/os-cfb-cover-research-park-20131208_1_central-florida-research-park-defense-cuts-cubic-corp. Richard Burnett, "Cubic Corp. Orlando Unit Wins Training Contract," *Orlando Sentinel,* December 4, 2013, http://articles.orlandosentinel.com/2013-12-04/business/os-orlando-team—big-training-deal-20131204_1_cubic-corp-orlando-unit-mission-bay-trainer.

15. "Best States for Pre-K–12," *US News & World Report,* https://www.usnews.com/news/best-states/rankings/education/prek-12.

16. Conversation with CFRP manager Joe Wallace.

17. Maryann Feldman and Lauren Lanahan, "State Science Policy Experiments," in *The Changing Frontier: Rethinking Science and Innovation Policy,* ed. Adam Jaffe and Benjamin Jones (Chicago: University of Chicago Press, 2015). Georgia Research Alliance, http://gra.org.

18. As discussed in Chapter 5, an investment of 0.5 percent of GDP could accelerate economic growth rate by at least 7 percent relative to what would otherwise be its baseline: a growth rate that would otherwise be 2 percent per annum would now become 2.14 percent.

19. As discussed in Chapter 5, we estimated statistical models to ascertain the relationship between university R&D funding and jobs. We are grateful to Trinh Le for her assistance with this calculation for New Zealand.

20. Gabriel Chodorow-Reich, "Geographic Cross-Sectional Fiscal Spending Multipliers: What Have We Learned" (working paper #23577, National Bureau of Economic Research, Cambridge, MA, 2017). Chodorow-Reich estimates that the cost per job of the highway spending part of the 2009 American Recovery and Reinvestment Act was $50,000.

21. Josh Lerner, *Boulevard of Broken Dreams* (Princeton, NJ: Princeton University Press, 2009).

22. "The organization will be led by a four-star general and tasked with overseeing the planning and purchasing of everything from futuristic helicopters to direct-energy weapons that the Pentagon believes can someday be used in missile defense." Dan Lamothe, "Why the Army Decided to Put Its New High-Tech Futures Command in Texas," *Washington Post*, July 14, 2018, https://www.washingtonpost.com/news/checkpoint/wp/2018/07/14/understanding-the-armys-reasons-for-putting-its-new-high-tech-futures-command-in-texas/?utm_term=.89065c6fa6f5.

23. Harry Holzer, "Raising Job Quality and Skills for American Workers: Creating More-Effective Education and Workforce Development Systems in the States," Brookings Institution, November 30, 2011, https://www.brookings.edu/research/raising-job-quality-and-skills-for-american-workers-creating-more-effective-education-and-workforce-development-systems-in-the-states/. Michael Greenstone and Adam Looney, "Building America's Job Skills with Effective Workforce Programs: A Training Strategy to Raise Wages and Increase Work Opportunities," Brookings Institution, November 30, 2011, https://www.brookings.edu/research/building-americas-job-skills-with-effective-workforce-programs-a-training-strategy-to-raise-wages-and-increase-work-opportunities/. Martha Laboissiere and Mona Mourshed, "Closing the Skills Gap: Creating Workforce-Development Programs That Work for Everyone," McKinsey & Company, February 2017, https://www.mckinsey.com/industries/social-sector/our-insights/closing-the-skills-gap-creating-workforce-development-programs-that-work-for-everyone. "CEA Report: Addressing America's Reskilling Challenge," White House, July 17, 2018, https://www.whitehouse.gov/briefings-statements/cea-report-addressing-americas-reskilling-challenge/.

24. These data are for people who received bachelor's degrees in 2015. Given how these data are reported, this number is likely to be an underestimate. See Christine DiGangi, "The Average Student Loan Debt in Every State," *USA Today*, April 28, 2017, https://www.usatoday.com/story/money/personalfinance/2017/04/28/average-student-loan-debt-every-state/100893668/.

25. This headline number is the operating revenue of all higher (postsecondary) education and includes some government support for public colleges and also through Pell Grants: "Postsecondary Revenues by Source," National Center for Education Statistics, https://nces.ed.gov/programs/coe/pdf/Indicator_CUD/coe_cud_2015_06.pdf. The National Center for Education Statistics gives more detail on average tuition by type of institution: "Postsecondary Institution Revenues,"

updated May 2018, National Center for Education Statistics, https://nces.ed.gov/programs/coe/indicator_cud.asp.

26. These scandals include the failure of two large for-profit educational chains that defrauded students who borrowed billions in federal student loans. See Erica L. Green, "DeVos to Eliminate Rules Aimed at Abuses by For-Profit Colleges," *New York Times,* July 26, 2018, https://www.nytimes.com/2018/07/26/us/politics/betsy-devos-for-profit-colleges.html.

27. For an existing effort along these lines in the state of Montana, see Jon Marcus and Kirk Carapezza, "One State Uses Labor Market Data to Shape What Colleges Teach," WGBH, November 7, 2018, https://www.wgbh.org/news/education/2018/11/07/one-state-uses-labor-market-data-to-shape-what-colleges-teach. We are well aware that there was a perceived glut of STEM graduates at various times, including when public research and development was cut at the end of the 1960s and again after the end of the Cold War. However, most of these talented people eventually found good jobs, including through starting their own companies or working for start-ups.

28. Paul Lewis, *How to Create Skills for an Emerging Industry: The Case of Technician Skills and Training in Cell Therapy* (London: Gatsby Charitable Foundation, 2017), http://www.gatsby.org.uk/uploads/education/reports/pdf/paul-lewis-cell-therapy-jan2017.pdf.

29. "CEA Report," White House.

30. In 1939/40, on the eve of World War II, there were 1,708 American institutions of higher education (i.e., colleges of all kinds) employing just under 150,000 professional staff and about 111,000 instructional staff. In 1959/60, just after Sputnik, there were 380,000 professional staff and 281,500 instructors in 2,004 colleges. By 1989/90, there were 1.5 million professional staff and nearly 1 million instructors in 3,535 colleges. Enrollment increased from 1.5 million students before the war to 3.6 million in 1959/60 and to 13.5 million in 1989/90. National Center for Education Statistics, *120 Years of American Education: A Statistical Portrait* (Washington, DC: US Department of Education, 1993), https://nces.ed.gov/pubs93/93442.pdf.

31. For confirmation on the AIP, see p. 9, footnote 2, Amicus Brief filed in 2016 by Airports Council International—North America in the case of *The City of Santa Monica v. FAA.* Eligible projects include land acquisition, airport safety, capacity, security, and environmental studies. *Principles of Federal Appropriations Law: Annual Update of the Third Edition* (Washington, DC: US Government Accountability Office, 2009), https://www.nasa.gov/pdf/436198main_GAO_Redbook_Vol_I_Ch_5_and_2009_Update-1-508.pdf. United States Court of Appeals for the Ninth Circuit, "The City of Santa Monica v. Federal Aviation Administration," City of Santa Monica, https://www.smgov.net/uploadedFiles/Departments/Airport/Litigation/2016.12.23%20Brief%20of%20Amicus%20Curiae%20Airports%20Council%20International%20-%20North%20America.pdf. "Overview: What is AIP?," Federal Aviation Administration, https://www.faa.gov/airports/aip/overview/.

32. For tax rates by sector, see Kevin Carmichael and Andrea Jones-Rooy, "The GOP's Corporate Tax Cut May Not Be as Big as It Looks," *FiveThirtyEight*, December 15, 2017, https://fivethirtyeight.com/features/the-gops-corporate-tax-cut-may-not-be-as-big-as-it-looks/.

33. For a summary of the Trump tax cuts and their impacts, see Jonathan Gruber, *Public Finance and Public Policy*, 6th ed. (New York: Macmillan, 2019).

34. Rebecca Spalding, "Kendall Square: How a Rundown Area Near Boston Birthed a Biotech Boom and Real Estate Empire," *Boston Globe*, October 15, 2018, http://realestate.boston.com/news/2018/10/15/kendall-square-rundown-area-near-boston-birthed-biotech-boom-real-estate-empire/.

35. Ibid.

36. *FY 2011 Federal Real Property Report* (Washington, DC: US General Services Administration, n.d.), https://www.gsa.gov/cdnstatic/FY_2011_FRPP_intro_508.pdf.

37. Rob Matheson, "MIT Signs Agreement to Redevelop Volpe Center," *MIT News*, January 18, 2017, http://news.mit.edu/2017/agreement-redevelop-volpe-center-kendall-square-0118. We were not involved in any way with this transaction.

38. Shayndi Raice and Keiko Morris, "Search for Amazon HQ2 Sparks Real-Estate Speculation," *Wall Street Journal*, updated October 22, 2018, https://www.wsj.com/articles/search-for-amazon-hq2-sparks-real-estate-speculation-1540200601?mod=cx_picks&cx_navSource=cx_picks&cx_tag=collabctx&cx_artPos=1#cxrecs_s.

39. William C. Wheaton, "Percentage Rent in Retail Leasing: The Alignment of Landlord-Tenant Interests," *Real Estate Economics* 28, no. 2 (2000). We thank Bill Wheaton for very helpful discussions on this and other real estate–related points.

40. No doubt politicians will spend some time debating what "everyone" means here. We propose that everyone, irrespective of age, who has a Social Security number should receive an equal dividend.

41. Scott Goldsmith, "The Alaska Permanent Fund Dividend: An Experiment in Wealth Distribution," 2002, http://www.basicincome.org/bien/pdf/2002Goldsmith.pdf.

42. "Investing for Alaska, Investing for the Long Run," Alaska Permanent Fund Corporation, http://www.apfc.org/home/Content/aboutFund/fundFAQ.cfm.

43. Ibid.

44. Nathaniel Herz, "Gov. Walker's Veto Cuts Alaska Permanent Fund Dividends to $1,022," *Anchorage Daily News*, updated October 19, 2016, https://www.adn.com/politics/2016/09/23/gov-walkers-veto-shaves-alaska-permanent-fund-dividends-to-1022/.

45. Michelle Theriault Boots, "UAA Research Shows Impact of PFD on Poverty Rates in Alaska," *Anchorage Daily News*, updated October 20, 2016, https://www.adn.com/alaska-news/2016/10/19/new-uaa-research-shows-impact-of-pfd-on-poverty-rates-in-alaska/.

46. Gloria Guzman, "Household Income: 2016," US Census Bureau, September 24, 2017, https://www.census.gov/library/publications/2017/acs/acsbr16-02.html.

47. "California Climate Credit," California Public Utilities Commission, http://www.cpuc.ca.gov/climatecredit/. California may be taking this lesson further. A recent proposal would revise a cap-and-trade system for emissions regulations so as to distribute most of the revenues from their initiative to a per capita dividend for state residents. David Roberts, "California Is About to Revolutionize Climate Policy . . . Again," *Vox,* Mary 3, 2017, https://www.vox.com/energy-and-environment/2017/5/3/15512258/california-revolutionize-cap-and-trade.

第八章 大科学和未来工业：如果不是我们，还会是谁？

1. Alvin M. Weinberg, "Impact of Large-Scale Science on the United States," *Science* 134, no. 347 (1961). Weinberg was director of the Oak Ridge National Laboratory.

2. This description of Lawrence's innovation and its funding draws on Michael Hiltzik, *Big Science: Ernest Lawrence and the Invention That Launched the Military-Industrial Complex* (New York: Simon & Schuster, 2015), in particular Chapter 3.

3. This was the Research Corporation, founded in 1912, by Frederick Cottrell. Ibid., pp. 59–60.

4. "Malaria Mortality Among Children Under Five Is Concentrated in Sub-Saharan Africa," Unicef, June 2018, https://data.unicef.org/topic/child-health/malaria/.

5. Roll Back Malaria Partnership Secretariat, *Economic Costs of Malaria* (Geneva, Switzerland: World Health Organization, n.d.), https://www.malariaconsortium.org/userfiles/file/Malaria%20resources/RBM%20Economic%20costs%20of%20malaria.pdf.

6. "Chinese Nobel Prize Winner Tu Youyou's Drug Has Saved Lives of Millions of Malaria Sufferers," *South China Morning Post,* October 6, 2015, http://www.scmp.com/news/china/society/article/1864597/drug-chinas-nobel-prize-winner-tu-youyou-worked-has-saved.

7. *World Malaria Report 2008* (Geneva, Switzerland: World Health Organization, 2008), http://apps.who.int/iris/bitstream/handle/10665/43939/9789241563697_eng.pdf?sequence=1.

8. Mark Peplow, "Synthetic Biology's First Malaria Drug Meets Market Resistance," *Nature* 530, no. 7591 (2016), https://www.nature.com/news/synthetic-biology-s-first-malaria-drug-meets-market-resistance-1.19426#/market.

9. Dae-Kyun Ro, Eric M. Paradise, Mario Ouellet, Karl J. Fisher, Karyn L. Newman, John M. Ndungu, Kimberly A. Ho, Rachel A. Eachus, Timothy S. Ham, James Kirby, Michelle C. Y. Chang, Sydnor T. Withers, Yoichiro Shiba,

Richmond Sarpong, and Jay D. Keasling, "Production of the Antimalarial Drug Precursor Artemisinic Acid in Engineered Yeast," *Nature* 440 (2006) describes how they engineered yeast to produce artemisinic acid. In 2008, Sanofi licensed the yeast developed by the team and began industrial-scale production. Mark Peplow, "Malaria Drug Made in Yeast Causes Market Ferment," *Nature* 494, no. 7436 (2013), https://www.nature.com/news/malaria-drug-made-in-yeast-causes-market-ferment-1.12417. The researchers set up the company Amyris to produce artemisinin, and much of the funding for its development came from the Bill & Melinda Gates Foundation; our source is Eric Althoff (founder, Arzeda), in discussion with the authors.

10. The Affordable Medicines Facility-Malaria (AMFm) program was run by the Global Fund to Fight AIDS/TB/Malaria and was the main funding route for the finished treatments. Peplow, "Malaria Drug."

11. Tong Si and Huimin Zhao, "A Brief Overview of Synthetic Biology Research Programs and Roadmap Studies in the United States," *Synthetic and Systems Biology* 1, no. 4 (2016), https://www.sciencedirect.com/science/article/pii/S2405805X1630031X.

12. Tanel Ozdemir, Alex J. H. Fedorec, Tal Danino, Chris P. Barnes, "Synthetic Biology and Engineered Live Biotherapeutics: Toward Increasing System Complexity," *Cell* 7, no. 1 (2018), https://www.cell.com/cell-systems/abstract/S2405-4712(18)30248-5.

13. Projections suggest that the growth in world population to nine billion by 2050 will require 60 percent more calories than we produce today. But food production is getting harder and harder. The Food and Agricultural Organization of the United Nations reported that arable land per person shrank by more than one-third from 1970 to 2000 and is projected to decline by another one-third from 2000 to 2050. Soil has been eroding at a pace of up to one hundred times greater than the rate of soil formation. *Achieving Sustainable Gains in Agriculture* (Rome: Food and Agriculture Organization, n.d.), http://www.fao.org/docrep/014/am859e/am859e01.pdf. Oliver Milman, "Earth Has Lost a Third of Arable Land in Past 40 Years, Scientists Say," *Guardian,* December 2, 2015, https://www.theguardian.com/environment/2015/dec/02/arable-land-soil-food-security-shortage.

14. One company doing so is Perfect Day, a Berkeley-based start-up formerly known as Muufri. Michael Pellman Rowland, "This Futuristic Startup Could Disrupt the Dairy Industry," *Forbes,* February 27, 2018, https://www.forbes.com/sites/michaelpellmanrowland/2018/02/27/perfectday-disrupts-dairy/#70d101e85f61.

15. Cellular agriculture is the application of disciplines like tissue engineering, molecular bio, and synthetic bio to produce products typically associated with traditional agriculture, such as meat and dairy. Christine Gould, "5 Inspiring Ways Synthetic Biology Will Revolutionize Food and Agriculture," *Medium,* October 28, 2016, https://medium.com/age-of-awareness/5-inspiring-ways-synthetic-biology-will-revolutionize-food-and-agriculture-3601c25438b5.

16. *Synthetic Microorganisms for Agricultural Use* (Raleigh: North Carolina State University Genetic Engineering and Society Center, 2017), https://research.ncsu.edu/ges/files/2017/07/Issue-brief-Synbio-in-agriculture-01.2017-v3.pdf.

17. David Freeman, "Artificial Photosynthesis Advance Hailed as Major Breakthrough," *Huffington Post,* April 20, 2015, https://www.huffingtonpost.com/2015/04/20/artificial-photosynthesis-environment-energy_n_7088830.html.

18. "Current Uses of Synthetic Biology," Biotechnology Innovation Organization, https://www.bio.org/articles/current-uses-synthetic-biology.

19. Ibid.

20. A. Rahman and C. D. Miller, "Microalgae as a Source of Bioplastics," in *Algal Green Chemistry: Recent Progress in Biotechnology,* ed. Rajesh Prasad Rastogi, Datta Madamwar, and Ashok Pandey (Amsterdam: Elsevier, 2017), https://www.sciencedirect.com/science/article/pii/B9780444637840000060.

21. Figure on tons added to landfills extrapolated from Norm Schriever, "Plastic Water Bottles Causing Flood of Harm to Our Environment," *Huffington Post,* updated December 6, 2017, https://www.huffingtonpost.com/norm-schriever/post_5218_b_3613577.html.

22. Alex Janin, "Can a Bottle Made from Algae End the World's Plastic Addiction?," *Takepart,* April 6, 2016, http://www.takepart.com/article/2016/04/06/algae-bottle-end-planets-plastic-addiction.

23. "America's Bioeconomy Grow Opportunities," United States Department of Agriculture, https://www.biopreferred.gov/BPResources/files/BP_InfoGraphic.pdf.

24. D. Ewen Cameron, Caleb J. Bashor, and James J. Collins, "A Brief History of Synthetic Biology," *Nature Reviews Microbiology* 12, no. 5 (2014), http://collinslab.mit.edu/files/nrm_cameron.pdf.

25. The first international conference for the field, Synthetic Biology 1.0 (SB1.0), was held in the summer of 2004 at MIT and was significant because it provided an identifiable community and helped to consolidate efforts in the field.

26. Todd Kuiken, "U.S. Trends in Synthetic Biology Research Funding," Wilson Center, September 15, 2015, https://www.wilsoncenter.org/publication/us-trends-synthetic-biology-research-funding.

27. Ibid.

28. Si and Zhao, "A Brief Overview."

29. Ibid.

30. *Sustainability Initiative Initial Findings & Recommendations* (New York: Nancy J. Kelley & Associates, 2017), http://nancyjkelley.com/wp-content/uploads/Final-Synberc-Sustainability-Report.pdf.

31. "Award Abstract #1818248," National Science Foundation, https://nsf.gov/awardsearch/showAward?AWD_ID=1818248&HistoricalAwards=false. Perhaps the largest funder of research in synthetic biology in recent years has been DARPA, within the Department of Defense. While DARPA was providing almost no funding to synthetic biology in 2010, the organization had increased its investment to $100 million per year by 2014. The DARPA program Living Foundries:

1000 Molecules will invest $110 million through 2019 to enable facilities to generate organisms capable of producing one thousand molecules of industrial and defense interest. Harriet Taylor, "Why the Pentagon Is Paying Nearly $2 Million for a Custom-Designed Bacteria," CNBC, August 15, 2016, https://www.cnbc.com/2016/08/15/why-the-pentagon-is-paying-nearly-2-million-for-a-custom-designed-bacteria.html.

Despite these successes, DARPA is not an ideal organization to serve as the primary federal funder of synthetic biology research. DARPA continues to view its mission primarily as focused on military purposes. "The Mansfield amendment was repealed the following year, but its impact lingered. The DoD adjusted its own policies to conform to the law, and it left the adjustments in place. Congress had given clear notice that it wanted to see direct military payoff for the research-and-development dollars spent by DoD. The same enthusiasm led Congress in 1972 to change ARPA's name to DARPA . . . a reminder that DARPA was not at liberty to support any technology it might find interesting. Rather it was to support only those projects with clear and present application to the military mission of the armed forces." Alex Roland and Philip Shiman, *Strategic Computing: DARPA and the Quest for Machine Intelligence, 1983–1993* (Cambridge, MA: MIT Press, 2002), p. 29.

32. "SynBio Map," Synthetic Biology Project, 2018, http://www.synbioproject.org/sbmap/.

33. Shaun Moshasha, "The Rapid Growth of Synthetic Biology in China," SynBioBeta, March 24, 2016, https://synbiobeta.com/news/rapid-growth-synthetic-biology-china/.

34. "Schools Participating in iGEM 2006," iGEM, https://2006.igem.org/wiki/index.php/Schools_Participating_in_iGEM_2006. "2018 iGEM Calendar," iGEM, http://2018.igem.org/Calendar.

35. "Convergence: The Future of Health," Convergence Revolution, 2016, http://www.convergencerevolution.net/2016-report/.

36. The NSF established the Engineering Research Center for Cell Manufacturing Technologies in September 2017 with a budget of just $20 million. The center has three stated goals: to advance new tools, to develop regulatory guidelines, and to improve workforce development—but not to increase manufacturing capacity. Charlene Betourney, "UGA Partner in Cell Research Consortium," *UGA Today,* September 13, 2017, https://news.uga.edu/uga-a-major-partner-in-cell-manufacturing-research-consortium/.

37. *The Future Is Unfolding: From Cells to Solutions* (Toronto, ON: Center for Commercialization of Regenerative Medicine, 2017), https://www.ccrm.ca/sites/default/files/CCRM%20ANNUAL%20REPORT%202017%20SML.pdf. CCRM describes itself as a "not-for-profit, public-private consortium supporting the development of foundational technologies that accelerate the commercialization of cell and gene therapies, and regenerative medicine technologies." "Executive Summary," Center for Commercialization of Regenerative Medicine, 2018, https://www.ccrm.ca/regenerative-medicine-executive-summary.

38. Recognizing that research-and-development teams are hit hardest by an inability to access manufacturing, CCRM will use the facility exclusively to produce materials for clinical trials, with the hope of helping "companies, researchers, and non-profit organizations to take the steps necessary toward regulatory approval of their cell therapies." "Partnership to Develop Personalized Therapeutics for B-cell Lymphoma and Leukemia," Center for Commercialization of Regenerative Medicine, September 29, 2017, https://www.ccrm.ca/sites/default/files/media_room/CCRM-Affigen%20Launch%20Press%20Release%20FINAL_0.pdf.

39. K. Thompson and E. P. Foster, "The Cell Therapy Catapult: Growing a U.K. Cell Therapy Industry Generating Health and Wealth," *Stem Cells and Development* 22, suppl. 1 (2013): 35–39, https://www.ncbi.nlm.nih.gov/pubmed/24304073.

40. Indeed, CGT Catapult's 2016 Advanced Therapies Manufacturing Action Plan proposes a series of action items that coordinate industry, government, and academia to "secure [the UK's] position as a global hub for advanced therapies." Proposed action items include an extended tax credit for research and development related to manufacturing, £30 million (US$40 million) annually in government-supported competitive funding for increased manufacturing capacity, establishment of a network of treatment centers with £30 million (US$40 million) in government funding delivered through a competitive process, collaboration between industry and educators to develop a talent plan for industry-funded training at all skill levels, and engagement between industry and academic researchers to identify and address gaps in regulatory standards for manufacturing. "Cell and Gene Therapy Catapult Opens Manufacturing Centre to Accelerate Growth of the Industry in the UK," Catapult Cell and Gene Therapy, April 23, 2018, https://ct.catapult.org.uk/news-media/manufacturing-news/cell-and-gene-therapy-catapult-opens-manufacturing-centre.

41. "Use of Oil," US Energy Information Administration, September 19, 2017, https://www.eia.gov/energyexplained/index.cfm?page=oil_use.

42. "U.S. Imports of Crude Oil," United States Census Bureau, https://www.census.gov/foreign-trade/statistics/historical/petr.pdf. "Gross Domestic Product," Federal Reserve Bank of St. Louis, August 29, 2018, https://fred.stlouisfed.org/series/GDP.

43. "Fast Facts on Transportation Greenhouse Gas Emissions," EPA, August 27, 2018, https://www.epa.gov/greenvehicles/fast-facts-transportation-greenhouse-gas-emissions.

44. Mashael Yazdanie, Fabrizio Noembrini, Steve Heinen, Augusto Espinel, and Konstantinos Boulouchos, "Well-to-Wheel Costs, Primary Energy Demand, and Greenhouse Gas Emissions for the Production and Operation of Conventional and Alternative Vehicles," *Transportation Research Part D: Transport and Environment* 48 (2016): 63–84. Päivi T. Aakko-Saksa, Chris Cook, Jari Kiviaho, and Timo Repo, "Liquid Organic Hydrogen Carriers for Transportation and Storing of Renewable Energy—Review and Discussion," *Journal of Power Sources* 396 (2018): 803–823. Wentao Wang, Jose Herreros, Athanasios Tsolakis, and Andrew York, "Ammonia as Hydrogen Carrier for Transportation; Investigation of the

Ammonia Exhaust Gas Fuel Reforming," *International Journal of Hydrogen Energy* 38 (2013): 9907–9917.

45. *How Clean Are Hydrogen Fuel Cell Electric Vehicles?* (Cambridge, MA: Union of Concerned Scientists, 2014), https://www.ucsusa.org/sites/default/files/attach/2014/10/How-Clean-Are-Hydrogen-Fuel-Cells-Fact-Sheet.pdf.

46. Donald L. Barlett and J. B. Steele, "Hydrogen Is in His Dreams," *Time*, July 14, 2003, http://content.time.com/time/magazine/article/0,9171,464641,00.html. "History," Fuel Cell Today, http://www.fuelcelltoday.com/history#The%201990s.

47. Nicholas Brown, "Insiders and Experts Are Ripping on Hydrogen Cars, but Why?," *Kompulsa*, May 21, 2015, https://www.kompulsa.com/2015/05/21/insiders-and-experts-are-ripping-on-hydrogen-cars-but-why/.

48. Ian Bickis, "Hydrogen Fuel Cells Making an Automotive Comeback," *Canadian Manufacturing*, March 31, 2016, https://www.canadianmanufacturing.com/environment-and-safety/hydrogen-fuel-cells-making-automotive-comeback-164989/.

49. "Are Hydrogen Cars Making a Comeback?," CBS News, November 22, 2013, https://www.cbsnews.com/news/are-hydrogen-cars-making-a-comeback/.

50. "5 Fast Facts About Hydrogen and Fuel Cells," Office of Energy Efficiency and Renewable Energy, October 4, 2017, https://www.energy.gov/eere/articles/5-fast-facts-about-hydrogen-and-fuel-cells. Tests run by the Union of Concerned Scientists on a Hyundai Tucson show emissions reductions of 34 percent using natural gas and 60 percent using 46 percent renewable energy. *How Clean are Hydrogen Fuel Cell Electric Vehicles?*, Union of Concerned Scientists.

51. *Effects of a Transition to a Hydrogen Economy on Employment in the United States Report to Congress* (Washington, DC: US Department of Energy, 2008), https://www.hydrogen.energy.gov/pdfs/epact1820_employment_study.pdf. This study may be overly optimistic given the development of electric vehicles and trends in energy prices since the study was done. A more recent projection from the Department of Energy based on current trends suggests a rise in employment of "only" 267,000. But this is a projection based on current trends, not if there is more aggressive investment in the hydrogen economy as in the 2008 report.

52. *State of the States: Fuel Cells in America 2016*, 7th ed. (Washington, DC: US Department of Energy, 2016), https://www.energy.gov/sites/prod/files/2016/11/f34/fcto_state_of_states_2016_0.pdf.

53. DOE FY05 budget justification tables suggest that FY04 had appropriations of $81.9 million for hydrogen research and $65.1 million for fuel cells; "FY 2005 Budget Justification," US Department of Energy, https://www.energy.gov/cfo/downloads/fy-2005-budget-justification.

DOE FY09 budget justification tables suggest that FY08 had appropriations of $211 million for hydrogen research and $55 million for fuel cells; "FY 2009 Budget Justification," US Department of Energy, https://www.energy.gov/cfo/downloads/fy-2009-budget-justification.

DOE FY18 budget justification tables suggest that FY17 had appropriations of $101 million for hydrogen and fuel cell research combined; "FY 2018 Budget Justification," US Department of Energy https://www.energy.gov/cfo/downloads/fy-2018-budget-justification

54. *Fuel Cell Technologies Market Report 2016* (Washington, DC: US Department of Energy, 2016), https://www.energy.gov/sites/prod/files/2017/10/f37/fcto_2016_market_report.pdf.

55. *Fuel Cell Technologies Market Report 2014* (Washington, DC: US Department of Energy), 2014 https://www.energy.gov/sites/prod/files/2015/10/f27/fcto_2014_market_report.pdf.

56. "Hydrogen Basics," Alternative Fuels Data Center, July 2, 2018, https://www.afdc.energy.gov/fuels/hydrogen_basics.html.

57. Daniel Fraile, Jean-Christophe Lanoix, Patrick Maio, Azalea Rangel, and Angelica Torres, *Overview of the Market Segmentation for Hydrogen Across Potential Customer Groups, Based on Key Application Areas* (Brussels: CertifHy, 2015), https://www.fch.europa.eu/sites/default/files/project_results_and_deliverables/D%201.2.%20Overview%20of%20the%20market%20segmenatation%20for%20hydrogen%20across%20potential%20customer%20groups%20based%20on%20key%20application%20areas.pdf.

58. "Japan Builds 'Hydrogen Society of the Future,'" Invest with Values, August 30, 2017, https://investwithvalues.com/news/japan-builds-hydrogen-society-future/.

59. Lun Jingguang, "Hydrogen-Fuel Cell Vehicle Development in China," United Nations, http://www.un.org/esa/sustdev/csd/csd14/lc/presentation/hydrogen4.pdf.

60. Fangzhu Zhang and Philip Cooke, "Hydrogen and Fuel Cell Development in China: A Review," *European Planning Studies* 18, no. 7 (2010). Many of these organizations appear to be small.

61. Yang Yi, "World's First Hydrogen Tram Runs in China," XinhuaNet, October 27, 2017, http://www.xinhuanet.com/english/2017-10/27/c_136709647.htm. "China Develops World's First Hydrogen-Powered Train," IFL Science, https://www.iflscience.com/technology/china-develops-worlds-first-hydrogen-powered-tram/.

62. Yamei, "Wuhan to House China's First Industry Park for Developing Hydrogen Fuel Cells," XinhuaNet, December 24, 2017, http://www.xinhuanet.com/english/2017-12/24/c_136849031.htm.

63. Andrew Kadak, "The Status of the US High-Temperature Gas Reactors," *Engineering* 2 (2016): 119–123.

64. Idaho National Laboratory, "An Analysis of the Effect of Reactor Outlet Temperature of a High Temperature Reactor on Electric Power Generation, Hydrogen Production, and Process Heat" (technical evaluation study project no. 23843, September 14, 2010).

65. A. Abdulla, "A Retrospective Analysis of Funding and Focus in US Advanced Fission Innovation," *Environmental Research Letters* 12 (2017): 084016.

66. Mark Hibbs, *The Future of Nuclear Power in China* (Washington, DC: Carnegie Endowment for International Peace, 2018). Abby Harvey, "China Advances HTGR Technology," *Power,* November 2017, https://www.powermag.com/china-advances-htgr-technology/. "HTR-PM steam generator passes pressure tests," World Nuclear News, October 2018, http://www.world-nuclear-news.org/Articles/HTR-PM-steam-generator-passes-pressure-tests.

67. "TerraPower, CNNC Team Up on Travelling Wave Reactor," World Nuclear News, September 25, 2015, http://www.world-nuclear-news.org/NN-TerraPower-CNNC-team-up-on-travelling-wave-reactor-25091501.html.

68. NASA has a space exploration budget of $3.8 billion, while NOAA has an exploration budget of only $23.7 million. Michael Conathan, "Rockets Top Submarines: Space Exploration Dollars Dwarf Ocean Spending," Center for American Progress, June 18, 2018, https://www.americanprogress.org/issues/green/news/2013/06/18/66956/rockets-top-submarines-space-exploration-dollars-dwarf-ocean-spending/e.

69. Ibid.

70. "Deepwater Technology," National Energy Technology Laboratory, https://www.netl.doe.gov/research/oil-and-gas/deepwater-technologies.

71. "Cobalt Demand Worldwide from 2010 to 2015 (in 1,000 Tons)," Statista, 2018, https://www.statista.com/statistics/875808/cobalt-demand-worldwide/. Robert Ferris, "Technology Is Fueling the Growing Demand for the Once-Obscure Element Cobalt," CNBC, April 16, 2018, https://www.cnbc.com/2018/04/16/technology-is-fueling-the-growing-demand-for-the-once-obscure-element-cobalt.html. Frank Holmes, "The World's Cobalt Supply Is in Jeopardy," *Forbes,* February 27, 2018, https://www.forbes.com/sites/greatspeculations/2018/02/27/the-worlds-cobalt-supply-is-in-jeopardy/#703d71fd1be5.

72. "Deep Sea Mining: The Basics," Pew Charitable Trusts, February 3, 2017, https://www.pewtrusts.org/en/research-and-analysis/fact-sheets/2017/02/deep-sea-mining-the-basics. Thomas Peacock and Matthew H. Alford, "Is Deep-Sea Mining Worth It?," *Scientific American,* April 17, 2018.

73. Peacock and Alford, "Is Deep-Sea Mining Worth It?"

74. Yutaro Takaya, Kazutaka Yasukawa, Takehiro Kawasaki, Koichiro Fujinaga, Junichiro Ohta, Yoichi Usui, Kentaro Nakamura, Jun-Ichi Kimura, Qing Chang, Morihisa Hamada, Gjergj Dodbiba, Tatsuo Nozaki, Koichi Iijima, _Tomohiro Morisawa, Takuma Kuwahara, Yasuyuki Ishida, Takao Ichimura, Masaki Kitazume, Toyohisa Fujita, and Yasuhiro Kato, "The Tremendous Potential of Deep-Sea Mud as a Source of Rare-Earth Elements," *Scientific Reports* 8 (2018).

75. "Rare Earth Elements," MIT: The Future of Strategic Natural Resources, 2016, http://web.mit.edu/12.000/www/m2016/finalwebsite/elements/ree.html.

76. The top producers are China, Australia, and Russia. *Rare Earths* (Reston, VA: United States Geological Survey, 2017), https://minerals.usgs.gov/minerals/pubs/commodity/rare_earths/mcs-2017-raree.pdf.

77. Clifford Coonan, "Rare-Earth Metal Prices Spike as China Stockpiles Supplies," *Independent,* June 21, 2011, https://www.independent.co.uk/environment/rare-earth-metal-prices-spike-as-china-stockpiles-supplies-2300303.html.

78. Christine Parthemore, "Rare Earth Woes Could Mean Trouble for U.S. Stealth Fleet," *Wired,* May 11, 2011, https://www.wired.com/2011/05/rare-earth-woes-could-mean-trouble-for-u-s-stealth-fleet/.

79. "Deep Sea Mining," MIT: The Future of Strategic Natural Resources, 2016, http://web.mit.edu/12.000/www/m2016/finalwebsite/solutions/oceans.html.

80. "Why Are Hadal Zones Important?," University of South Denmark, August 31, 2018, https://www.sdu.dk/en/om_sdu/institutter_centre/i_biologi/forskning/forskningsprojekter/benthic+diagenesis+and+microbiology+of+hadal+trenches/environment/why.

81. "Deep-Sea Corals," Smithsonian Institute, https://ocean.si.edu/ecosystems/coral-reefs/deep-sea-corals.

82. *Earth's Final Frontier: A U.S. Strategy for Ocean Exploration* (Silver Spring, MD: National Oceanic and Atmospheric Administration, 2000), https://oceanexplorer.noaa.gov/about/what-we-do/program-review/presidents-panel-on-ocean-exploration-report.pdf.

83. There are also autonomous underwater vehicles (AUV, like ROV but not connected to the ship).

84. As of 2015, about 50 percent of WHOI funding is from government sources. Bryan Bender, "Woods Hole Allies with Energy Firms," *Boston Globe,* May 25, 2014, https://www.bostonglobe.com/news/nation/2014/05/24/woods-hole-feeling-budget-squeeze-looks-partner-with-energy-industry/sScPY15XErNsnU5PdtANzI/story.html. "History and Legacy," Woods Hole Oceanographic Institution, http://www.whoi.edu/main/history-legacy.

85. "Hybrid Remotely Operated Vehicle *Nereus* Reaches Deepest Part of the Ocean," Woods Hole Oceanographic Institution, June 2, 2009, http://www.whoi.edu/page.do?pid=7545&tid=7342&cid=57586.

86. Daniel Cressey, "Ocean-Diving Robot Nereus Will Not Be Replaced," *Nature* 528, no. 7581 (2015), http://www.nature.com/news/ocean-diving-robot-nereus-will-not-be-replaced-1.18972. Instead, the United States is leaning on private organizations such as the Schmidt Ocean Institute (the foundation of Google former chairman Eric Schmidt) to lead the development of new deepwater vehicles, but there has been little progress to date.

87. Feng Liu, Wei Cheng Cui, and Xiang Yang Li. "China's First Deep Manned Submersible, JIAOLONG," *Science China Earth Sciences* 53, no. 10 (2010).

88. Xie Chuanjiao and Zhao Lei, "China's Deep-Sea Submersible Goes on Global Mission," *Telegraph,* July 28, 2017, http://www.telegraph.co.uk/news/world/china-watch/technology/chinas-deep-sea-submersible/.

89. "China Finds Sulfide Deposits in Indian Ocean," *People's Daily Online,* August 14, 2018, http://en.people.cn/n3/2018/0814/c90000-9490361.html (page discontinued).

90. Damian Carrington, "Is Deep Sea Mining Vital for a Greener Future—Even If It Destroys Ecosystems?," *Guardian,* June 4, 2017, https://www.theguardian.com/environment/2017/jun/04/is-deep-sea-mining-vital-for-greener-future-even-if-it-means-destroying-precious-ecosystems.

91. Data from OECD R&D statistics. All comparisons are restricted to the twenty other nations that have information on total R&D and government R&D relative to GDP: Austria, Belgium, Canada, Denmark, Finland, France, Germany, Greece, Ireland, Israel, Italy, Japan, Netherlands, New Zealand, Norway, Portugal, Spain, Sweden, Switzerland, and Great Britain. For fifteen of the nations, we use data for 1981 and 2015. For Belgium and Portugal, data aren't available for 1981, so we use 1982 (Belgium) and 1983 (Portugal) instead. For Sweden, data aren't available for 2015, so we use 2013 instead. "Gross Domestic Spending on R&D," OECD, 2018, https://data.oecd.org/rd/gross-domestic-spending-on-r-d.htm.

92. For government R&D, only the UK spent more than 1 percent of GDP, while only France, Germany, and Sweden spent more than 0.8 percent of GDP. For total R&D, Japan and the UK were slightly behind the United States at 2.2 percent of GDP, with Germany at 2.1 percent and Switzerland at 2 percent.

93. All facts in this paragraph and next are from Richard B. Freeman and Wei Huang, "China's 'Great Leap Forward' in Science and Engineering" (working paper #21081, National Bureau of Economic Research, Cambridge, MA, 2015).

94. Mikhail A. Prokofiev, M. G. Chilikin, and S. I. Tulpanov, "Higher Education in the USSR," UNESCO Educational studies and documents, vol. 39, 1961.

95. Freeman and Huang, "China's 'Great Leap Forward.'"

96. "The Recruitment Program for Innovative Talents (Long Term)," Recruitment Plan of Global Experts, http://www.1000plan.org/en/.

97. Anthony Capaccio, "U.S. Faces 'Unprecedented Threat' from China on Tech Takeover," *Bloomberg,* June 22, 2018, https://www.bloomberg.com/news/articles/2018-06-22/china-s-thousand-talents-called-key-in-seizing-u-s-expertise.

98. It is notoriously difficult to obtain reliable data on Chinese R&D and in particular the distribution between the public and private sectors.

99. Jeff Tollefson, "China Declared World's Largest Producer of Scientific Articles," *Nature,* January 18, 2018, https://www.nature.com/articles/d41586-018-00927-4. China does have a low rate of international coauthorship, raising issues about the quality of the research by international standards; indeed, China's share of international citations has been declining over time, although this may just reflect the even rapider growth in domestic citations.

100. This goal was stated in China's 13th Five-Year Plan in Chapter 3, Box 2. "The 13th Five-Year Plan for Economic and Social Development of the People's Republic of China (2016–2020)," Central Committee of the Communist Party of China, Compilation, and Translation Bureau, http://en.ndrc.gov.cn/newsrelease/201612/P020161207645765233498.pdf.

101. Tarmo Lemola, "Finland: Building the Base for Telecom Breakthrough" (presented at Industrial Policy for New Growth Areas and Entrepreneurial Ecosystem conference, Helsinki, Finland, November 28–29, 2016), https://tem.fi/documents/1410877/4430406/Tarmo_Lemola.pdf/8893ba55-c46c-4e53-8346-186dbc5dd147/Tarmo_Lemola.pdf.

102. Edwin Lane, "Nokia: Life After the Fall of a Mobile Phone Giant," BBC News, March 18, 2016, https://www.bbc.com/news/business-35807556.

103. Naomi Powell, "How Finland's Economy Became Hooked on Nokia," *Globe and Mail,* October 26, 2011, https://www.theglobeandmail.com/report-on-business/economy/economy-lab/how-finlands-economy-became-hooked-on-nokia/article618622/.

104. *How America's 4G Leadership Propelled the U.S. Economy* (Dedham, MA: Recon Analytics, 2018), https://api.ctia.org/wp-content/uploads/2018/04/Recon-Analytics_How-Americas-4G-Leadership-Propelled-US-Economy_2018.pdf.

105. Steve Pociask, "The Global Race for 5G Technology Is On, and It's Not Looking Good," *Forbes,* April 17, 2018, https://www.forbes.com/sites/stevepociask/2018/04/17/the-global-race-for-5g-technology-is-on-and-its-not-looking-good/#667007b7555b.

106. *The Global Race to 5G* (Washington, DC: CTIA, 2018), https://api.ctia.org/wp-content/uploads/2018/04/Race-to-5G-Report.pdf.

107. *How America's 4G Leadership Propelled the U.S. Economy.*

108. Roma Eisenstark, "Why China and the US Are Fighting Over 5G," *TechNode,* March 30, 2018, https://technode.com/2018/03/30/5g/. "The U.S., China, and Others Race to Develop 5G Mobile Networks," Stratfor, April 3, 2018, https://worldview.stratfor.com/article/us-china-and-others-race-develop-5g-mobile-networks.

109. Edison Lee, *Telecom Services: The Geopolitics of 5G and IoT* (New York: Jeffries Financial Group, 2017), http://www.jefferies.com/CMSFiles/Jefferies.com/files/Insights/TelecomServ.pdf.

110. "Many economists have said, yeah, there's some legitimate issues here," said Laura D. Tyson, an economist at the Haas School of Business of the University of California–Berkeley, who headed the Council of Economic Advisers under President Bill Clinton. "I haven't seen any who have said the appropriate response is a series of tariffs on a bunch of goods, most of which don't have any real link to the underlying issue." Because tariffs would raise prices for American businesses and consumers that buy imported goods, "you're hurting yourself if you follow through with it," Mr. Mankiw said. "It just seems to me to be a not very smart

threat to be making, given that it would not be rational to follow through with it." Jim Tankersley, "Economists Say U.S. Tariffs Are Wrong Move on a Valid Issue," *New York Times,* April 11, 2018, https://www.nytimes.com/2018/04/11/business/economy/trump-economists.html.

111. Rebecca Trager, "Countries Poised to Roll Out Deep Sea Mining in New 'Gold Rush,'" *Chemistry World,* March 7, 2017, https://www.chemistryworld.com/news/countries-poised-to-roll-out-deep-sea-mining-in-new-gold-rush/2500509.article.

112. A. R. Thurber, A. K. Sweetman, B. E. Narayanaswamy, D. O. B. Jones, J. Ingels, and R. L. Hansman, "Ecosystem Function and Services Provided by the Deep Sea," *Biogeosciences* 11, no. 14 (2014), https://www.biogeosciences.net/11/3941/2014/bg-11-3941-2014.pdf.

113. Technically, the ISA controls DSM outside of exclusive economic zones (EEZs) of individual countries (i.e., water that is more than two hundred kilometers from a country's coast). Countries control regulations within their EEZ.

114. Mike Ives, "Drive to Mine the Deep Sea Raises Concerns Over Impacts," October 20, 2014, *Yale Environment 360,* https://e360.yale.edu/features/drive_to_mine_the_deep_sea_raises_concerns_over_impacts.

115. Cary Funk and Brian Kennedy, "3. Public Opinion About Genetically Modified Foods and Trust in Scientists Connected with These Foods," Pew Research Center, December 1, 2016, http://www.pewinternet.org/2016/12/01/public-opinion-about-genetically-modified-foods-and-trust-in-scientists-connected-with-these-foods/.

116. Anne Q. Hoy, "Agricultural Advances Draw Opposition That Blunts Innovation," *Science* 360, no. 6396 (2018), http://science.sciencemag.org/content/360/6396/1413.

117. Kelly Servick, "How Will We Keep Controversial Gene Drive Technology in Check?," *Science,* July 19, 2017, http://www.sciencemag.org/news/2017/07/how-will-we-keep-controversial-gene-drive-technology-check.

118. Gigi Kwik Gronvall, "US Competitiveness in Synthetic Biology," *Health Security* 13, no. 6 (2015), https://www.ncbi.nlm.nih.gov/pmc/articles/PMC4685481/.

119. A more modern version would likely include residential and commercial space, for the reasons we discussed in earlier chapters.

120. "How Important Is the Semiconductor Industry to Taiwan?," *Financial Times,* November 22, 2015, https://www.ft.com/content/f49958fc-8f32-11e5-8be4-3506bf20cc2b.

121. Ralph Jennings, "China Looks to Chip Away at Taiwan's Semiconductor Dominance," *Forbes,* November 9, 2017, https://www.forbes.com/sites/ralphjennings/2017/11/09/an-upstart-upstream-high-tech-sector-in-china-threatens-now-dominant-taiwan/#3768d66f5930.

122. Tain-ly Chen, "The Emergence of Hsinchu Science Park as an IT Cluster," in *Growing Industrial Clusters in Asia: Serendipity and Science,* ed. Shahid Yusuf, Kaoru Nabeshima, and Shoichi Yamashita (Washington, DC: World Bank, 2008).

123. Yu Zheng, *Governance and Foreign Investment in China, India, and Taiwan: Credibility, Flexibility, and International Business* (Ann Arbor: University of Michigan Press, 2014). Info on Chang can be found in this IEEE profile: Tekla S. Perry, "Morris Chang: Foundry Father," IEEE Spectrum, April 19, 2011, https://spectrum.ieee.org/at-work/tech-careers/morris-chang-foundry-father.

124. George Clancy, "Intelligent Island to Biopolis: Smart Minds, Sick Bodies and Millennial Turns in Singapore," *Science, Technology & Society* 17, no. 1 (2012).

125. Information derived from the SARS genome helped the Genome Institute of Singapore (GIS)'s scientists "design new molecular probes that will aid in the confirmation of diagnosis," "assist in the early diagnosis," and identify possible viral gene targets for vaccines and drugs. "Singapore Scientists Determine Complete Genetic Code of SARS Virus," Agency of Science, Technology, and Research, April 17, 2003, https://www.a-star.edu.sg/News-and-Events/News/Press-Releases/ID/490.

126. Clancy, "Intelligent Island to Biopolis."

127. "Singapore's Biopolis: A Success Story," Agency for Science Technology and Research, October 16, 2013, http://www.nas.gov.sg/archivesonline/speeches/record-details/530a0796-63db-11e3-bb37-0050568939ad.

128. V. V. Krishna and Sohan Prasad Sha, "Building Science Community by Attracting Global Talents: The Case of Singapore Biopolis," *Science, Technology & Society* 20, no. 3 (2015).

129. "Scientific American Worldview Scorecard Methodology," Scientific American Worldview, 2018, http://www.saworldview.com/scorecard/scientific-american-worldview-scorecard-methodology/.

130. "Singapore Rising," Scientific American Worldview, 2018, http://www.saworldview.com/scorecard/singapore-rising/.

131. "Biopolis: Ten Years On," A-Star Research, November 20, 2013, https://www.research.a-star.edu.sg/feature-and-innovation/6861/biopolis-058-ten-years-on.

132. "Global Innovation Powerhouse Benefits from Network in Biopolis @ One-North," JTC Corporation, June 29, 2017, https://www.jtc.gov.sg/news-and-publications/featured-stories/Pages/Global-innovation-powerhouse-benefits-from-network-in-Biopolis-@-one-north.aspx.

133. "worldVIEWguide," Scientific American Worldview, http://www.saworldview.com/scorecard/worldviewguide/.

134. Steve Blank, "China Startup Report: Torch, the World's Most Successful Startup Program (Part 2 of 5)," Startup Grind, 2015, https://www.startupgrind.com/blog/china-startup-report-torch-the-worlds-most-successful-startup-program-part-2-of-5/.

135. The Torch program is the largest and most successful government R&D program, and it was this program that spurred creation of national science/technology industrial parks. "Torch Program in the Past 15 Years," China Internet Information Center, September 17, 2003, http://www.china.org.cn/english/2003/Sep/75302.htm.

136. Cheng-Hua Tzeng, "The State, the Social Sector, and the Market in the Making of China's First Entrepreneurial Venture," *Business and Economic History* 6 (2008), https://www.thebhc.org/sites/default/files/tzeng.pdf.

137. The company was originally named New Technology Development Company of the Computing Technology Institute of Chinese Academy of Science.

138. "Lenovo Overview," Glassdoor, https://www.glassdoor.com/Overview/Working-at-Lenovo-EI_IE8034.11,17.htm.

139. Annual reports for the park are available at "Zhongguancun (Annual Reports)," May 17, 2018, https://docs.google.com/spreadsheets/d/1JNx7aq_YgNw1L_BG6dO1f5iN5IPW7AtZbJmN0uW1Zr0/edit?usp=sharing.

140. Researchers used ten data points to determine the rankings, including software engineer salaries, how long it takes to get a business up and running, cost of living and monthly rent prices, growth index, startup output, and other factors. Casey Hynes, "Beijing—Not Silicon Valley—Is the World's Top Tech Hub, Report Says," *Forbes,* November 2, 2017, https://www.forbes.com/sites/chynes/2017/11/02/has-beijing-unseated-silicon-valley-as-the-worlds-top-tech-hub-one-report-says-yes/#417f49a7acf2.

141. The Chinese Academy of Science has always been an integral part of the park, since many of the early start-ups originated from CAS talent. The CAS also contributed to ZGC's growth by creating a policy framework called One Academy, Two Systems. The first of the Two Systems involved keeping a small number of scientists and engineers in basic research, while the second system was designed to encourage most researchers to seek outside funding for applied research that directly benefits the economy and that serves market needs.

142. Highest percentage of alumni in CAS: "USTC Introduction," University of Science and Technology of China, October 14, 2016, http://en.ustc.edu.cn/about/201101/t20110113_87798.html.

Student populations for each college:

PKU: "Peking University 2017 Basic Data," Peking University, December 2017, http://xxgk.pku.edu.cn/docs/20180410192941232836.pdf.

Tsinghua: "General Information," Tsinghua University, 2018, https://www.tsinghua.edu.cn/publish/thu2018en/newthuen_cnt/01-about-1.html.

USTC: "USTC Introduction," University of Science and Technology of China, October 14, 2016, http://en.ustc.edu.cn/about/201101/t20110113_87798.html.

Uniqueness of having two national labs: Ibid.

143. "Anhui Statistical Yearbook—1999," China Statistics Publishing House, http://www.ahtjj.gov.cn/tjjweb/web/tjnj_view.jsp?strColId=13787135717978521&_index=1. "Anhui Statistical Yearbook—2017," China Statistics Publishing House, http://www.ahtjj.gov.cn/tjjweb/web/tjnj_view.jsp?strColId=13787135717978521&_index=1.

144. Of course, none of these impressive facts *prove* that the research park strategy has worked in China—all this growth in companies and population movement may have happened even without the Chinese research park strategy.

145. "Our Results," Mars Discovery District, 2018, https://www.marsdd.com/about/results/.

146. Information in this section from the Auditor General's 2014 Annual Ontario report on the MaRS Phase 2 development (Chapter 3, Section 3.06 Appendix) and the update in 2016 (Chapter 1, Section 1.06). Office of the Auditor General of Ontario, "Infrastructure Ontario's Loans Program" in *Annual Report 2014* (Toronto: Queen's Printer for Ontario, 2014), http://www.auditor.on.ca/en/content/annualreports/arreports/en14/306en14.pdf. Office of the Auditor General of Ontario, "Infrastructure Ontario's Loans Program" in *Annual Report 2016*, vol. 2 (Toronto: Queen's Printer for Ontario, 2016). *MaRS Discovery District* (Toronto: PricewaterhouseCoopers, 2016), https://www.marsdd.com/wp-content/uploads/2017/05/MaRS-DISCOVERY-DISTRICT-FS-2016.pdf.

147. Robert Benzie, "Booming MaRS Repays 290m Government Loan Three Years Early," *Star*, February 7, 2017, https://www.thestar.com/news/queenspark/2017/02/09/booming-mars-repays-290m-government-loan-three-years-early.html.

148. *The Economic Impact of MaRS Discovery District Activities on the Ontario Economy* (Milton, ON: Centre for Spatial Economics, 2014), http://www.c4se.com/documents/MarsReport.pdf.

附 录 美国科研力量的具体分布情况

1. The Office of Management and Budget defines both metropolitan and micropolitan statistical areas. "The general concept of a metropolitan statistical area is that of an area containing a large population nucleus and adjacent communities that have a high degree of integration with that nucleus." Office of Management and Budget, "2010 Standards for Delineating Metropolitan and Micropolitan Statistical Areas," *Federal Register* 75, no. 123 (June 28, 2010): 37246–37252, https://www.gpo.gov/fdsys/pkg/FR-2010-06-28/pdf/2010-15605.pdf.

2. Anyone wishing to use these data should start on this webpage: National Historical Geographic Information System, https://www.nhgis.org.

3. In 2010, the country was in the midst of a housing crisis, so this affected housing prices. However, the crisis was still nationwide at that stage, so we think using data from this year is reasonable. Of course, we encourage people to use alternative measures when these become available (e.g., after the 2020 census).

4. National Academy of Sciences et al., *A Data-Based Assessment of Research-Doctorate Programs in the United States* (Washington, DC: National Academy of Sciences, 2010), https://www.nap.edu/rdp/docs/report_brief.pdf.

5. There are a number of rankings provided in this report. We use the "mean R rank," based on research quality.

6. We are extremely grateful to Darius Singpurwalla for his endless patience with our repeated requests for data.

7. Our summary name for this measure is *quality of undergraduate education*, but of course our specific measure emphasizes quality of preparation for further

study in science and other quantitative studies. We think this gets at the kinds of skills helpful in forming tech hubs.

8. Chris Forman, Avi Goldfarb, and Shane Greenstein, "Agglomeration of Invention in the Bay Area: Not Just ICT," *American Economic Review Papers and Proceedings* 106, no. 5 (2016): 146–151.

9. These data are available online through this page: FBI Uniform Crime Reporting, https://ucr.fbi.gov/ucr.

10. We did this using Google Maps. Apologies to anyone living in a place who does not wish to cooperate with neighbors in another MSA or who regards that other MSA as simply too far away. Our list was constructed so as to make places look better—erring on the side of encouraging positive thinking about economic development potential. We welcome the creation of alternative lists or suggestions with modifications for our criteria.

11. We chose these values below/above the mean to allow for some noise in the measurement of the variables and some room for short-term modest changes in these variables.